飞机电子与电气系统

主　编　朱国军　谢志明　郭　俊
副主编　郑　敏　张亿军　唐　毅
　　　　王志敏　赵迎春
主　审　王学敏

北京理工大学出版社
BEIJING INSTITUTE OF TECHNOLOGY PRESS

内 容 简 介

本书以中国民航《民用航空器维修人员执照管理规则》（CCAR-66部）和《民用航空器维修培训机构合格审定规定》（CCAR-147部）为依据，根据民航飞机现有的电子与电气系统而编写，以实践动手能力培养为抓手，进行项目化设计。全书共分10个项目，分别是电气系统部分的外部电源检测与维修、交流电源检测与维修、直流电源检测与维修，电子系统部分的外部灯光故障检测与维修、火警探测元件故障检测与维修、风挡加温系统故障检测与维修、仪表指示系统故障检测与维修、自动驾驶仪故障检测与维修、甚高频通信系统故障检测与维修、导航系统故障检测与维修。

本书可作为高等院校飞行器维修技术及相关专业的配套教材或教辅资料使用，也可用作机务维修人员的参考教材。

版权专有　侵权必究

图书在版编目（CIP）数据

飞机电子与电气系统/朱国军，谢志明，郭俊主编. -- 北京：北京理工大学出版社，2024.6
ISBN 978-7-5763-3077-9

Ⅰ.①飞… Ⅱ.①朱… ②谢… ③郭… Ⅲ.①民用飞机—电子系统②民用飞机—电气系统　Ⅳ.①V243 ②V242

中国国家版本馆CIP数据核字（2023）第213946号

责任编辑：阎少华	文案编辑：阎少华
责任校对：周瑞红	责任印制：王美丽

出版发行 /	北京理工大学出版社有限责任公司
社　　址 /	北京市丰台区四合庄路6号
邮　　编 /	100070
电　　话 /	（010）68914026（教材售后服务热线）
	（010）68944437（课件资源服务热线）
网　　址 /	http://www.bitpress.com.cn
版 印 次 /	2024年6月第1版第1次印刷
印　　刷 /	河北鑫彩博图印刷有限公司
开　　本 /	787 mm×1092 mm　1/16
印　　张 /	15.5
字　　数 /	358千字
定　　价 /	76.00元

图书出现印装质量问题，请拨打售后服务热线，负责调换

前　言

飞机电子与电气系统是现代航空工程领域中至关重要的一部分。随着航空技术的不断发展，现代飞机电子与电气系统越来越朝着数字化、智能化、集成化和模块化的方向发展，它们在提高飞机的性能、可靠性和安全性的同时，为降低运营成本和环境影响提供了必要的支持。

2019年1月，国务院印发《国家职业教育改革实施方案》(简称"职教20条")，明确了推进职业教育改革的目标任务和政策措施。本书在贯彻"职教20条"文件精神、推动职业教育改革的背景下，以培养航空机务维修人员的机务维修实践技能为目标，以能力为本位，精心挑选适合教学的实践项目，强调教学内容的岗位针对性，重视实践教学环节和实际工作能力的培养。

本书以飞机电源系统维修的基本知识、基础理论、飞机电子与电气系统结构原理、维修技能与维修实践为核心内容，注重理论和实践相结合。全书包括10个项目，项目1波音飞机外部电源检测与维修；项目2波音飞机交流电源检测与维修；项目3波音飞机直流电源检测与维修；项目4波音飞机外部灯光故障检测与维修；项目5波音飞机火警探测元件故障检测与维修；项目6波音飞机风挡加温系统故障检测与维修；项目7波音飞机仪表指示系统故障检测与维修；项目8波音飞机自动驾驶仪故障检测与维修；项目9波音飞机甚高频通信系统故障检测与维修；项目10飞机导航系统故障检测与维修。内容涵盖了飞机电气系统、防火系统、防冰排雨系统、灯光系统、仪表指示系统、导航系统、飞行控制系统、通信系统等。

本书在编写过程中本着理论够用、实践为重的原则，既有系统的理论介绍，又有直接指导实操的技巧和方法。

本书由长沙航空职业技术学院朱国军、谢志明、郭俊担任主编，谢志明统稿，鄂州职业大学郑敏和长沙航空职业技术学院张亿军、唐毅、王志敏、赵迎春担任副主编，由王学敏主审。具体编写分工为：项目1和项目4由谢志明编写，项目2和项目3由朱国军编写，项目5和项目10由郭俊编写，项目6由郑敏编写，项目7和项目8由张亿军、赵迎春编写，项目9由唐毅、王志敏编写。本书在编写过程中得到了中国商用飞机有限责任公司江俊的帮助和指导，在此深表谢意。

由于编者水平有限，时间比较仓促，书中难免存在不足和错误，恳请同行和广大读者提出宝贵意见，以便今后修订。

编　者

目 录 Contents

项目1 波音飞机外部电源检测与维修 ... 1
任务1 认识飞机外部电源系统 ... 1
任务2 地面电源操作使用 ... 10
任务3 飞机外部电源电路检测与维修 ... 20
任务4 跳开关的检查与更换 ... 37

项目2 波音飞机交流电源检测与维修 ... 44
任务1 找出飞机交流电源部件 ... 44
任务2 TRANSFER BUS OFF 灯亮故障检修 ... 50
任务3 更换发电机控制组件 G10 ... 56

项目3 波音飞机直流电源检测与维修 ... 62
任务1 找出飞机直流电源部件 ... 62
任务2 飞机电瓶电压偏低故障检修 ... 67
任务3 更换主电瓶 ... 71

项目4 波音飞机外部灯光故障检测与维修 ... 80
任务1 找出外部灯光系统部件 ... 80
任务2 滑行灯故障检修 ... 94
任务3 更换滑行灯 ... 96

项目5 波音飞机火警探测元件故障检测与维修 ... 102
任务1 找出飞机火警探测元件 ... 102
任务2 飞机机身过热灯亮故障检修 ... 115
任务3 更换机翼火警探测元件 ... 123
任务4 飞机过热探测系统操作测试 ... 129

项目 6　波音飞机风挡加温系统故障检测与维修·····138

　　任务 1　找出飞机防冰排雨系统部件·····138
　　任务 2　风挡加温系统故障检修·····150

项目 7　波音飞机仪表指示系统故障检测与维修·····159

　　任务 1　找出飞机仪表指示系统部件·····159
　　任务 2　大气数据故障检修·····167

项目 8　波音飞机自动驾驶仪故障检测与维修·····174

　　任务 1　找出飞机偏航阻尼系统部件·····174
　　任务 2　偏航阻尼接不通故障检修·····181
　　任务 3　更换失速管理偏航阻尼器（SMYD1）·····183

项目 9　波音飞机甚高频通信系统故障检测与维修·····188

　　任务 1　找出飞机通信系统部件·····188
　　任务 2　VHF 2 低功率故障检修·····204
　　任务 3　更换 VHF 天线·····210

项目 10　飞机导航系统故障检测与维修·····221

　　任务 1　找出导航系统部件·····221
　　任务 2　右惯导 DC FAIL LIGHT FOR THE IRS ON 故障检修·····232
　　任务 3　更换 IRS 模式选择组件·····236

参考文献·····242

项目 01 波音飞机外部电源检测与维修

学习目标

知识目标：

1. 了解外部电源系统主要零部件的安装位置及外部构造，并理解它们的作用。
2. 理解外部电源系统的作用和工作原理。
3. 熟悉飞机线路导通性测试方法、绝缘性测试方法。
4. 熟悉数字万用表的使用方法。
5. 熟悉外部电源电路的分析方法。

能力目标：

1. 能够准确依据手册找到指定部件。
2. 能够依据 SSM（系统图解手册）查找故障部位的电路图。
3. 能够分析外部电源电路原理。
4. 能够用数字万用表测量电压并进行线路导通性测试。
5. 能够依据 AMM（飞机维修手册）找到指定部件的拆装、测试程序。

素质目标：

1. 具备规范的操作意识和安全意识。
2. 具有爱岗敬业、诚实守信、遵章守纪的良好职业道德。
3. 具备团队协作精神、人际沟通能力和社会交往能力。
4. 具备"敬仰航空、敬重装备、敬畏生命"的职业素养。

任务 1 认识飞机外部电源系统

【任务导入】

当飞机在地面进行维护、清洁、发动机启动等作业时，一般由地面电源车为飞机供电。地面电源车通过飞机机身下方的外部电源插座将 115/200 V、400 Hz 的三相交流电送入飞机，为飞机提供恒频交流电。

现有一架波音飞机准备接通地面电源，进行通电测试。在进行通电前，我们需要了解通电步骤，认识地面通电过程中涉及的主要部件及位置。主要部件包括机身外侧的外部电源面板、驾驶舱的控制板、电子舱的汇流条电源控制组件以及外部电源电路中的跳开关、断路器、控制指示灯等。

【任务资讯】

1.1 波音飞机电源系统

1. 电源系统的功用

所有的飞机都要使用电能，其主要用途如下：

（1）电能转换成机械能，如电动油泵、电动风扇、电磁活门等。

（2）照明，如驾驶舱、客舱照明，航行灯，着陆灯等。

（3）电能转换成热能，如厨房用电、电热防冰类负载等。

（4）为电子设备供电，如计算机、显示器、传感器、控制器等。

2. 电源系统的组成

电源系统的组成如图1.1所示。

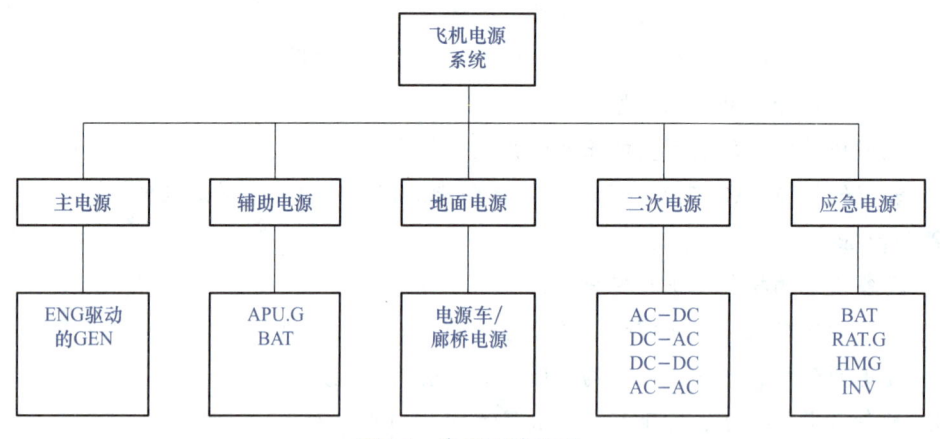

```
                      飞机电源系统
    ┌──────────┬──────────┬──────────┬──────────┐
   主电源      辅助电源    地面电源    二次电源    应急电源
    │           │          │          │          │
  ENG驱动     APU.G      电源车/     AC-DC       BAT
  的GEN       BAT        廊桥电源    DC-AC      RAT.G
                                    DC-DC       HMG
                                    AC-AC       INV
```

图1.1 电源系统组成

（1）主电源：由主ENG（车辆发动机电子控制模块）传动的发电系统，为全部用电设备供电。

（2）辅助电源：地面电瓶；APU（辅助动力装置）。

（3）地面电源：外部移动电源车或廊桥电源等。

（4）二次电源：主电源→变换形式或规格。

类型：DC-AC：旋转变流机、静止变流器，INV（主变器）；

　　　AC-DC：变压整流器；

　　　DC-DC：直流变换器；

　　　AC-AC：变压器（Transformer）/ 变频器。

（5）应急电源：当飞行中主电源和辅助电源全部失效的情况下，使用应急电源。

3. 机载用电设备的种类

飞机机载用电设备按照用途不同可分为电动机构约 30%、照明设备约 20%、电子设备约 20%、加热和防冰负载约 30%，如图 1.2 所示。

图 1.2　机载用电设备种类

1.2　外部电源

1. 外部电源的功用

当飞机在地面进行维护、清洁、加油、装卸货物、发动机启动等作业时，一般由外部电源供电。

将地面 220/380 V、50 Hz 的交流电转换为 115/200 V、400 Hz 的航空交流电。

2. 外部电源的种类

（1）直流电源：小型飞机用地面直流电源。

（2）交流电源：大型运输机或以交流电源为主电源的飞机采用地面交流电源。

3. 外部电源部件及位置

外部电源部件及位置如图 1.3 所示。

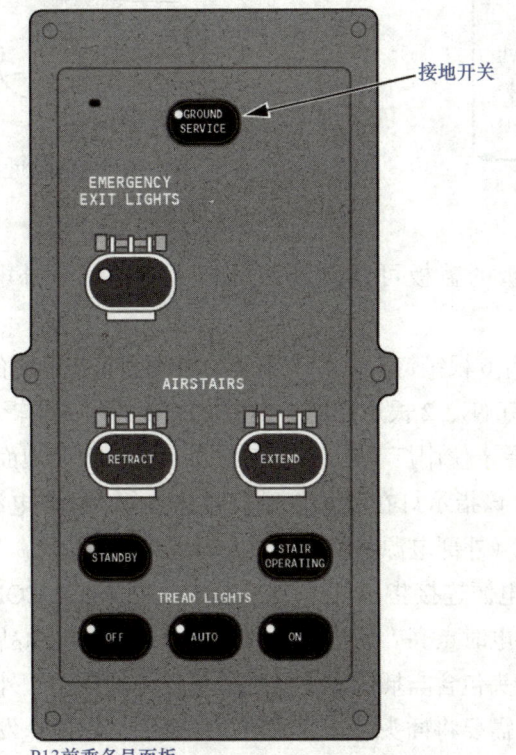

P13 前乘务员面板

图 1.3　外部电源部件及位置

外部电源为飞机提供 115 V/200 V、400 Hz 的交流电源。飞机电源系统组件将交流电源变成直流电源。外部电源包括如下部件：外部电源面板、驾驶舱控制面板和江流条电源控制组件（BPCU）。

在交流系统中，可通过发电机、APU组件和前服务面板上的电门对外部电源进行人工控制。

外部电源面板和交流系统、发电机和APU组件由外部电源指示。

外部电源面板上有连接外部交流电源的插座。

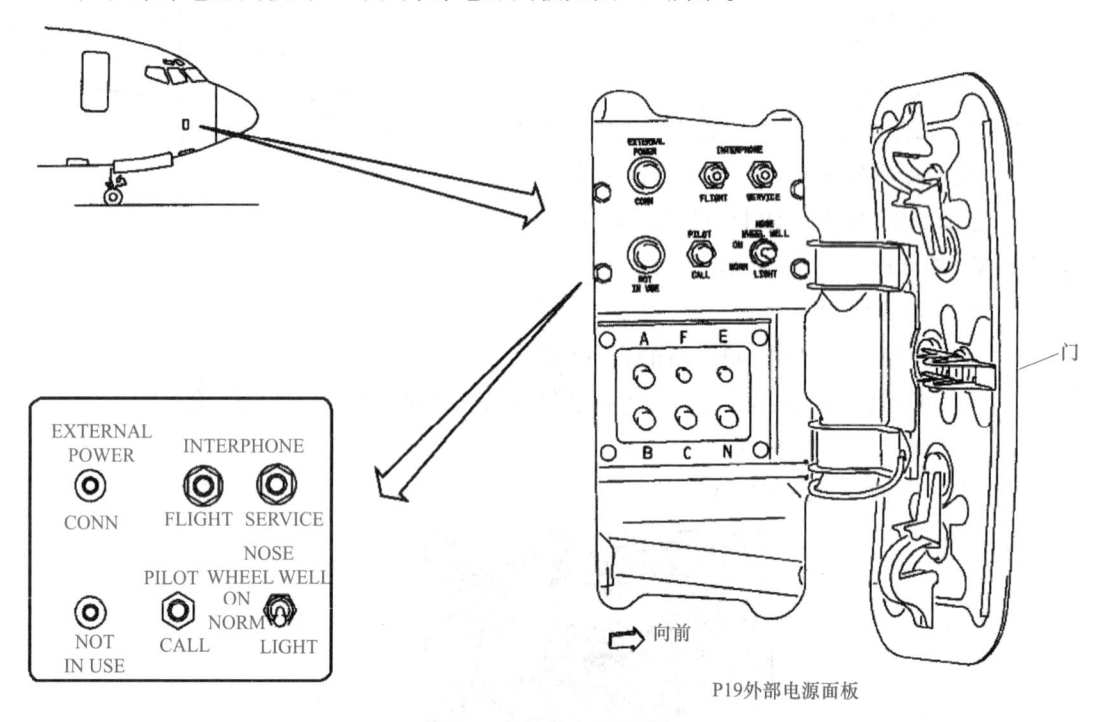

（1）外部电源面板（P19）。外部电源面板如图1.4所示。

图1.4 外部电源面板

打开外部电源面板的盖板可以看到该面板主要由一个外电源插座和控制指示灯构成。

1）外部电源插座有6根销钉，其中3根销钉分别连接交流电的三相电（销钉A、B、C）1根销钉用于地线（销钉N）、2根短钉用于提供BPCU的内锁逻辑（销钉E、F）。

2）白色的外部电源未使用灯（NOT IN USE）点亮，表明地面电源没有接入地面勤务汇流条和转换汇流条。该指示灯在E和F销钉被连接好（外部电源插头接好）、地面勤务继电器没有闭合且EPC（外部电源断路器）断开时点亮。

3）琥珀色的外部电源连接指示灯（EXTERNAL POWER CONN）在外部电源插头插上且外部电源已可以供电时点亮。该指示灯亮并不表示外部电源品质正常。

外部电源连接的插头包含与插座本体及与销钉匹配的插销。外部电源的插头连接到飞机外部电源插座上时，需要将插头完全插入对应的插座，以防止发生电弧现象或因为不完整的电气连接会产生过热。在一些飞机上，还安装有一个支撑电缆质量的电缆固定带，防止电源插头脱落。

（2）驾驶舱控制面板。驾驶舱控制面板如图1.5所示。

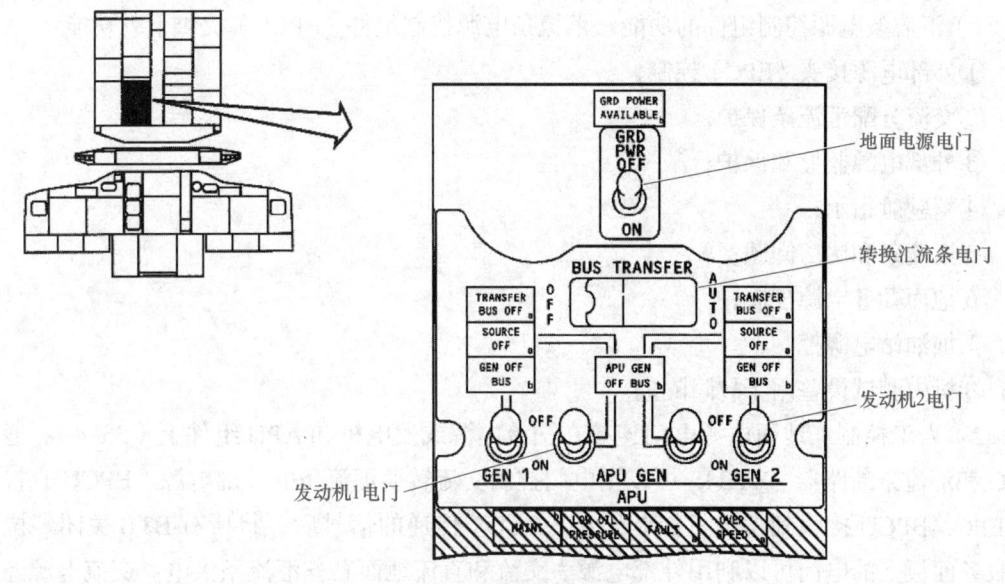

图1.5 驾驶舱控制面板

1）地面电源适用灯。位于驾驶舱 P5-4 板处的蓝色地面电源可用灯（GRD POWER AVAILABLE）由 BPCU 提供电源，当插头处的销钉 E、F 连接好且外部电源品质正常时该指示灯点亮。

2）地面电源电门。使用地面电源电门控制外部电源为交流转换汇流条供电。

（3）汇流条电源控制组件（BPCU）。汇流条电源控制组件如图1.6所示。

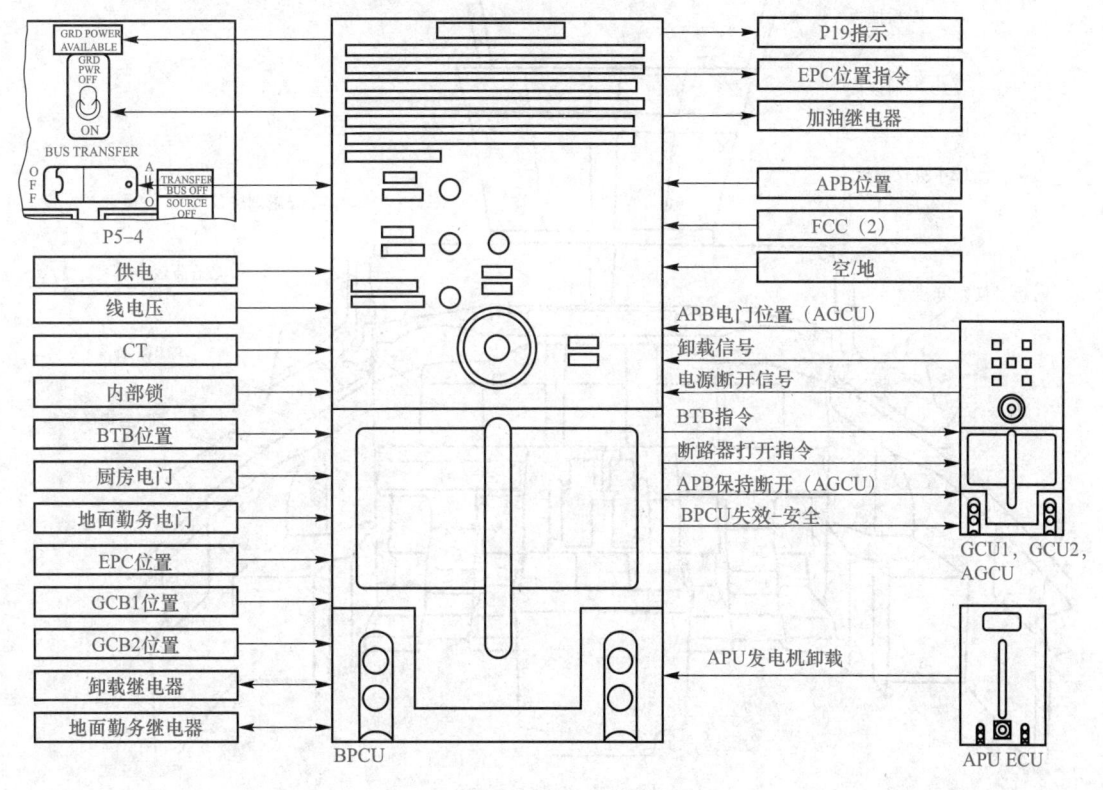

图1.6 汇流条电源控制组件

5

1）汇流条电源控制组件的功能。汇流条电源控制组件（BPCU）提供下列功能：
①外部电源接头（EPC）控制；
②交流分配汇流条保护；
③外部电源监控和保护；
④驾驶舱指示；
⑤汇流条和厨房卸载；
⑥地面勤务电源控制；
⑦加油站电源控制；
⑧机内测试设备用于故障隔离。

2）人工控制。地面电源电门连接在交流电源或发电机和APU组件上（P5-4）。通过EPC和汇流条断路器（BTB），可以用电门控制交流转换汇流条的外部电源。BPCU直接关闭EPC，BPCU接收到发电机控制组件（GCU）传递的信号后，将所有BTB关闭。位于前服务面板上的电门可以利用外部电源为交流和直流地面勤务汇流条供电。交流电源经过两个地面勤务汇流条继电器。BPCU使用前服务面板的输入控制继电器。

1.3 飞机电子设备分区

1. 前驾驶舱面板

前驾驶舱面板如图1.7所示。

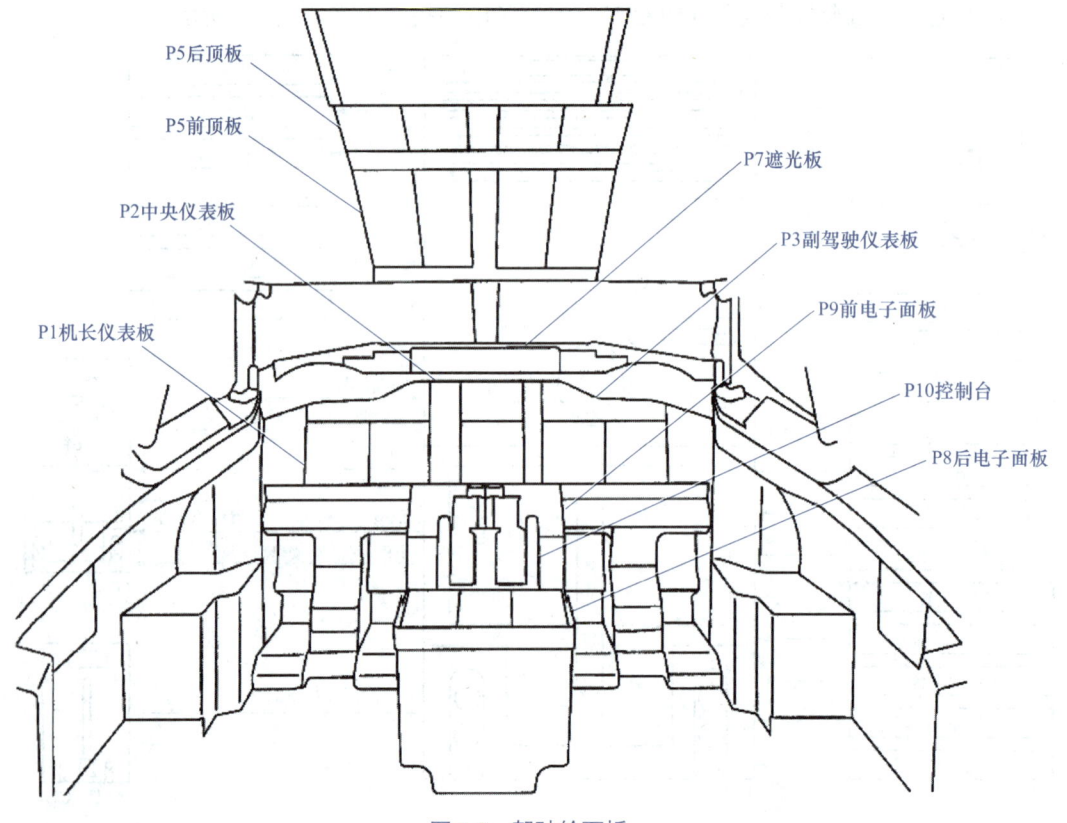

图1.7 驾驶舱面板

驾驶舱内的主要面板有 P1 机长仪表板、P2 中央仪表板、P5 前顶板、P5 后顶板、P7 遮光板、P3 副驾驶仪表板、P9 前电子面板、P10 控制台、P8 后电子面板。

2. 后驾驶舱面板

后驾驶舱面板（主电路跳开关面板）位于副驾驶和机长座位后面（图 1.8）。P6 和 P18 面板上有电路组件荷载电路跳开关。电路跳开关由飞机系统控制。

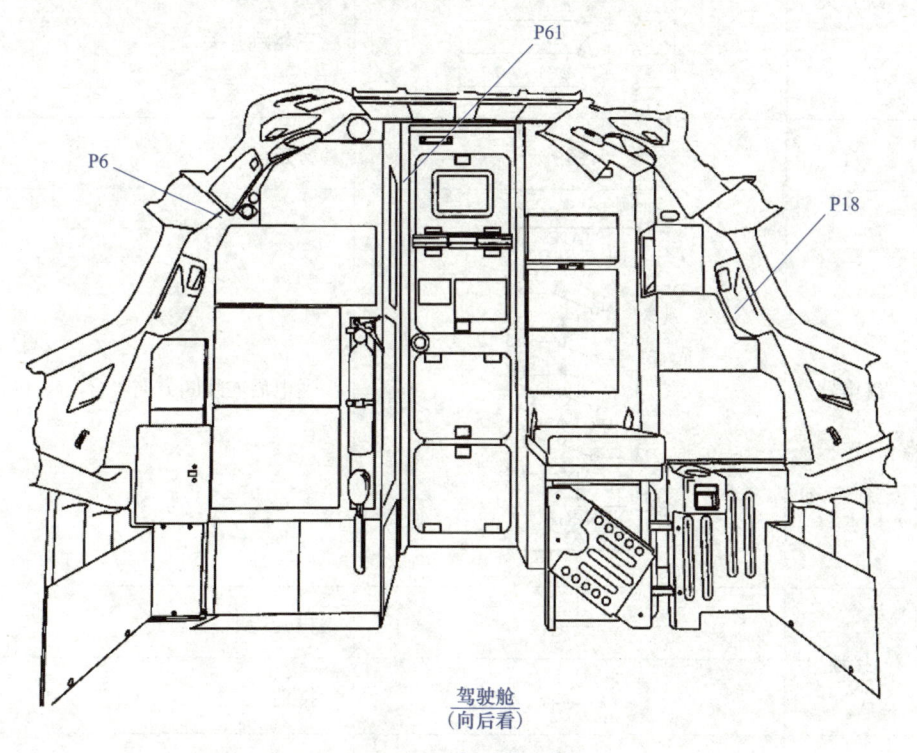

驾驶舱
(向后看)

图 1.8　后驾驶舱面板

3. 电子设备舱

电子设备舱位于主客舱地板下、前起落架轮舱后面（图 1.9）。在地面上，可以通过在飞机底部的一个门进入电子设备（EE）舱，这个门在前起落架后面。电子设备舱有 5 个标准设备支架，分别为 E1、E2、E3、E4 和 E5。

1.4　飞机电路元件符号

飞机电路元件符号见表 1.1。

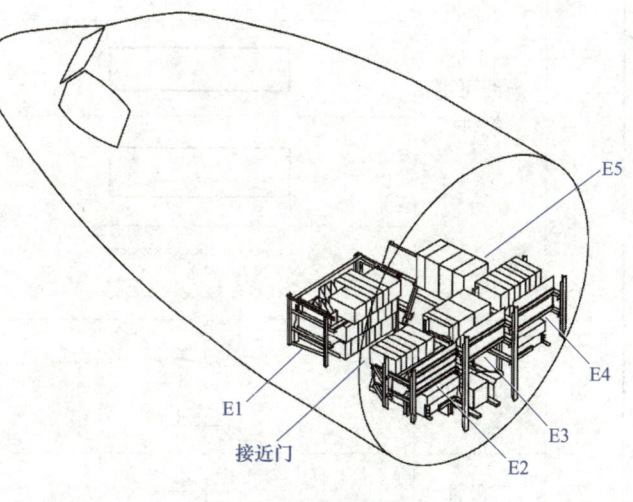

图 1.9　电子设备舱

表 1.1 电路元件符号

序列	名称	符号	解释
1	跳开关		单相跳开关
			三相跳开关
2	灯		警告灯
3	继电器		通电后向线圈方向吸合
4	接地		机壳接地
			接地
5	航线可更换件		航线可更换件边框部分组件
			完整航线可更换件边框
			面板组件边框
			航线可更换件边框参考章节和接口
6	开关		压力开关，常开式
7	二极管		二极管
8	导线		带焊点

【任务实施】

工卡标题		外部电源部件识别		
机型			机号	B—××××
工作区域	N/A		版本	R1
工时	45 min	开始时间		结束时间
完成签署 / 日期			检验签署 / 日期	
参考文件	SSM 24-40-01；SSM 24-40-02			
编写 / 修订		审核		批准
日期		日期		日期

1. 识别外部电源指示灯电路部件（图 1）

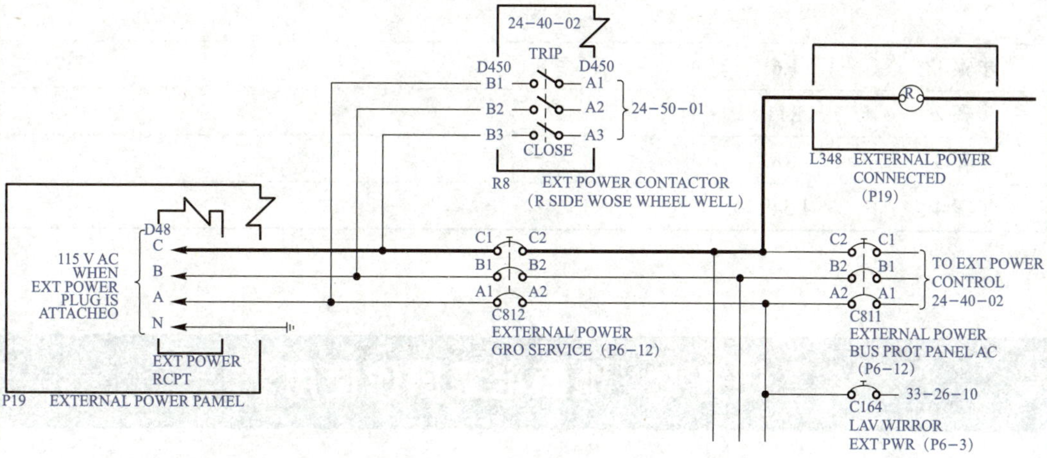

图 1

步骤	项目号	名称
步骤 1	P19	
步骤 2	D48	
步骤 3	C812	
步骤 4	L348	

2. 识别驾驶舱蓝色地面电源可用灯电路部件（图 2）

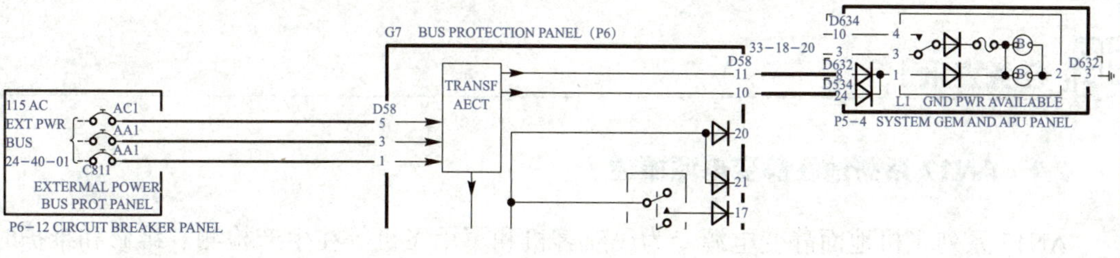

图 2

续表

步骤1	C811
步骤2	G7
步骤3	L1

3. 识别"NOT IN USE"灯电路部件（图3）

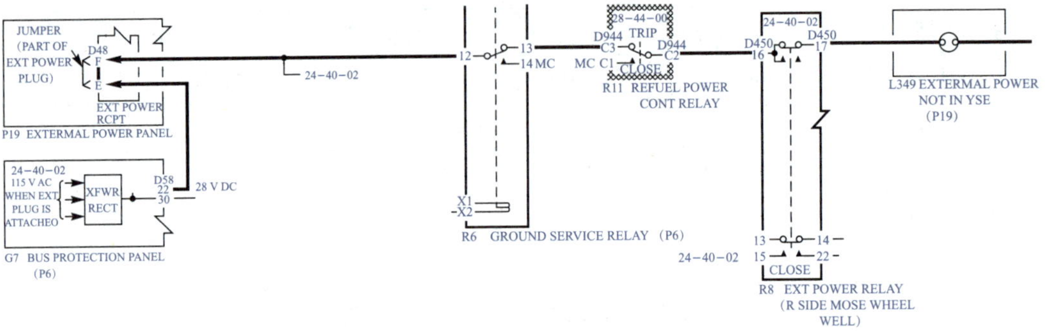

图3

步骤1	R6
步骤2	R11
步骤3	R8
步骤4	L349

任务2　地面电源操作使用

【任务导入】

飞机在维护工作期间，为减少APU的使用时间，节约成本，通常由地面电源车代替发动机和APU，为飞机提供三相交流电源。电源车在使用前要进行一系列的检查，如电缆的绝缘状况、插头的插孔干燥、清洁状况等。确认无误后再按照地面电源的通断电程序进行操作，将交流电接入飞机。

为保证地面电源能安全地接入飞机，需要对地面电源的通断电操作流程进行训练。

【任务资讯】

2.1　AN17系列地面静变电源概述

AN17系列飞机地面静变电源专为民航客机和军用飞机等在生产检测、维修和维护时提供400 Hz的外部电源。产品规格具备30～90 kV·A多个不同等级，满足不同需求的应用场合。该系列地面静变电源采用十二脉冲整流，高性能FPGA（现场可编程门阵列）作为中央处理器，纯数字测量控制技术，LCD（液晶显示）屏显示，造型新颖美观，结构设计合理，具有高稳定性和高可靠性、低失真正弦输出、动态响应快、飞机供电联锁等功能，而且集十几种电参数测量监控、140多种故障诊断保护功能于一身，完全满足室外IP55防护等级，超宽的工作温度范围（-40～55 ℃），良好的电磁兼容性等，是一台安全、可靠、高效、纯净的高端飞机地面静变电源，适用于机场及飞机制造、检测、维修等应用场合。

AN17系列飞机地面静变电源原理如图1.10所示。

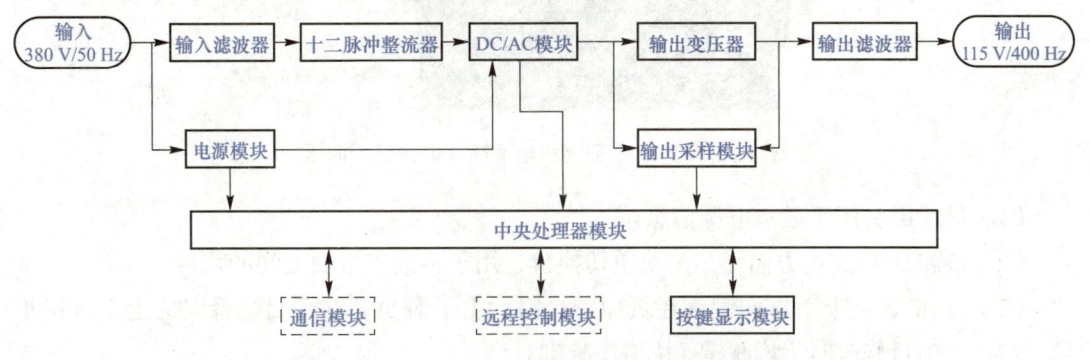

图1.10　AN17系列飞机地面静变电源原理

2.2　功能键名称

1. 前门说明

AN17系列飞机地面静变电源的前门如图1.11所示。

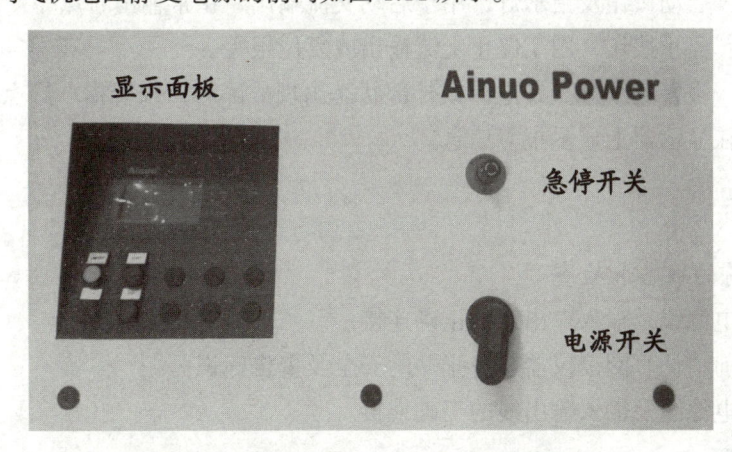

图1.11　AN17系列飞机地面静变电源前门

（1）电源开关：闭合或切断设备的输入电源。
（2）急停开关：如果按下此按钮，电源可以立即停止工作。
（3）显示及键盘操作区：显示设置或输出的信息，启停及设置功能。

注意：在重新启动电源之前，必须释放急停开关。在紧急停止时，显示器将显示"急停状态"，并限制用户操作键盘。

11

2. 显示面板

显示面板如图1.12所示。

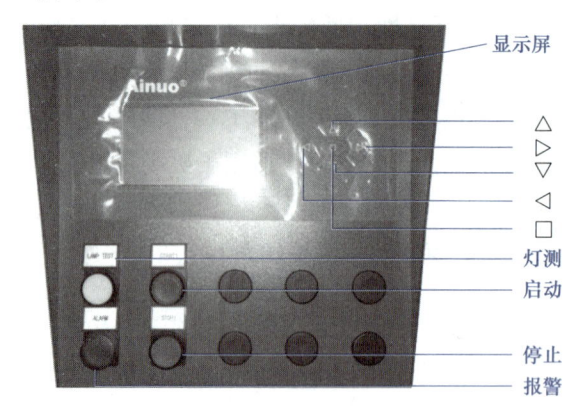

图1.12 AN17系列飞机地面静变电源显示面板

（1）显示屏：用于显示电源信息。

（2）◁和▷：左右方向键，为菜单切换键，用于不同主页面之间的切换。

（3）△和▽：上下方向键，在页面选择时为上下翻页，在项目选择时为上下选择项目，在进入项目修改时为增减键（快增快减键）。

（4）□（Set）：确认键，用于进入和退出项目。

（5）灯测：电源指示灯／灯检按钮，用于指示电源状态和测试指示灯工作是否正常。电源指示灯亮，表示电源已经接入输入电源，并且输入断路器已经闭合。灯检按钮是嵌入式的，按下时控制面板上所有指示灯亮，松开即恢复原来状态。

（6）启动：启动按钮及指示灯，用于启动交流输出，正常输出时点亮。

（7）停止：停止按钮，用于停止交流输出或复位报警。

（8）报警：报警指示灯。在电源或外部状态出现故障时，报警指示灯点亮，电源进入报警状态，并在显示器上显示报警信息。

2.3 操作

1. 使用前的准备和检查

（1）确保电源线及输入输出线的正确连接。

（2）使用前请认真阅读仪器本身张贴的安全及警告标识。

（3）确保电源线及输入输出线的正确连接。

2. 开关机

（1）开机。顺时针转动电源开关把手（位置如图1.11所示），使把手上的红色指示旋转至ON位置，此时飞机地面静变电源的输入断路器接通，电源进行自检，如果没有检测出故障，电源进入待机状态。如果检测出故障，红色报警灯常亮，显示屏将显示报警信息。

注意：如果开机出现报警（故障代码"1100"），此时只需要改变任意输入两相即可实现正确的顺序。

警告：开启电源前，所有接至仪器的保护接地端子、延长线及装置必须连接至保护接地，任何保护接地的中断都将导致潜在电击的危险，可能造成人员的伤害。

（2）关机。逆时针转动电源开关把手，使把手上的红色指示旋转至OFF位置，此时飞机地面静变电源的输入断路器断开，电源关闭。

在大功率长时间运行后，关机前注意变压器温度低于80 ℃。

警告：电源开关断开后，并不能切断电源设备的供电，在拆除输入电源线之前务必切断电源的外部供电。

3. 启动和停止电源

（1）启动交流电源。当按下"交流启动"按钮后，电源进入自检状态，若无任何错误，飞机地面静变电源进入交流输出状态，并且相应的输出接触器开始工作，相应启动灯点亮，无论联锁供电信号是否存在，输出接触器激活1 s。如果联锁供电信号正常，则电源持续输出；如果没有联锁供电信号（且联锁供电功能没有被旁路时），电源将中断输出，显示器将显示出联锁供电丢失的报警信息。

（2）停止交流电源。飞机地面静变电源处于交流输出状态时，按下"交流停止"按钮，断开相应的输出接触器，交流电源停止运行。

4. 显示信息的阅读和键盘操作

（1）基本信息。显示器和键盘如图1.13所示。

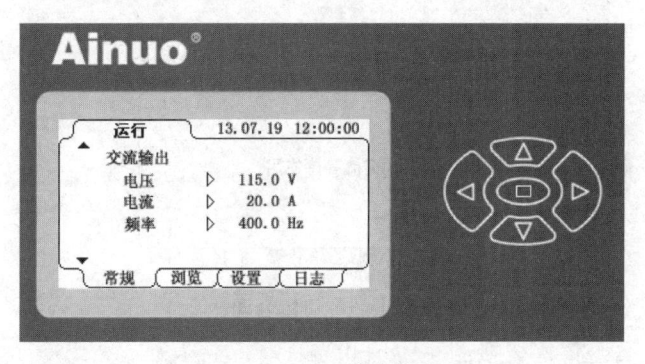

图1.13 显示器和键盘

显示器和键盘具有以下功能：

1）浏览不同的内部和外部参数；

2）改变AN17系列飞机地面静变电源的各种设置；

3）浏览AN17系列飞机地面静变电源的存储记录。

（2）怎样使用显示器和键盘。

1）（Set）键：进入菜单选择。

①在设置界面，退出和进入参数修改状态（设置值反色）；

②在"日志"/"使用日志"界面循环切换；

③在"日志"/"报警日志"/"黑匣子"界面循环切换。

2）△键和▽键：上下光标键，用于上/下页面的切换以及光标的上/下移动。在设置值可修改状态（设置值反色）下，功能为增减键。

①在常规运行界面用于界面的翻页。

②在浏览界面用于运行参数的浏览翻页。

③在设置界面用于设置参数的选择：设置值不可修改状态下，控制光标的上/下移动及翻页；设置值可修改状态（设置值反色）下，功能为增减键，增/减设置参数值，此时若长按此键，则为快增键/快减键（调整步幅为增减键的10倍）。

④在警报记录界面用于警报记录的浏览翻页。

⑤在黑匣子界面用于数据的浏览翻页。

⑥在使用记录界面用于使用记录的浏览翻页。

3）◁键和▷键：在"常规"/"浏览"/"设置"/"日志"界面循环切换。

（3）显示菜单及其界面。有4个菜单以及对应界面：

1）常规菜单：待机界面、运行界面、报警界面（显示器显示目前电源状况）；

2）浏览菜单：浏览界面（浏览电源系统参数）；

3）设置菜单：输出设置界面、系统设置界面（浏览或改变电源/系统设置）；

4）日志菜单：日志选择界面、使用日志界面、报警日志界面、黑匣子界面（浏览使用日志/报警日志/黑匣子参数）。

5. 常规菜单

常规菜单有3种可能的界面：待机态、启动态、报警态。

（1）待机态，如图1.14所示。

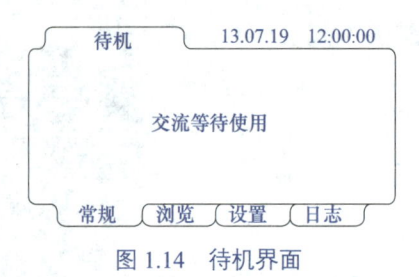

图1.14 待机界面

待机界面下，显示器信息说明：

状态标识：待机；

系统时间（以下界面略）。

（2）启动态，如图1.15所示。

图1.15 启动界面

启动界面下，显示器信息说明：

状态标识：运行；

交流：输出电压3相平均值、输出电流3相平均值、输出频率；
直流：输出电压、输出电流。
（3）报警态，如图1.16所示。

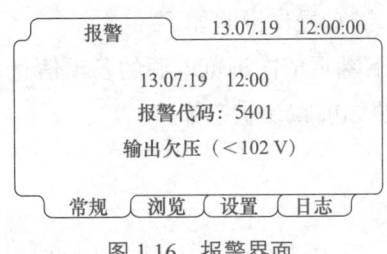

```
报警              13.07.19  12:00:00

          13.07.19  12:00
          报警代码：5401
          输出欠压（＜102 V）


    常规    浏览    设置    日志
```

图1.16 报警界面

报警界面下，显示器信息说明：
状态标识：报警；
报警发生时间；
报警信息的解释文字。
在以上3种默认界面下，键盘操作说明：按△键和▽键，无效；按口键，进入和退出菜单选择；按◁键和▷键，可进入浏览界面。
在待机状态下，按启动键，可启动交流输出；按停止键，无效。
在启动状态下，按启动键，无效；按停止键，可停止交流输出。
在报警状态下，按启动键，无效；按停止键，可复位消除报警状态返回待机态。

6. 浏览界面

浏览界面，状态标识（View）在显示屏左上角显示，如图1.17所示。

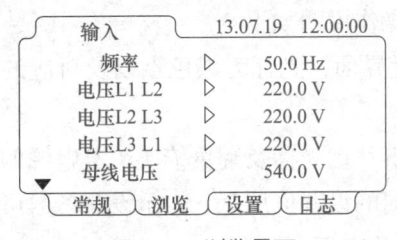

```
输入              13.07.19  12:00:00
   频率         ▷    50.0 Hz
   电压L1 L2    ▷    220.0 V
   电压L2 L3    ▷    220.0 V
   电压L3 L1    ▷    220.0 V
 ▼ 母线电压     ▷    540.0 V
    常规    浏览    设置    日志
```

图1.17 浏览界面

（1）浏览界面下，显示器信息说明如下：
1）第1页输入频率、输入线电压L1 L2、输入线电压L2 L3、输入线电压L3 L1、母线电压；
2）第2页输出相电压A-N、输出相电压B-N、输出相电压C-N、输出相电压平均值、频率；
3）第3页输出线电压A-B、输出线电压B-C、输出线电压C-A、输出平均线电压；
4）第4页A相输出电流、B相输出电流、C相输出电流、3相输出电流平均值；
5）第5页A相逆变电流、B相逆变电流、C相逆变电流；
6）第6页A相有功功率、B相有功功率、C相有功功率、3相有功功率总计值；
7）第7页A相视在功率、B相有功功率、C相有功功率、3相有功功率总计值；

15

8）第 8 页 DC 模块温度、AC1 模块温度、AC2 模块温度、变压器温度；

9）第 9 页总输出时间、总损耗功率；

10）第 10 页直流输出电压、电流、温度（根据电源类型可能存在）。

（2）报警记录浏览界面，键盘操作说明如下：

1）按△键和▽键，可上下翻页依次浏览电源的各项信息；

2）启动/停止键操作按照如前默认状态描述。

7. 参数设置界面

设置界面如图 1.18 所示。

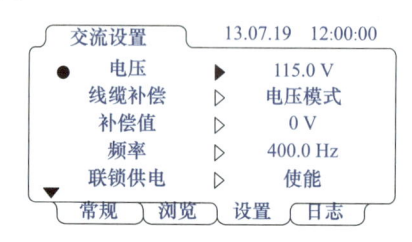

图 1.18　设置界面

（1）设置界面下，显示器信息说明如下：

1）第 1 页交流：电压、线缆补偿类型、补偿值、频率、联锁供电；

2）第 2 页交流：空载停止；

3）第 3 页直流：电压、线缆补偿（根据电源类型可能存在）；

4）第 4 页系统：风机控制、通信地址、日期、时间、语言；

5）第 5 页系统：恢复出厂设置。

（2）设置界面下，键盘操作说明如下：

1）由其他界面进入设置界面，光标为黑色点以及对应的向右黑色箭头，此时为设置不可修改状态。

①按△键和▽键，可上下移动光标及翻页依次浏览电源的设置参数；

②按□键，可使光标指向的设置值反色，表示设置参数可修改。

2）在设置参数可修改的状态下。

①此时按△键和▽键，可增减设置值，按键持续按下 2 s 触发快增/快减功能；

②按□键，设置参数返回浏览状态，设置值反色消失。

8. 选择界面

选择界面如图 1.19 所示。

图 1.19　选择界面

按△键和▽键，可上下移动光标选择想要进入的日志；按□键，进入相应的选择界面。

注意：直流无日志记录。

9. 使用日志界面

使用日志界面如图1.20所示。

```
┌─────────────────────────────────┐
│ 使用日志      13.07.19  12:00:00 │
│  交流日志：                      │
│  1/50    13.07.19   12:00        │
│  00000 min        00000 kWh      │
│ ┌────┬────┬────┬────┐            │
│ │常规│浏览│设置│日志│            │
│ └────┴────┴────┴────┘            │
└─────────────────────────────────┘
```

图1.20 日志选择界面

（1）使用日志界面下，显示器信息说明如下：

1）状态标识：使用日志；

2）记录号，最近=1，最早=200或更少；

3）记录总数，从1计算到200；

4）记录发生的时间（年月日时分）；

5）记录显示消耗的总时间；

6）记录显示消耗的总能量。

（2）功率记录界面下，键盘操作说明如下：

1）按△键和▽键，可上下翻页（1～200）依次浏览电源的使用记录；

2）按□键可返回到日志选择界面。

10. 报警日志界面

报警日志界面如图1.21所示。

```
┌─────────────────────────────────┐
│ 报警日志      13.07.19  12:00:00 │
│  交流报警：                      │
│  1/50    13.07.19   12:00        │
│  Alarm Code：   5401             │
│  输出欠压（<102 V）              │
│ ┌────┬────┬────┬────┐            │
│ │常规│浏览│设置│日志│            │
│ └────┴────┴────┴────┘            │
└─────────────────────────────────┘
```

图1.21 报警日志界面

（1）报警记录浏览界面下，显示器信息说明：

1）状态标识：报警日志；

2）记录号，最近=1，最早=999或更少；

3）记录总数，从1计算到999或更少；

4）显示记录的确切的报警代码；

5）记录发生的时间（年月日时分）；

6）报警信息的解释文字。

（2）报警记录浏览界面下，键盘操作说明：

1）按△键和▽键，可上下翻页（1～999）依次浏览电源的报警记录；

2）按□键，可进入此条报警（限最近发生的50条报警）记录的黑匣子数据；

3）按□键可返回到日志选择界面。

11. 黑匣子界面

黑匣子界面如图1.22所示。

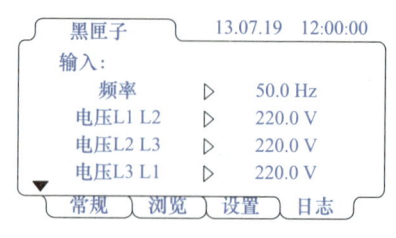

```
┌─────────────────────────────────┐
│ 黑匣子        13.07.19  12:00:00 │
│ 输入：                           │
│   频率         ▷    50.0 Hz     │
│   电压L1 L2    ▷    220.0 V     │
│   电压L2 L3    ▷    220.0 V     │
│   电压L3 L1    ▷    220.0 V     │
│ ▼                                │
│  常规    浏览    设置    日志    │
└─────────────────────────────────┘
```

图1.22 黑匣子界面

（1）黑匣子界面下，显示器信息说明如下：

1）状态标识：黑匣子；

2）第1页输入频率、输入线电压；

3）第2页输出三相电压、输出频率；

4）第3页输出三相电流、母线电压；

5）第4页三相逆变器电流；

6）第5页模块温度（DC、AC1、AC2、AC3）；

7）第6页内部主板直流电压；

8）第7页设置值，工作模式。

（2）黑匣子界面下，键盘操作说明如下：

1）按△键和▽键，可上下翻页（1～7）依次浏览发生报警时的电源参数；

2）按□键可返回到上级报警日志界面。

【任务实施】

工卡标题	电源车或地面电源的使用			
机型		机号		B—××××
工作区域	N/A	版本		R1
工时	30 min	开始时间		结束时间
完成签署/日期		检验签署/日期		
参考文件	MH/T 3011：民用航空器地面用电安全			
编写/修订		审核		批准
日期		日期		日期

续表

工量具/设备/材料					工作者	检查者
类别	名称	规格型号	单位	数量		
工具	电源控制盒	自装（停机坪）	EA	1		
	地面电源车	AN17090TT(停机坪)	EA	1		
	电源车轮挡		EA	2		
材料	棉线手套		EA	1		
1. 工作准备						
（1）到工具库房领取工具； （2）检查工具情况，外表完好无损，功能正常； （3）领取耗材，耗材应符合标准； （4）办理好领取手续						
2. 操作步骤						
（1）电源车的使用。 警告：特种车辆操作人员需要接受电源车的操作培训后方能进行电源车的操作，否则可能会造成人员伤亡。 1）提前至少15 min将电源车移动至指定机位作业等待区等待。 2）确保保障车辆接近飞机时速不得超过3 km/h，指挥车辆靠近飞机，且接近飞机的距离不得小于20 cm。 3）确认车辆停稳后，轮挡挡好，防止车辆非正常移动。 4）连接地面电源车与外部地面电源控制盒。 5）打开飞机外部电源面板盖板，连接电源车插头与飞机外接电源面板内插座。 6）操作电源车供电电门手柄至"ON"或"OPEN"位。 7）操作电源车 LAMP TEST 按钮，检查电源车灯光指示正常。 8）操作电源车 START 1 按钮，启动完成后电源车应急指示灯点亮，电源面板参数表输出指示为115 V、400 Hz。 9）启动后确认飞机外电源面板上"NOT IN USE"灯和"EXTERNAL POWER"灯点亮。 （2）撤离电源车。 1）电源车保障完成后，在驾驶舱给飞机断电。 2）确认外电源面板上"NOT IN USE"灯和"EXTERNAL POWER"灯点亮。 3）在电源车上操作 STOP 1 电门，切断电源车供电。 4）在飞机上检查"NOT IN USE"灯和"EXTERNAL POWER"灯熄灭。 5）操作电源车供电电门手柄至"OFF"或"CLOSE"位。 6）从飞机上脱开电插头，合上锁好外电源面板盖板。 7）脱开地面电源车与外部地面电源控制盒，并关闭电源控制盒面板。 8）绕车一周检查无异常，把电源车撤走						
3. 结束工作						
（1）清点工具和设备，数量足够； （2）清扫现场； （3）归还工具、耗材； （4）在工具室归还登记簿上做好归还记录						
------------------------------ 工卡结束 ------------------------------						

任务 3　飞机外部电源电路检测与维修

【任务导入】

××航空 B-2516（B737-200）飞机，在定检中，机务人员发现地面电源无法接入飞机。经检查，发现地面电源通电后，G7 的 22 脚的跳开关跳开。外部电源插座上的"AC CONNECT"灯正常点亮，"NOT IN USE"灯不亮，位于飞机驾驶舱 P5-4 板处的蓝色地面电源可用灯（GRD POWER AVAILABLE）点亮，地面电源无法送进飞机，请依照检修流程进行故障检测。

【任务资讯】

3.1　数字万用表的使用

数字万用表如图 1.23 所示。

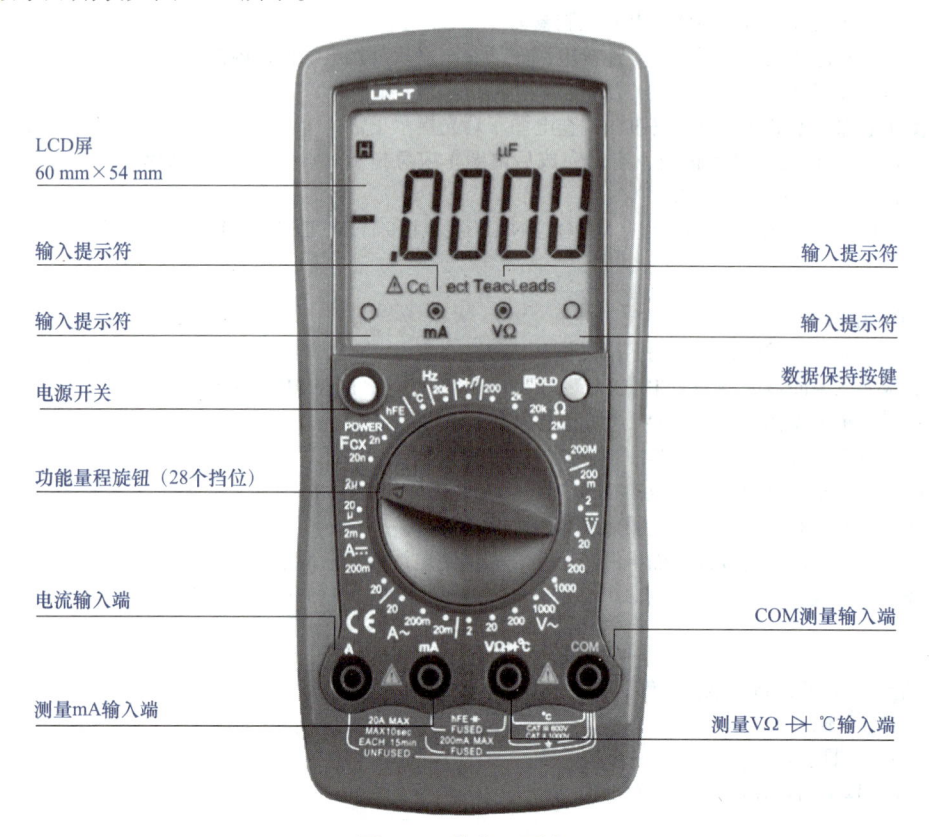

图 1.23　数字万用表

1. 二极管测试

万用表测二极管如图 1.24 所示。

（1）将红表笔插入插孔，黑表笔插入 COM 插孔。红表笔极性为 +，黑表笔极性为 −。

（2）将功能开关置于二极管测量挡，红表笔接到被测二极管的正极，黑表笔接到二极管的负极。

（3）从显示器上直接读取被测二极管的近似正向 PN 结压降值，单位为 mV。对于 PN 结而言，一般为 500～800 mV。

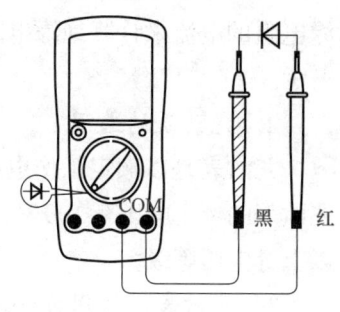

图 1.24　万用表测二极管

2. 通断蜂鸣测试

万用表测通断如图 1.25 所示。

（1）将红表笔插入插孔，黑表笔插入 COM 插孔。

（2）将功能开关置于测量挡，并将表笔并联到被测电路两端。如果被测两端之间电阻 >70 Ω，认为电路断路；若被测两端之间电阻 ≤ 10 Ω，认为电路良好导通，蜂鸣器连续声响。

（3）从显示器上直接读取被测电路的近似电阻值，单位为 Ω。

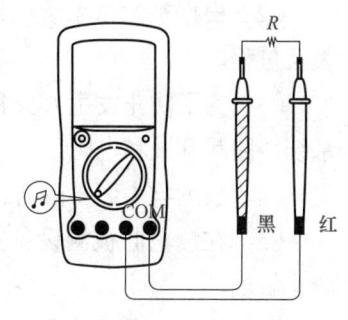

图 1.25　万用表测通断

3. 电阻的测量

万用表的电阻挡位有 200 Ω、2 kΩ、20 kΩ、2 MΩ、200 MΩ 五个。每个挡位表示能测量的最大电阻值。

（1）将红表笔插入插孔，黑表笔插入 COM 插孔。

（2）将功能开关置于电阻测量挡，并将表笔并联到被测电阻两端。

（3）从显示器上直接读取被测电阻的电阻值，如果挡位为 200，单位为 Ω；如果挡位为 2 k、20 k，单位为 kΩ；如果挡位为 2 M、200 M，单位为 MΩ。

4. 电压的测量

万用表的直流电压挡位有 200 mV、2 V、20 V、200 V、1 000 V 五个。交流电压挡位有 2 V、20 V、200 V、1 000 V 四个。测量前，首先确定要测量的电压是直流电压还是交流电压。每个挡位表示能测量的最大电压值。

1）将红表笔插入插孔，黑表笔插入 COM 插孔。

2）将功能开关置于电压测量挡，并将表笔并联到被测电路两端。

3）从显示器上直接读取被测电路的电压值，单位是 V。

3.2　兆欧表的使用

1. 兆欧表的功能

兆欧表又叫绝缘电阻表或高阻表（图 1.26），是用来测量电气设备的绝缘电阻和高值电阻的仪表。其基本工作原理就是在被测绝缘电阻两端加上高压直流电，通过检测流过绝缘电阻的电流来计算绝缘电阻的大小。兆欧表的单位用 MΩ 表示。

2. 兆欧表的选用

兆欧表是以额定工作电压来进行分类的，手摇发电机式兆欧表的额定电压有 100 V、250 V、500 V、1 000 V 及 1 kV 以上等电压等级。

3. 兆欧表的使用方法及注意事项

（1）兆欧表外观应完好没有任何缺陷，检查表的校验日期，确认在有效期内使用。

（2）根据被测试系统或线路的电压等级选择合适的兆欧表及量程。

图 1.26　兆欧表

（3）为了防止发生人身和设备事故以及为了使测量结果更加精确，在测量前必须断开系统线路跳开关和电门。

（4）被测物表面要清洁、减少接触电阻和漏电流。

（5）在测量时被测设备上不能有人工作，不能用手接触兆欧表的接线端和被测回路，防止触电。

（6）禁止在雷雨时或高压设备附近测绝缘电阻，禁止在强磁场和强电场中使用兆欧表。

（7）测量前要对兆欧表进行测试，判断其是否处于正常工作状态。测试包括开路测试和短路测试。

（8）测量时必须正确接线。

（9）使用手摇式兆欧表测量时，按顺时针方向由慢到快摇动兆欧表的手柄使转速达到 120 r/min 并保持这个转速，摇动时要保持匀速，不能忽快忽慢而使指针不停摆动。

（10）测量完毕进行拆线。

3.3　飞机线路测量基础

1. 线路测量的预判断和识别

导线用于连接飞机各系统设备，是飞机工作系统的重要组成部分，在飞机系统故障的排故过程中线路检查极为重要。

通常对于波音飞机来说，SSM 提供简化的线路图，简化的是线路的连接，便于系统工作线路分析；而 WDM（清单及相关线路图手册）提供了飞机线路全部的连接点、连接的设备、详细的线束号、导线号。

图 1.27 所示为 SSM 给出的线路连接，以风挡雨刮电路为例，雨刮马达 1 号钉是把跳开关的供电接入马达。跳开关到继电器之间是一条线，中间经过的线路连接全被省略。

在 WDM 中，示意出马达的供电在飞机上实际的线路经过了插头钉线图 1.28 的连接中转。但也正说明 SSM 示意的该线路没有连接到其他设备分支。另外，请注意，只在 WDM 中才可以知道这根线的线号；而 WDM 没有马达原理简图。

图 1.27 线路连接图

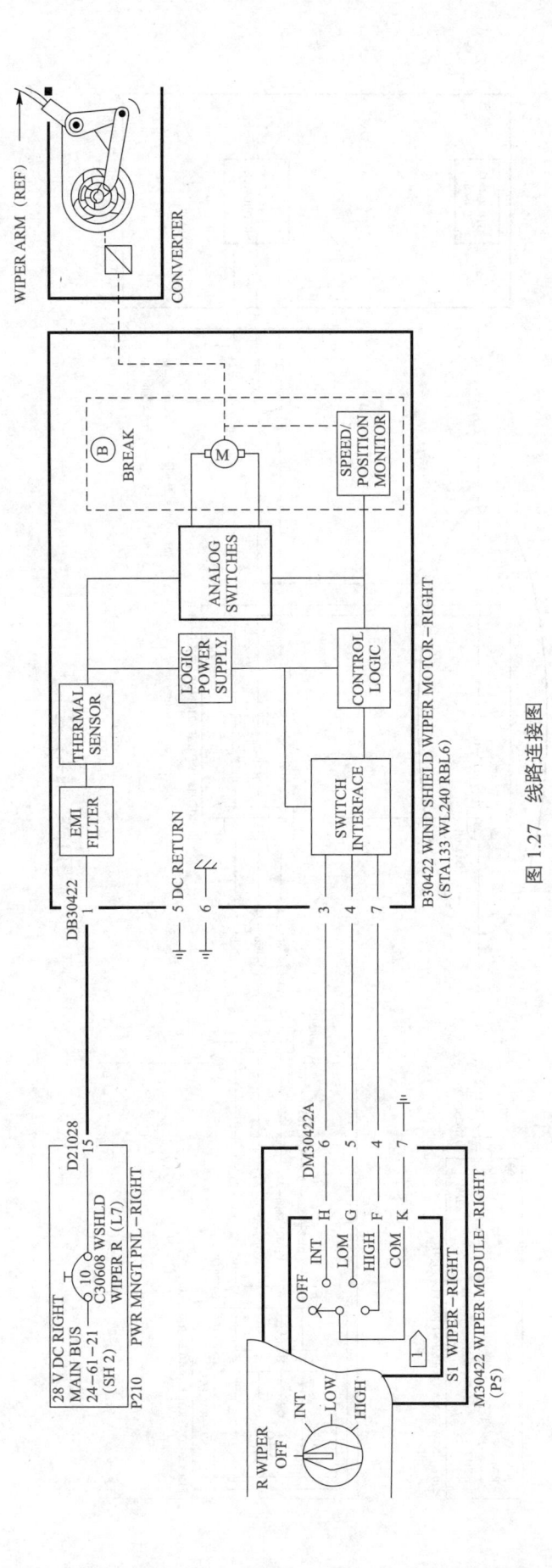

图 1.28 插头钉线

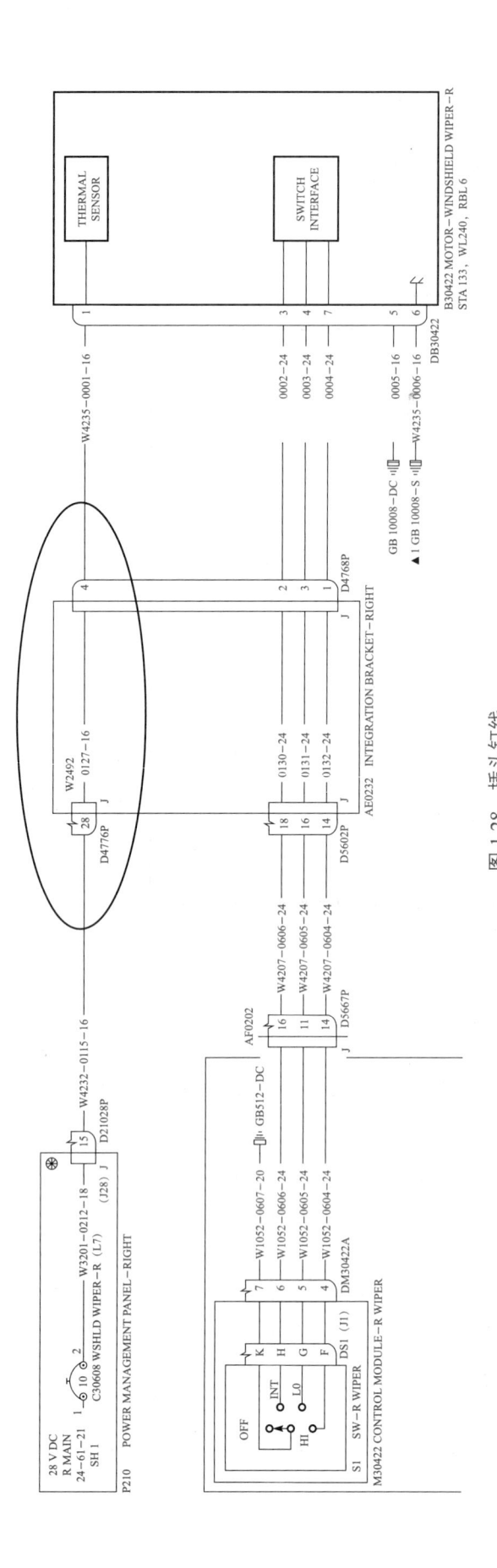

2. 认识插座、插钉

常用的插钉布局以数字编号。整数位加圆弧或圆圈标记。一般可在 SWPM 关于该插头描述的章节内找到插钉布局图（图 1.29）。

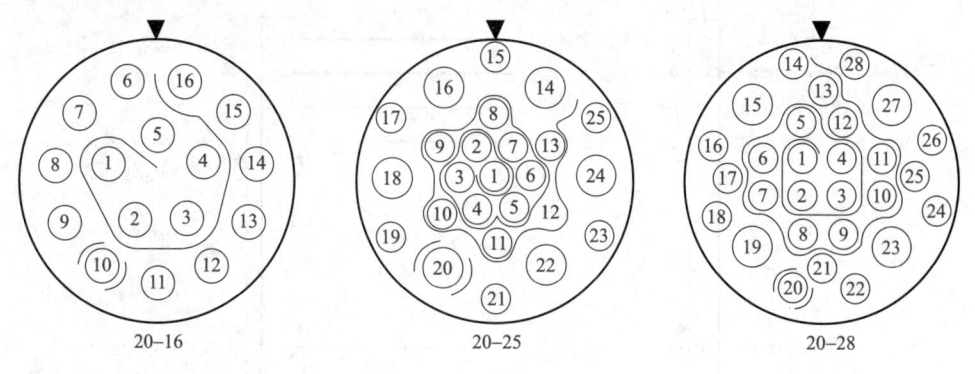

图 1.29 插钉布局

测量线路时应注意测量插座还是插头一侧，弄错会导致测量结果错误，严重时会损坏飞机设备。通常，插座用字母 J 表示，图 1.30 所示中 D8167J 代表插座，插座在飞机上是用螺杆固定在插头架上；而 D8167P 代表插头，拆卸插头只需要简单地拧开脱出。为避免量错，还可以通过检查插头后部标志来辨识是否是所需要的插头/插座号码。

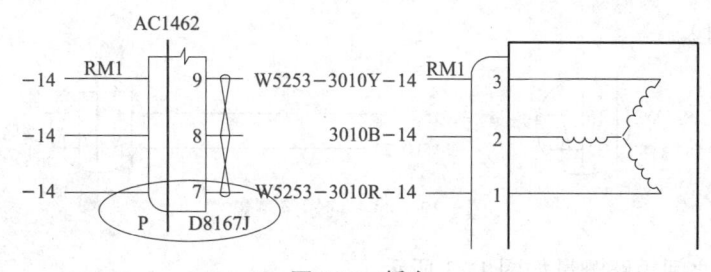

图 1.30 插座

3. 线路测量的目的

（1）导线的通路测量。通常是为判断导线是否断路，即电路是否失去正常连接。另外就是确定导线的电阻是否过大。

测量得出导线的电阻数据，测量出的电阻值应很小（通常 < 1 Ω）。

使用数字万用表电阻挡或通路蜂鸣标志挡。

1）方法 1：使用飞机的接地点。

①将导线的一端连接到飞机的接地点（连接到机身的金属部分、接地桩、搭地线等）。

②在导线的另一端连接红表笔，将黑表笔连接附近的飞机搭地处。得出的电阻若很小，则表明这根导线的通路正常。

2）方法 2：利用一根公共的（或附加）的导线。

公共导线的作用是将万用表的表笔线加长。利用公共导线，短接插头两个插钉，可以通过万用表测量导线的通路情况。导线通路测量如图 1.31 所示。

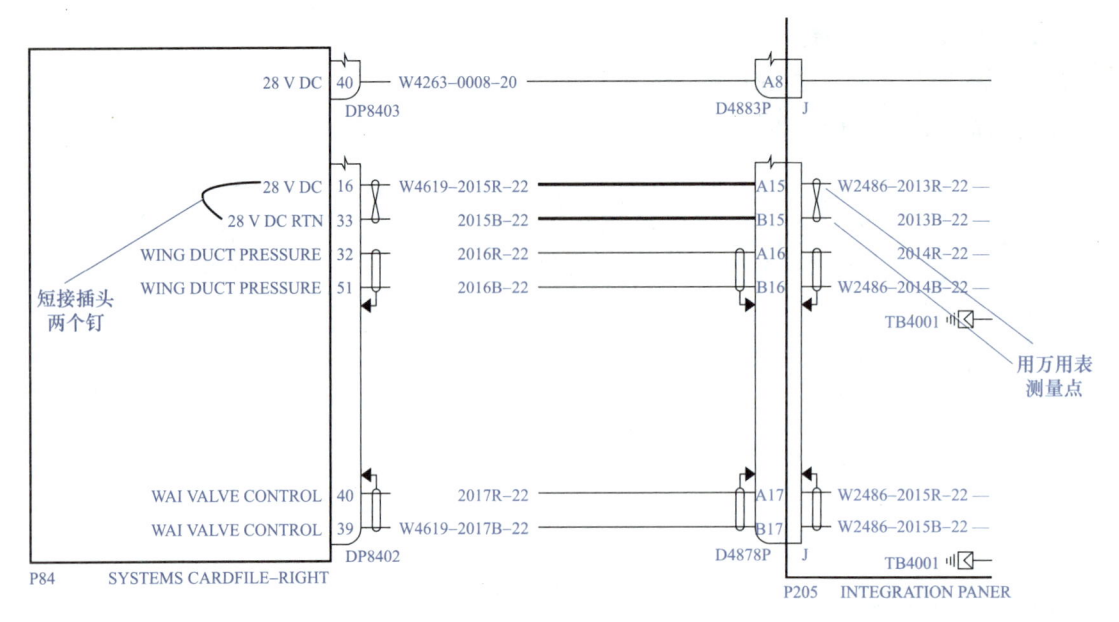

图 1.31　导线通路测量

（2）导线的短路测量。

1）线与线之间短路测量如图 1.32 所示（一端插头脱开，在另外一端表笔分别连入两根线的两个插钉）。

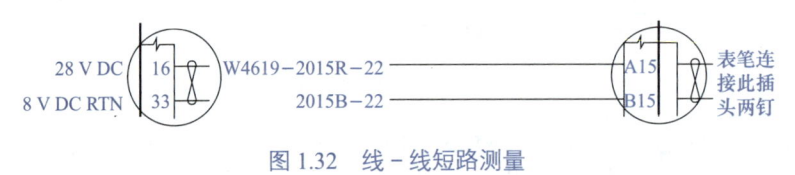

图 1.32　线 - 线短路测量

2）线与地之间短路测量如图 1.33 所示。

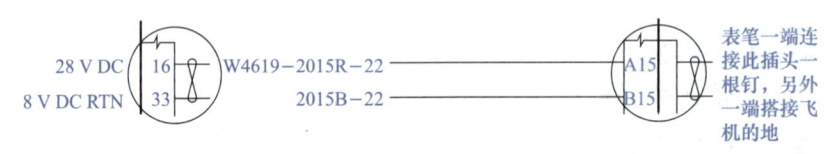

图 1.33　线 - 地短路测量

（3）导线的绝缘测量。测量绝缘使用兆欧表，分两种情况：一种是导线对地绝缘；另一种是线与线之间绝缘。

1）测量单根导线对地绝缘方法。导线绝缘测量如图 1.34 所示。两端插头脱开，兆欧表的一端连接导线插钉，另一端连接飞机公共地，摇动兆欧表手柄，线路电阻理论上正常应为无穷大。

图 1.34　导线绝缘测量

测量数值要求：通常大于 20 MΩ 可视为线路正常。故障短路时测出的电阻很小，或低于 2 MΩ。

2）测量线与线之间的绝缘。线-线绝缘测量如图 1.35 所示。

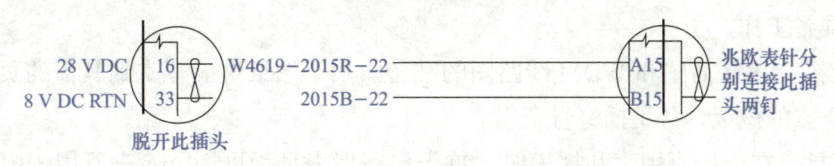

图 1.35 线-线绝缘测量

（4）部件参数测量和线路隔离。部件电阻测量如图 1.36 所示。用万用表在 D11041 的 1、2、3 号钉之间测量电阻，就可以知道部件内部电阻值参数。在图中任何两个钉之间的电阻应相等。如果出现异常状况，就是可怀疑部件故障，然后去部件插座上测量确认。若部件插座上测量数据正常，那么是线路出现问题。这时，图中的 SSM 信息不足，需要查看 WDM 是否有线路中转插头，具体隔离哪段线路故障。

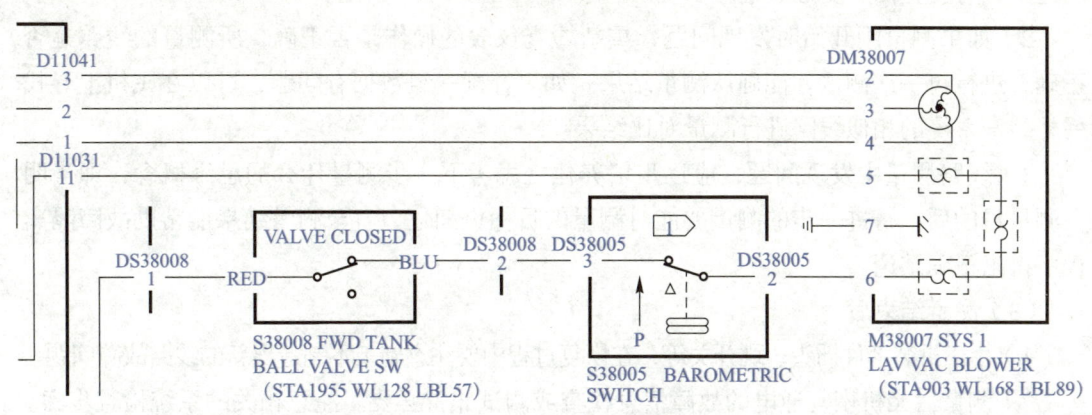

图 1.36 部件电阻测量

（5）电压测量。电压测量如图 1.37 所示。在继电器插座的 A1、B1、C1 处可以用万用表的电压挡测量继电器是否得到正确的电源。

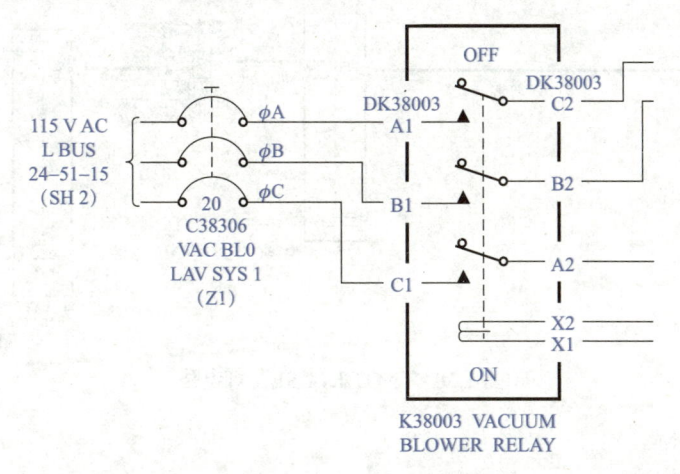

图 1.37 电压测量

要点：选择合适的挡位，是交流电还是直流电。图例中是交流电。一定要看跳开关电源是哪一种。

4. 线路测量工作步骤

（1）准备工作。

1）资料：SSM简图和WDM线路图的准备。由于图纸可能分支到其他的页面，要充分考虑检查点的位置，备足插钉号资料。

2）工具：在借出万用表和摇表时，首先检查仪表是否可用。检查万用表电阻挡位是否正常，电池电量是否足够。

3）线路测量中涉及某些插钉细小，而万用表、摇表表针不适用的状况，所以在工作准备之前，可以在工具房借量线的短接钉线，或者先准备好几段起安全保险作用的熔丝。

（2）测量进行中。

1）测量前脱开插头、插座、控制器后，首先检查插钉的状况。插钉有无热蚀、烧黑的迹象，有无歪曲、变形、退缩状况。

2）如果测量刚开始时发现问题，重新检查仪表的操作是否正确，所测量的线路是否正确，进行再一次测量才能确认测量结果。如果怀疑一组数据有问题，可以在飞机上寻找另外一套系统的相似线路进行测量对比结果。

3）线路测量中发现问题，应逐步培养建立思考下一步测量什么的思维概念，即当明白测量目的后，每进一步的测量要能对测量的目标更细化，直至测量结果能帮助故障隔离程序得出正确结论。

（3）测量结束后。

1）由于拆装部件插头、跳开关等，在恢复过程中要注意施工不制造出新的线路故障问题。

2）测量后飞机恢复通电的故障信息检查或测试非常必要。注意相关的系统检查步骤。

3.4 "NOT IN USE"灯电路分析

"NOT IN USE"灯电路如图1.38所示。

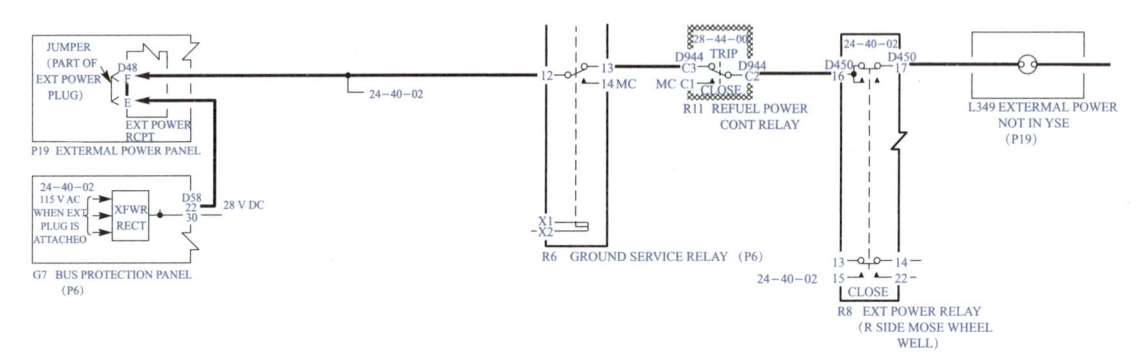

图1.38 "NOT IN USE"灯电路

1. 主要部件

（1）P6面板上的电源保护组件G7；

（2）P19面板上的外部电源插座；

（3）继电器R6、R11、R8；

（4）外接电源未用指示灯 L349。

2. 工作原理

当外部电源插头插好后，E、F 钉连通。电源保护组件 G7 的 22 脚输出 28 V 直流电压，经过外部电源插座的 E、F 钉，再经过继电器 R6、R11、R8 和灯 L349。正常情况下，R6、R11、R8 未在吸合状态，此时 NOT IN USE 灯线路导通，L349 灯点亮。

3.5 外部电源指示灯电路分析

外部电源指示灯电路如图 1.39 所示。

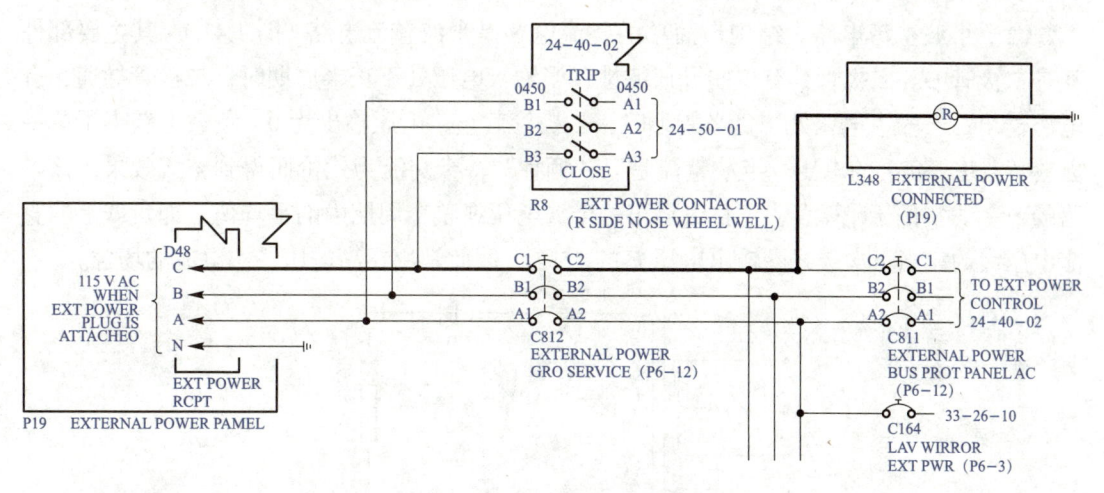

图 1.39 外部电源指示灯电路

1. 主要部件

（1）P19 面板上的外部电源插座；
（2）断路器 C812；
（3）外接电源指示灯 L348。

2. 工作原理

外部电源通过飞机外部的外部电源插座将外部的 115 V/400 Hz 的三相交流电接入飞机，其中的 C 相交流电通过 C812 断路器连接到驾驶舱的外接电源指示灯。当外部电源插座接通后，L348 就会点亮。

3.6 外部电源可用灯电路分析

外部电源可用灯电路如图 1.40 所示。

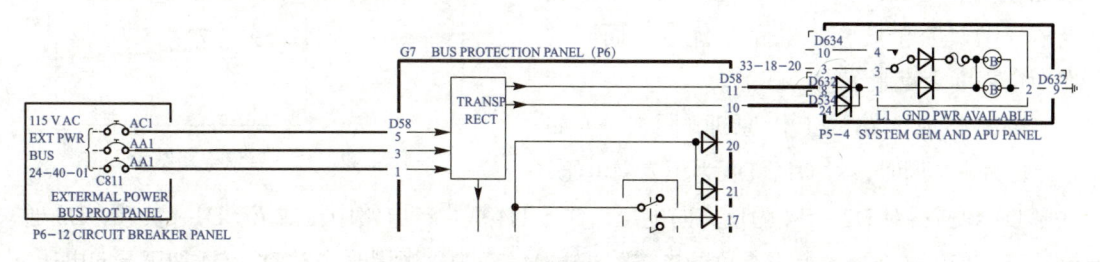

图 1.40 外部电源可用灯电路

1. 主要部件

（1）P6 面板上的电源保护组件 G7；

（2）P19 面板上的外部电源插座；

（3）三相断路器 C811；

（4）外接电源指示灯 L1。

2. 整流器

把交流电转化为直流电的过程称为整流，常见的整流电路有半波整流电路、桥式整流电路、三相整流电路等。

（1）半波整流电路。结构最简单的整流电路是半波整流电路（图 1.41），其主要部件就是二极管 D。二极管具有单向导通特性，当输入电压处于正半周期时，二极管导通，有电压输出；当输入电压处于负半周期时，二极管截止，电压输出为 0，负载上获得了单一方向（上正下负）的电压。半波整流是以"牺牲"一半交流为代价而得到整流效果，该电路的效率非常低（计算表明，整流得出的半波电压在整个周期内的平均值，即负载上的直流电压大约相当于次级线圈输出电压 E 的 45%），因此常用在高电压、小电流的场合。

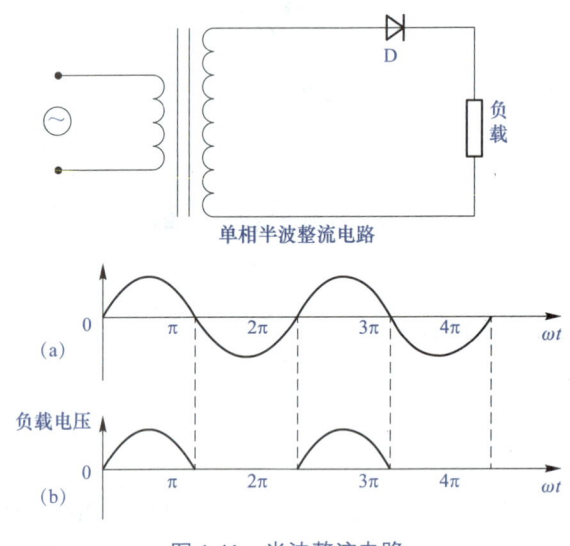

图 1.41 半波整流电路
（a）整流前；（b）整流后

（2）桥式整流电路。桥式整流电路（图 1.42）是使用最多的一种整流电路。这种电路，只要增加两只二极管连接成"桥"式结构，便具有全波整流电路的优点，而同时在一定程度上克服了它的缺点。

桥式整流电路的工作原理（图 1.43）如下。E 为正半周时，对 D1、D3 为正方向电压，D1、D3 导通；对 D2、D4 为反方向电压，D2、D4 截止；电路中构成 E、D1、负载、D3 通电回路，在负载上形成上正下负的半波整流电压。E 为负半周时，对 D2、D4 加正方向电压，

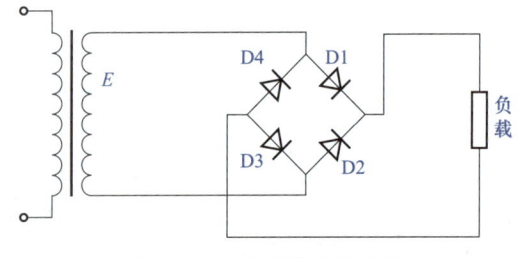

图 1.42 桥式整流电路结构

D2、D4 导通；对 D1、D3 加反方向电压，D1、D3 截止；电路中构成 E、D2、负载、D4 通电回路，同样在负载上形成上正下负的另外半波的整流电压。如此重复下去，结果在负载上得到全波整流电压。桥式电路中每只二极管承受的反向电压等于变压器次级电压的最大值。

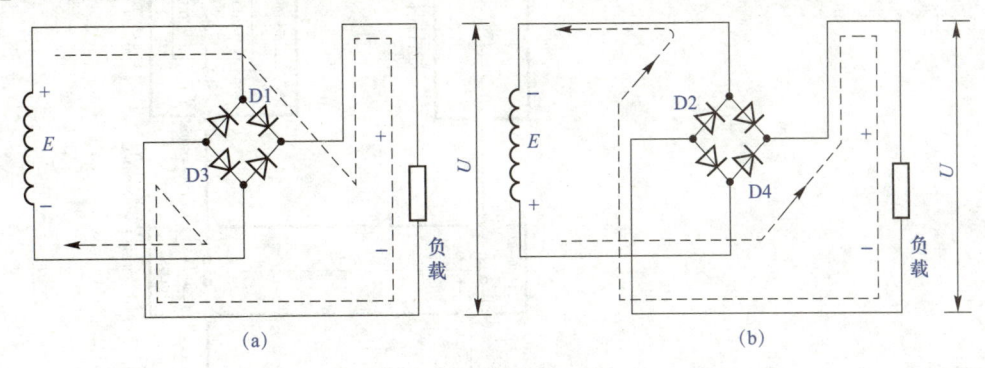

图 1.43 桥式整流电路分析
（a）正半周；（b）负半周

（3）三相整流电路。三相整流电路如图 1.44 所示。

在图 1.45 的波形图中，φ_a、φ_b、φ_c、φ_d、φ_e 分别指 a、b、c、d、e 点的电位。共阴极二极管的导通规律为阳极电位最高对应的二极管导通。

相位在 $\omega t_a < \omega t < \omega t_b$ 范围内时，a 点电位 φ_a 最高，VD4 导通；

相位在 $\omega t_b < \omega t < \omega t_c$ 范围内时，b 点电位 φ_b 最高，VD5 导通；

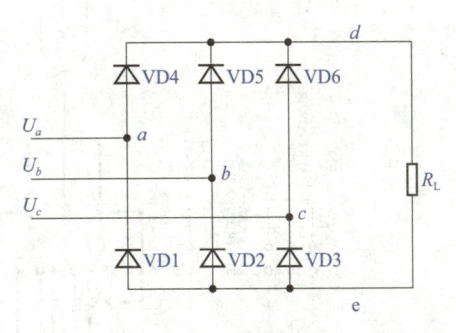

图 1.44 三相整流电路

相位在 $\omega t_c < \omega t < \omega t_a$ 范围内时，c 点电位 φ_c 最高，VD6 导通，每个二极管各导电 120°，d 点电位为 φ_a，φ_b，φ_c 三相交流电电位波峰连线。

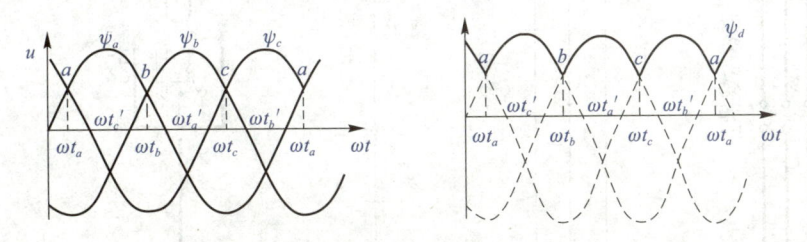

图 1.45 三相桥式整流电路 d 点电位波形

3. 电路工作原理

外部电源接入飞机外部电源插座后，115 V/400 Hz 三相交流电通过断路器 C811 接入电源保护组件 G7，G7 组件内部的变压整流模块将 115 V 交流电变成 28 V 直流电从 10、11 脚输出，送入驾驶舱 P5 面板的地面电源可用灯，将灯点亮。

3.7 外部电源电路分析

外部电源电路如图 1.46 所示。

31

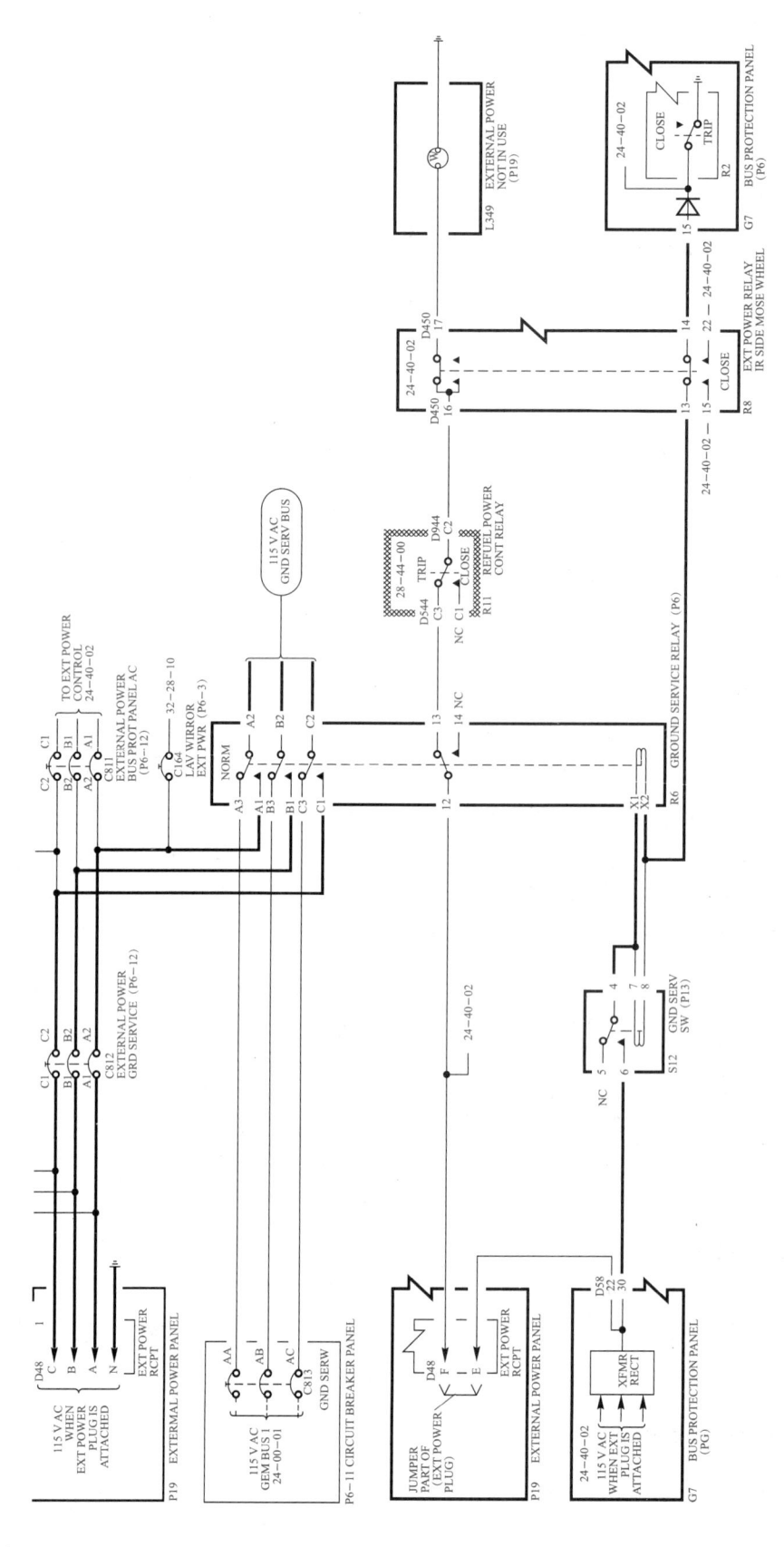

图 1.46 外部电源电路

1. 主要部件

（1）P6 面板上的电源保护板 G7；
（2）P19 面板上的外部电源插座；
（3）继电器 R6、继电器 R8；
（4）断路器 C812；
（5）外部电源选择开关 S12。

2. 工作原理

当驾驶舱 P13 面板的外部电源选择开关闭合后，由 G7 组件产生的 28 V 直流电经过 S12 开关，流入继电器 R6 线圈、R8 到地，形成回路。R6 继电器吸合，使 115 V/400 Hz 的三相交流电为地面服务汇流条供电。

【任务实施】

工卡标题		检测飞机外部电源电路				
机型			机号	B—××××		
工作区域	N/A		版本	R1		
工时	45 min	开始时间		结束时间		
完成签署 / 日期			检验签署 / 日期			
参考文件	SSM 24-40-02；SSM 24-30-10					
编写 / 修订			审核	批准		
日期			日期	日期		
工量具 / 设备 / 材料					工作者	检查者
类别	名称	规格型号	单位	数量		
工量具						
设备	地面电源车	PH2511	个	1		
	数字万用表					
材料						
1. 工作准备						
（1）到工具库房领取仪器； （2）检查仪器情况，外表完好无损，功能正常；计量工具在有效期内； （3）领取耗材，耗材应符合标准； （4）办理好领取手续						

续表

2. 操作步骤

（1）概述。根据故障现象制定修理测试方案。初步判断是 G7 组件的 22 脚、30 脚、23 脚三路 28V 输出中有一路短路（图1）。

（2）查询 G7 组件的 22 脚、30 脚、23 脚线路信息（图1和图2）。

1）插头插钉信息查询（图3和图4）。

①以 PK-OCP 飞机为例，进入 WDM 手册，查找有效性为 PN481，进入章节 24-27-11，找到两端连接的设备号 D58 插头到 D14 插头之间线缆的信息为 W_____。

②根据飞机 SSM 24-40-02 和 SSM 24-40-10 章节线路图，可以查到 G7 的 D58 插头 30 脚连接的是 M238 模块 D14 插头的 18 脚。在 WDM EQ 清单中找到 D00014 插头。

D00014 插头件号为_____。

③进入 WDM WIRE LIST 查到导线的类型代码为 6A（参考图5）。

④查找 SWPM，找到插钉件号：_____。

⑤查找 SWPM，找到进退钉工具件号：_____。

2）操作工具、操作方法信息查询。参考 SWPM，并根据进退钉工具的件号，找到进退钉工具及操作方法。

3）断开 M238 的 18 脚；断开继电器 R10，测量 22 脚对地电阻。

22 脚对地电阻值：_____。

若电阻值在 1Ω 以下，则表明 22 脚线路短路。

4）断开 G7 的 30 脚和 22 脚，测量 23 脚对地电阻。

将 D14 插头 18 脚的插钉执行退钉程序，用万用表测量 G7 的 23 脚对地电阻。

23 脚对地电阻值：_____。

若电阻值在 1Ω 以下，则表明 23 脚线路短路。

5）断开 G7 的 23 脚和 22 脚，测量 30 脚对地电阻。

断开继电器 R6，执行退钉程序，用万用表测量 G7 的 30 脚对地电阻。

30 脚对地电阻值：_____。

若电阻值在 1Ω 以下，则表明 30 脚线路短路

3. 结束工作

（1）清点工具和设备，数量足够；

（2）清扫现场；

（3）归还工具、耗材；

（4）在工具室归还登记簿上做好归还记录

---------------------------- 工卡结束 ----------------------------

续表

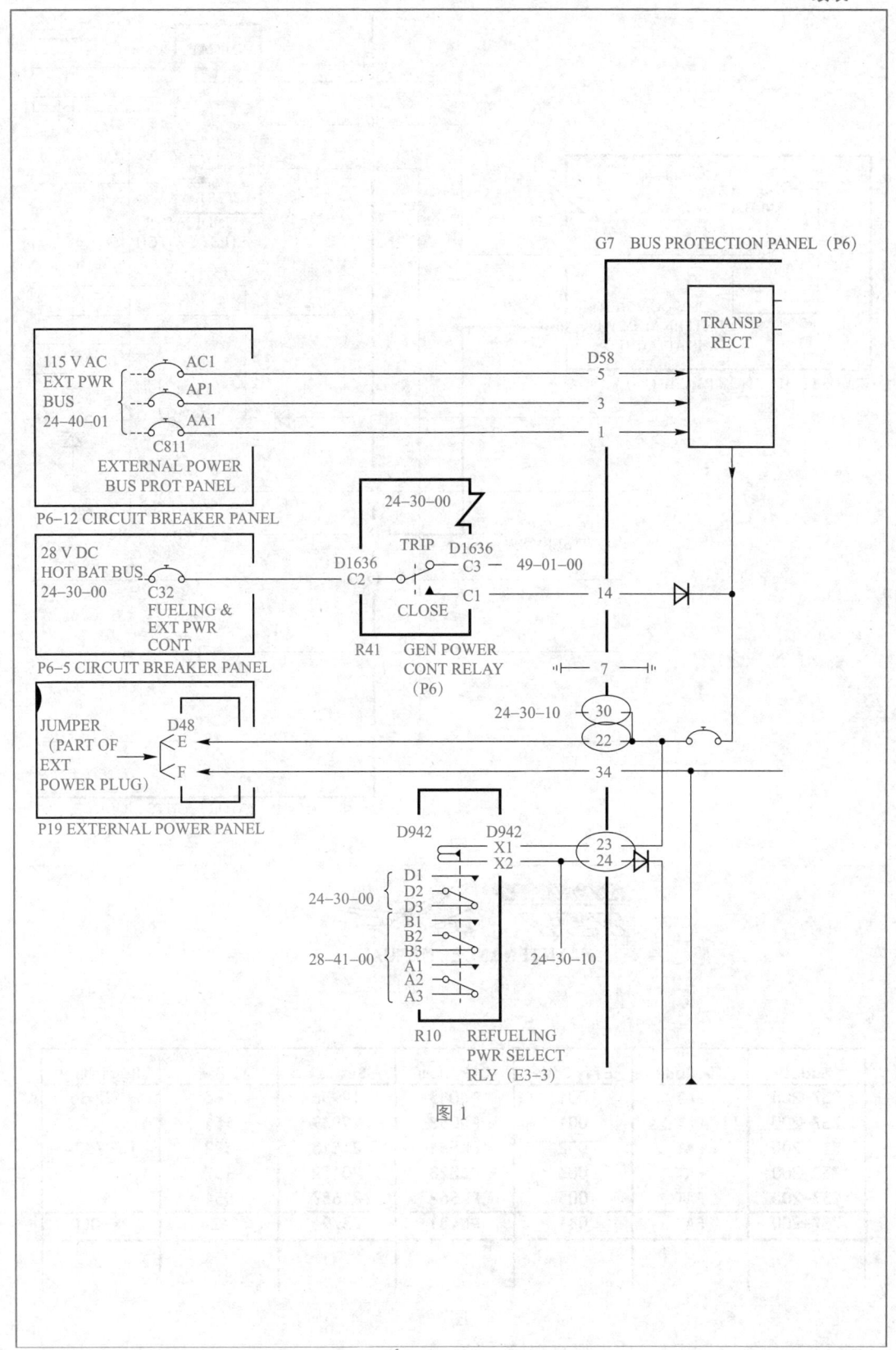

图 1

续表

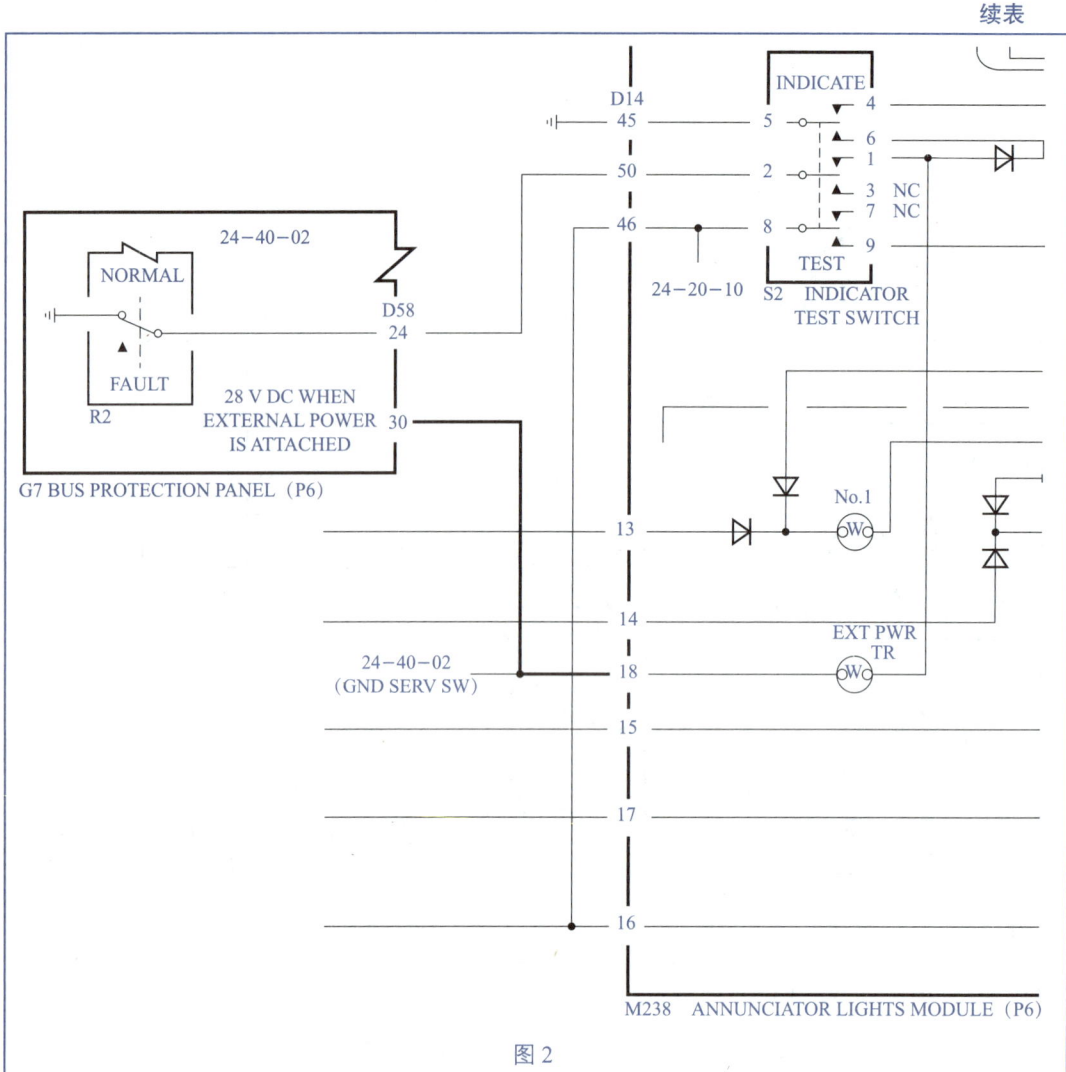

G7 BUS PROTECTION PANEL (P6)

NORMAL / FAULT — R2
24-40-02
D58
24
28 V DC WHEN EXTERNAL POWER IS ATTACHED — 30

D14 — 45
50
46
24-20-10

24-40-02
(GND SERV SW)

13
14
18
15
17
16

INDICATE — 5, 4, 6, 1, 2, 3 NC, 7 NC, 8, 9 — **TEST**
S2 INDICATOR TEST SWITCH

No.1
EXT PWR TR

M238 ANNUNCIATOR LIGHTS MODULE (P6)

图 2

BOEING 737 MAINTENANCE MANUAL

Model	ID Code	Eff Code	Blk Num	Serial	Line	Registry
737-200	FAT	001	PG055	19936	146	N9055U
737-200	FAT	001	PG058	19939	151	
737-200	FAT	002	PK561	21518	522	AI-7304
737-200	FAT	003	PG228	20132	167	
737-200	FAT	005	PK562	21687	554	
737-200	FAT	081	PN481	23794	1424	PK-OCP

图 3

续表

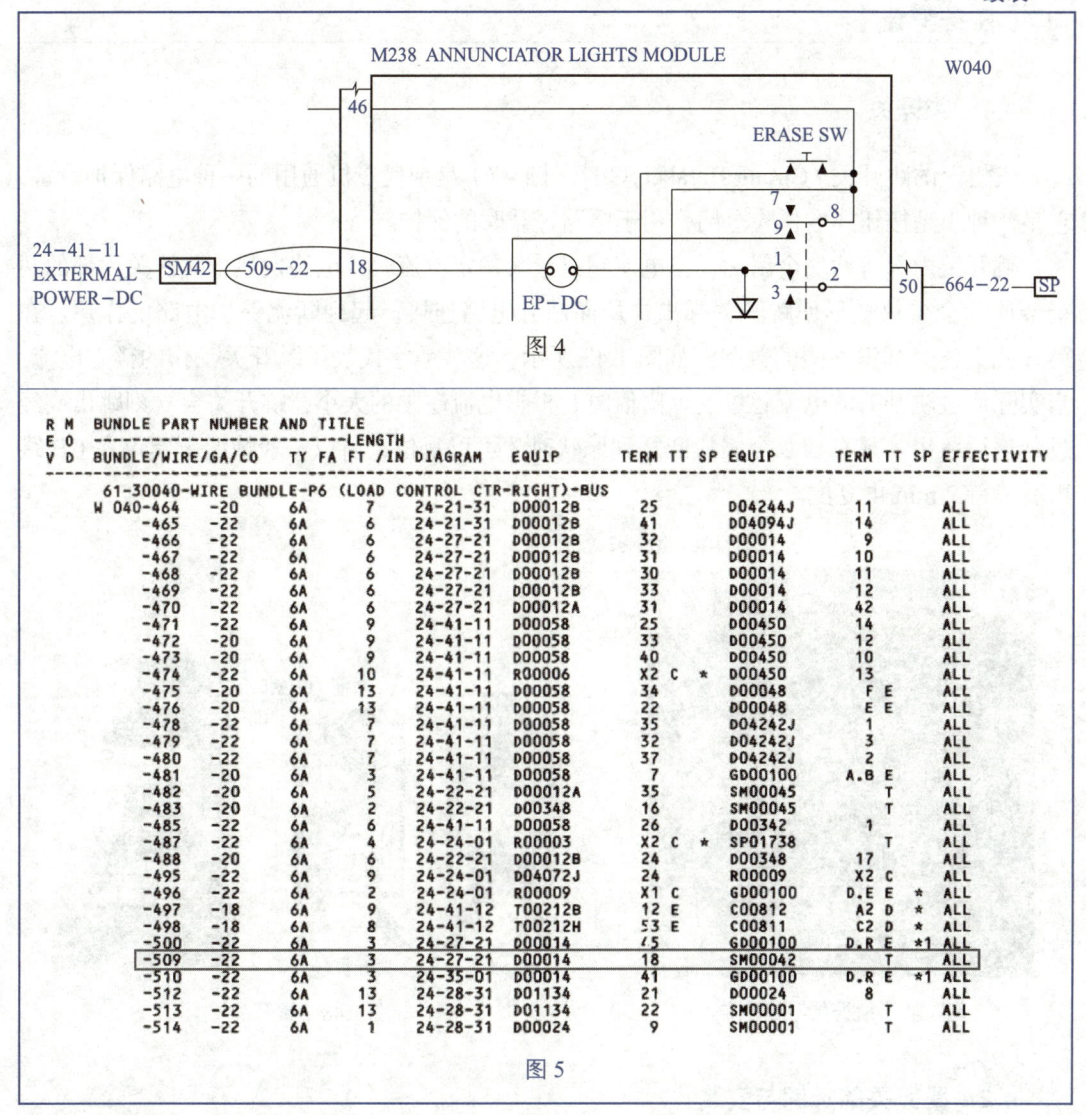

```
                    M238  ANNUNCIATOR LIGHTS MODULE                     W040
            46
                                              ERASE SW
                                            7      8
                                            9
24-41-11
EXTERMAL  ─ SM42 ─ 509-22 ─ 18              1      2
POWER-DC                                    3            50 ─ 664-22 ─ SP
                              EP-DC
```

图 4

```
R M  BUNDLE PART NUMBER AND TITLE
E O  ----------------------------LENGTH
V D  BUNDLE/WIRE/GA/CO   TY FA FT /IN DIAGRAM  EQUIP      TERM TT SP EQUIP      TERM TT SP EFFECTIVITY
     61-30040-WIRE BUNDLE-P6 (LOAD CONTROL CTR-RIGHT)-BUS
     W 040-464  -20   6A   7   24-21-31  D00012B   25         D04244J    11         ALL
        -465   -22   6A   6   24-21-31  D00012B   41         D04094J    14         ALL
        -466   -22   6A   6   24-27-21  D00012B   32         D00014      9         ALL
        -467   -22   6A   6   24-27-21  D00012B   31         D00014     10         ALL
        -468   -22   6A   6   24-27-21  D00012B   30         D00014     11         ALL
        -469   -22   6A   6   24-27-21  D00012B   33         D00014     12         ALL
        -470   -22   6A   6   24-27-21  D00012A   31         D00014     42         ALL
        -471   -22   6A   9   24-41-11  D00058    25         D00450     14         ALL
        -472   -20   6A   9   24-41-11  D00058    33         D00450     12         ALL
        -473   -20   6A   9   24-41-11  D00058    40         D00450     10         ALL
        -474   -22   6A  10   24-41-11  R00006    X2  C  *   D00048     13         ALL
        -475   -20   6A  13   24-41-11  D00058    34         D00048     F  E       ALL
        -476   -22   6A  13   24-41-11  D00058    22         D00048     E  E       ALL
        -478   -22   6A   7   24-41-11  D00058    35         D04242J    1          ALL
        -479   -22   6A   7   24-41-11  D00058    32         D04242J    3          ALL
        -480   -22   6A   7   24-41-11  D00058    37         D04242J    2          ALL
        -481   -20   6A   3   24-41-11  D00058     7         GD00100    A.B E      ALL
        -482   -20   6A   5   24-22-21  D00012A   35         SM00045       T       ALL
        -483   -20   6A   2   24-22-21  D00348    16         SM00045       T       ALL
        -485   -22   6A   6   24-41-11  D00058    26         D00342     1          ALL
        -487   -22   6A   4   24-24-01  R00003    X2  C  *   SP01738       T       ALL
        -488   -20   6A   6   24-22-21  D00012B   24         D00348     17         ALL
        -495   -22   6A   9   24-24-01  D04072J   24         R00009     X2 C       ALL
        -496   -22   6A   2   24-24-01  R00009    X1  C      GD00100    D.E E  *   ALL
        -497   -18   6A   9   24-41-12  T00212B   12  E      C00812     A2 D  *    ALL
        -498   -18   6A   8   24-41-12  T00212H   53  E      C00811     C2 D  *    ALL
        -500   -22   6A   3   24-27-21  D00014    15         GD00100    D.R E  *1  ALL
        -509   -22   6A   3   24-27-21  D00014    18         SM00042       T       ALL
        -510   -22   6A   3   24-35-01  D00014    41         GD00100    D.R E  *1  ALL
        -512   -22   6A  13   24-28-31  D01134    21         D00024      8         ALL
        -513   -22   6A  13   24-28-31  D01134    22         SM00001       T       ALL
        -514   -22   6A   1   24-28-31  D00024     9         SM00001       T       ALL
```

图 5

任务 4　跳开关的检查与更换

【任务导入】

一架 B737-200 飞机在进行定检中，当接入地面电源后，发现外部电源插座上的"AC CONNECT"灯正常点亮，"NOT IN USE"灯不亮，位于飞机驾驶舱 P5-4 板处的蓝色地面电源可用灯"GRD POWER AVAILABLE"点亮，地面电源无法送进飞机。经过排故检查发现是汇流条电源控制组件 G7 的 22 脚 28 V 直流线路跳开关损坏，造成 28 V 直流电无法接入继电器。请依据标准线路施工手册进行检查与更换跳开关，并进行测试。

37

【任务资讯】

4.1 跳开关

飞机上的跳开关（Circuit Breaker, CB）（图 1.47）是现代飞机通用的一种电路保护设备，它是一种小型按钮式的保险电门，用于电路过载时的保护。

跳开关内部有两块金属片，当电流超过最大额定电流时，电路发热，跳开关内部的两个金属片会受热变形使跳开关弹出，从而断开电路连接，起到断流保护电路的作用。在跳开关上还会标识不同的数字，如图 1.48 所示，这些数字代表了跳开关工作的额定电流。当实际流过跳开关的电流超过这个阈值时，根据电流超限的大小，跳开关会立刻跳出或经过延迟后跳出。只有当双金属片恢复到原状时才可以复位，所以一般情况下建议在 CB 跳出后等待 2 min 再复位。

图 1.47　跳开关额定电流

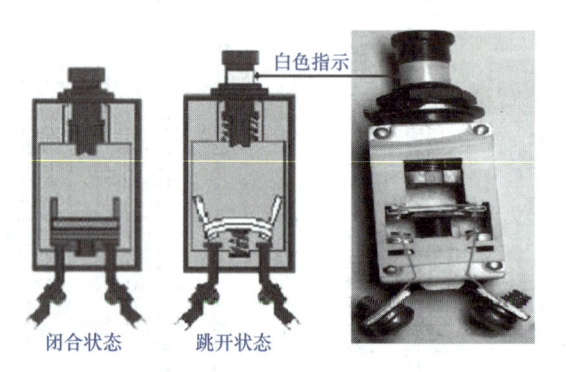

图 1.48　跳开关

4.2 跳开关的拆卸与安装

1. 跳开关的拆卸

（1）拆卸电瓶电门、外接电源开关、APU 启动电门开关并挂上红色警告牌。拔出相应的跳开关，确保线路跳开关必须保持在断开位，安装线路跳开关卡环，在跳开关上挂上红色警告牌，将警告牌安装在跳开关和电门上，在警告牌上注明："在维护工作结束之前，不允许将电门闭合"；还需在警告牌上注明原因、工作者、单位、联系方式等信息。

（2）维修人员还需要正确佩戴防静电腕带并可靠接地，使用套筒扳手或螺钉旋具拆下线路跳开关上的终端接线，使用开口扳手或梅花扳手拧松线路跳开关的固定螺母或拧松固定螺钉，取下需要拆卸的线路跳开关。

2. 跳开关的安装

（1）在新的线路跳开关上套上定位卡环，使用开口扳手或梅花扳手将线路跳开关的固定螺母拧紧或者使用螺钉旋具拧紧线路跳开关的螺钉，参考表 1.2 根据跳开关固定螺栓的尺寸确定跳开关固定螺栓力矩值，使用力矩扳手对跳开关固定螺栓进行 2 次力矩校定。

（2）使用套筒扳手或螺钉旋具安装线路跳开关上的终端接线，在线路跳开关上安装接线片的结构，参考表 1.2 根据跳开关接线连接螺栓的尺寸确定跳开关接线连接螺栓力矩值，使用力矩扳手对跳开关接线连接螺栓进行 2 次力矩校定。

（3）恢复配电板导线束的固定和捆扎。

（4）摘下 ESD（防静电）腕带，摘下所有挂的红色警告牌，闭合线路跳开关，将驾驶舱所有操作过的电门放到正常位。

（5）为飞机提供电源对更换的线路跳开关系统进行操作测试，检验跳开关的功能。

表 1.2　单相跳开关扭力值测量

接线连接螺栓		固定螺栓	
最小	最大	最小	最大
0.15 m·daN	0.17 m·daN	0.30 m·daN	0.50 m·daN

【任务实施】

工卡标题	更换地面服务外部电源跳开关 C812						
机型			机号		B—××××		
工作区域	N/A			版本		R1		
工时		开始时间			结束时间		
完成签署 / 日期			检验签署 / 日期				
参考文件	SSM 24-40-01						
编写 / 修订		审核			批准		
日期		日期			日期		
工量具 / 设备 / 材料						工作者	检查者
类别	名称	规格型号	单位	数量		
工量具	一字螺钉旋具	φ4 mm×75 mm	EA	1		
	十字螺钉旋具	φ5 mm×100 mm	EA	1		
	防静电腕带	通用	EA	1		
	静电腕带测试仪	ES498	EA	1		
	电子剪钳	标准	EA	1		
	套筒	9/16 in（长）	EA	1		
	棘轮扳手	1/4 in 头	EA	1		
	套筒	1/4 in（长）	EA	1		
	万用表	通用	EA	1		

续表

设备	地面电源车	PH2511	个	1	
	力矩扳手	0～50 lbf·in	EA	1	
	跳开关夹	通用	EA	1	
	警告牌	禁止通电	EA	1	
材料	纸胶带	3 m 2 311 in	EA	1	
	绑绳	BMS13-54 Type I Finish C	EA	1	
	跳开关	BACC18AE25	个	1	

1. 工作准备

（1）到工具库房领取仪器；
（2）检查仪器情况，外表完好无损，功能正常；计量工具在有效期内；
（3）领取耗材，耗材应符合标准；
（4）办理好领取手续

2. 操作步骤

（1）概述。
更换地面服务外部电源跳开关C812。
（2）跳开关的更换。
1）跳开关信息查询。
①根据飞机线路图手册（WDM）的 EQUIPMENT LIST 查找出地面服务外部电源C812跳开关的相关信息（图1），跳开关的件号为BACC18AE25。
②地面服务外部电源C812跳开关的图纸号：WDM 24-41-12（图2）。
③参考 SWPM 20-30-00 3H 根据地面服务外部电源C812跳开关的件号：BACC18AE25，获得跳开关螺杆安装力矩：14～15 inch-pounds（图3）。
2）准备防护。
①断开地面服务外部电源C812跳开关，并挂上"禁止通电"警告牌。
②测试防静电腕带，拆除跳开关时做好静电防护工作。
3）更换跳开关（图4）。
警告：若拆装部件为ESDS LRU部件，则需要注意静电防护，否则静电会导致LRU及其他关联的EDDS部件损坏。
①正确佩戴防静电腕带并可靠接地。
②找到损伤跳开关位置，剪除线束上的捆扎绳，使用套筒或螺钉旋具拆下线路跳开关上的终端接线片。
注意：断开连接前请用纸胶带对线缆做临时标识。
③使用开口扳手或套筒拧松跳开关的紧固螺母，小心取下跳开关。
④依据 SWPM 20-30-00 3H 程序正确安装新跳开关。紧固六角螺母安装力矩值：_____，力矩扳手编号：_____。
⑤使用套筒或螺钉旋具安装线路跳开关上的终端接线片，并紧固。
⑥使用万用表完成测量检查，确保检查正常。
⑦恢复线束的捆扎

3. 结束工作

（1）清点工具和设备，数量足够；
（2）清扫现场；

续表

3. 结束工作	
（3）归还工具、耗材； （4）在工具室归还登记簿上做好归还记录 --------------------------- 工卡结束 --------------------------- 图1 图2 图3	

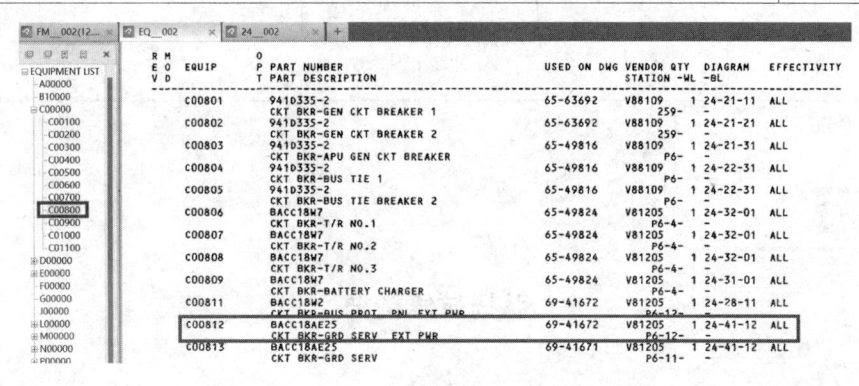

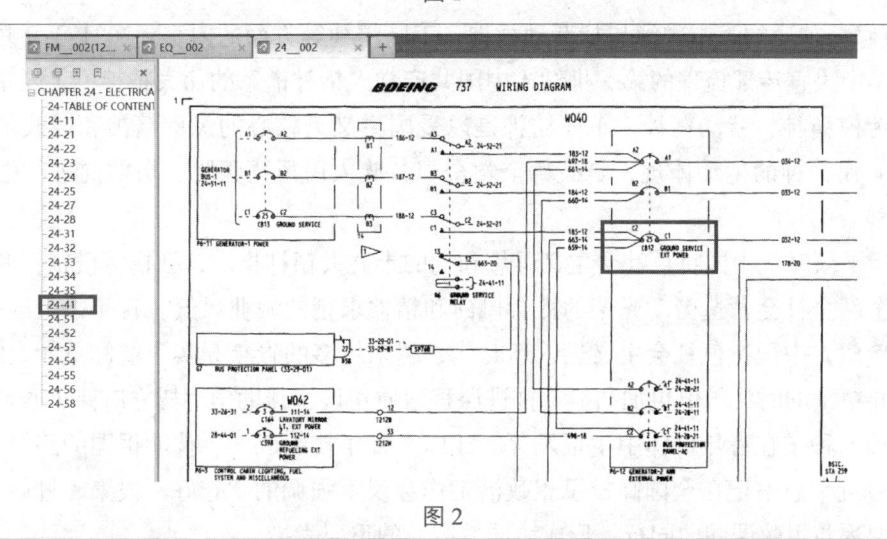

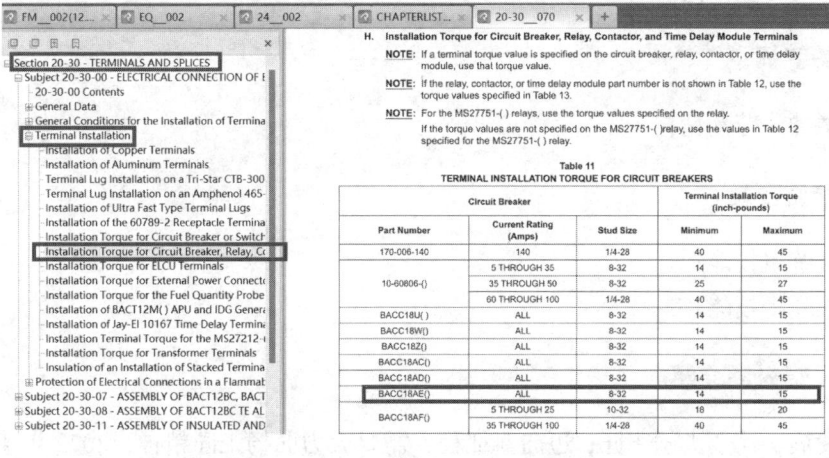

41

续表

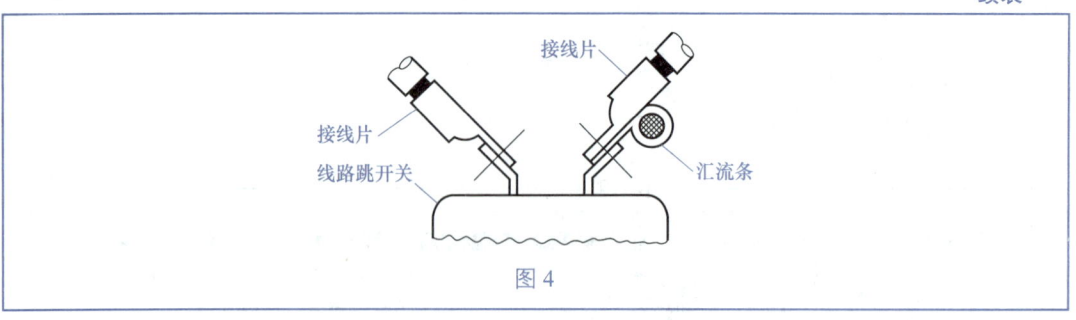

图 4

拓展阅读

弘扬航修精神

一、引言

"航修精神"的基本内涵包括劳动精神、工匠精神等方面的内容。2021年9月,党中央批准了中央宣传部梳理的第一批纳入中国共产党人精神谱系的伟大精神,工匠精神包含其中。劳模精神、劳动精神、工匠精神是以爱国主义为核心的民族精神和以改革创新为核心的时代精神的生动体现,是鼓舞全党全国各族人民风雨无阻、勇敢前进的强大精神动力。

习近平新时代中国特色社会主义思想和党的十九大精神指出,弘扬劳模精神和工匠精神,在全网全社会营造劳动光荣的社会风尚和精益求精的敬业风气。青年是祖国的未来、民族的希望,中国特色社会主义进入新时代,越来越多的青年充实了航修技能人才队伍,航修工匠精神的时代价值更加凸显。推进课程素质建设,帮助学生树立航修工匠精神,让工匠精神的种子在青年群体中生根发芽,让广大青年技能成才、技能报国的路越走越宽,是落实习近平总书记在全国高校思想政治工作会议上强调的"守好一段渠、种好责任田,使各类课程与思政课同向同行、形成协同效应"的重要举措。

二、关键词

工匠精神、劳动精神。

三、素质要素

勤学苦练筑技能;
敢为人先提技能。

四、思想内涵介绍

时代发展,需要大国工匠;迈向新征程,需要大力弘扬工匠精神,2022年4月27日,首届大国工匠创新交流大会举办，习近平总书记对工匠精神做了生动的阐释，对大国工匠给予了殷殷嘱托。习近平总书记指出：技术工人队伍是支撑中国制造、中国创造的重要力量，我国工人阶级和广大劳动群众要大力弘扬劳模精神、劳动精神、工匠精神，适应当今世界科技革命和产业变革的需要，勤学苦练、勇于创新、敢为人先，不断提高技术技能水平，为推动航修高质量发展、实施制造强国战略、全面建设社会主义现代化国家贡献智慧和力量。

1. 工匠精神

罗卓红，48岁，是解放军5719工厂发动机外场服务人员、高级技师。在一年中的约300天，他都要奔波在解放军空军的各个基地之间，为战机发动机提供及时的维修保障服务。他先后执行国庆阅兵、"9.3"阅兵、建军90周年阅兵保障等重大专项任务36次；20多次作为空军装备部巡查组专家进行装备巡查，发现并排除重大质量安全隐患10余起，避免了严重事故；在发动机综合监控方面，他是整个空军装备修理系统不穿军装的第一人，能在发动机不脱发（卸下）的状态中，仅凭耳朵就能判断出它的轴承健康状况，并可根据发动机高压转子低速运转的声音准确判定故障点，准确率百分之百。

罗卓红，从一名普通职工成长为高级技师，一路走来，载誉无数。28年的兢兢业业、精益求精和千锤百炼，他最大的心得体会就是，在自己的岗位上尽职尽责地工作，要干就要干到最好，用实际行动践行了执着专注、精益求精、一丝不苟、追求卓越的工匠精神。用他自己的话来说就是无论从事什么劳动，都要干一行、爱一行、钻一行，精心检测每一个零部件，潜心钻研发动机理论知识。他经常学习到深夜一两点，经过不懈的努力，终于攻克新、老机几种机型的排故技术难题。

2. 劳动精神

五七二〇工厂的陈卫林是全国劳动模范、全国技术能手、全国五一劳动奖章获得者、安徽省五一劳动奖章获得者、安徽省技能大奖获得者、江淮工匠标兵、江淮杰出工匠、高级技师。

20多年来，陈卫林从一名普通车工做起，勤学苦练、艰苦奋斗、勇于创新、淡泊名利、诚实劳动，潜心技能水平的提升。因技术功底深度，理论知识渊博，他被提拔为装备机械制造技术员，成为工厂机械制造专业既擅长操作又精通技术的第一人。他领衔的"陈卫林大师工作室"被认定为国家级技能大师工作室，累计完成360多项关键零部件自制攻关。

陈卫林始终坚守"航修报国，忠诚奉献"的价值理念，勇于担负装备修理保障所需的零部件研制攻关工作，将高效优质生产航空零部件、不断提升装备修理质量作为毕生的事业。通过不断学习并领悟最先进的制造技术，他练就了高超的技能，在许多精度要求高、加工难度大、形状复杂、任务紧急的装备零部件制造过程中，陈卫林都被指定为唯一的加工者。他熟练掌握普通车床、铣床、加工中心、数控磨床等多项操作技能，攻克了一系列技术、生产、工艺、质量难题，其在航空零部件机械制造方面开展的改进创新和技术变革，为打破国内外技术封锁和受制于人的局面提供了有力保障，创造经济效益数亿元。

项目 02 波音飞机交流电源检测与维修

学习目标

知识目标：
1. 认识交流电源系统主要零部件的安装位置及外部构造，并理解它们的作用。
2. 理解交流电源系统的作用和工作原理。
3. 理解飞机线路导通性测试方法、绝缘性测试方法。
4. 理解交流电源电路的分析方法。

能力目标：
1. 能够根据故障代码在 FIM（故障隔离手册）中找到故障隔离程序。
2. 能够根据故障现象在 SSM、WDM 中找到相应的电路图。
3. 能够根据排故程序在 AMM 中找到相应的拆装程序。
4. 能够用数字万用表进行电压和线路导通性测试。

素质目标：
1. 具备规范的操作意识和安全意识。
2. 具有爱岗敬业、诚实守信、遵章守纪的良好职业道德。
3. 具备团队协作精神、人际沟通能力和社会交往能力。
4. 具备"敬仰航空、敬重装备、敬畏生命"的职业素养。

任务 1　找出飞机交流电源部件

【任务导入】

飞机在飞行过程中，主要由飞机发动机驱动的两个 IDG（整体传动发动机）提供电源。将三相交流电送入交流转换汇流条 1 和 2、地面服务汇流条 1 和 2。变压整流器组件（TRU）将交流电转变成直流电，送入相应的直流汇流条，供直流系统使用。为了更好地理解飞机的交流电工作过程，先来了解一下飞机的交流电源部件。

【任务资讯】

1.1 交流电源系统概述

交流电源系统如图 2.1 所示。

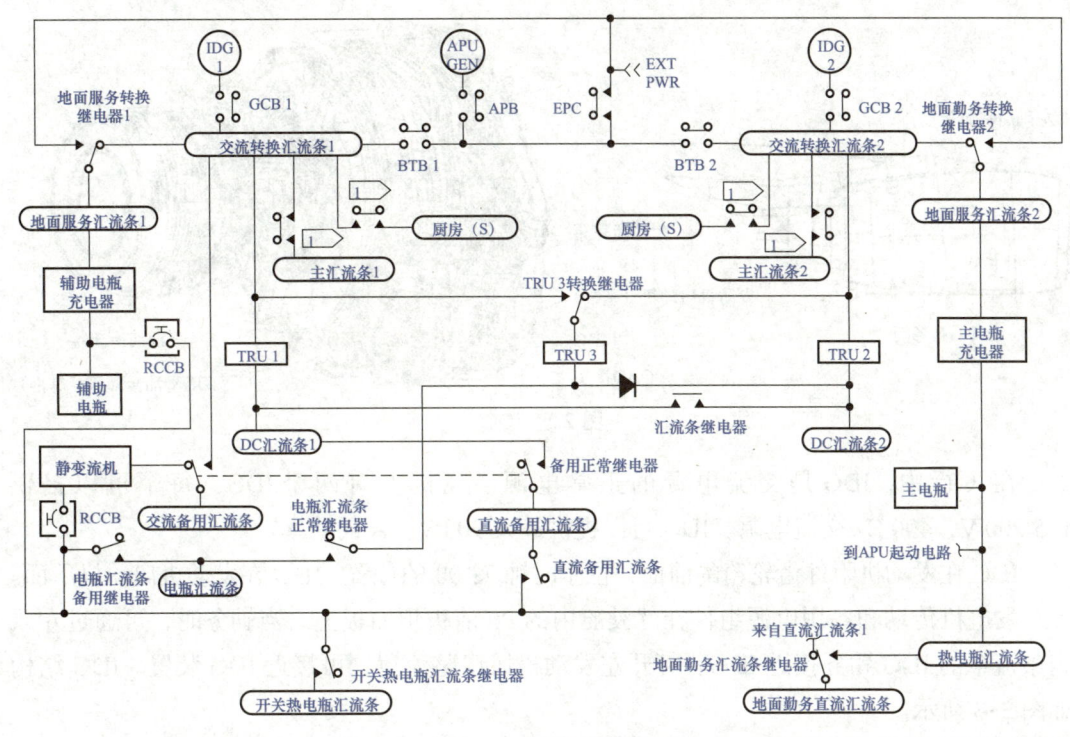

图 2.1 交流电源系统

交流电系统是三相四线制系统，正常使用电压 115/200 V，400 Hz。交流系统有下列 4 个电源：整体传动发电机 1（IDG 1）、整体传动发电机 2（IDG 2）、APU 发动机、发电机外部电源。

1. 汇流条

直接从交流电源接收电源的交流汇流条有交流转换汇流条 1、交流转换汇流条 2、地面服务汇流条 1、地面服务汇流条 2。

系统设计保证两个交流电源不能同时为同一转换汇流条提供电源。然而，一个交流电源可以通过汇流条断路器（BTB）为两个转换汇流条提供电源。

2. 电源分配

两个电源不会同时给同一交流转换汇流条供电。变压整流器组件（TRU）得到交流电源，并将其转变成直流电，供直流系统使用。

3. 控制

BPCU 和 GCU 控制并保护电源系统。GCU 控制并监控电源质量。在驾驶舱电门位置有输入和电源良好时，GCU 提供信号闭合断路器。

BPCU 与 GCU 一起控制汇流条断路器（BTB）位置。

起动变换组件（SCU）控制 APU 发电机的电压，AGCU 与 SCU 一起保持 APU 发电机电源

45

良好。AGCU 监控电源的质量。APU 电源质量不好会使 AGCU 断开 APU 电源断路器（APB）。

1.2 交流电源系统部件

1. IDG

IDG 如图 2.2 所示。

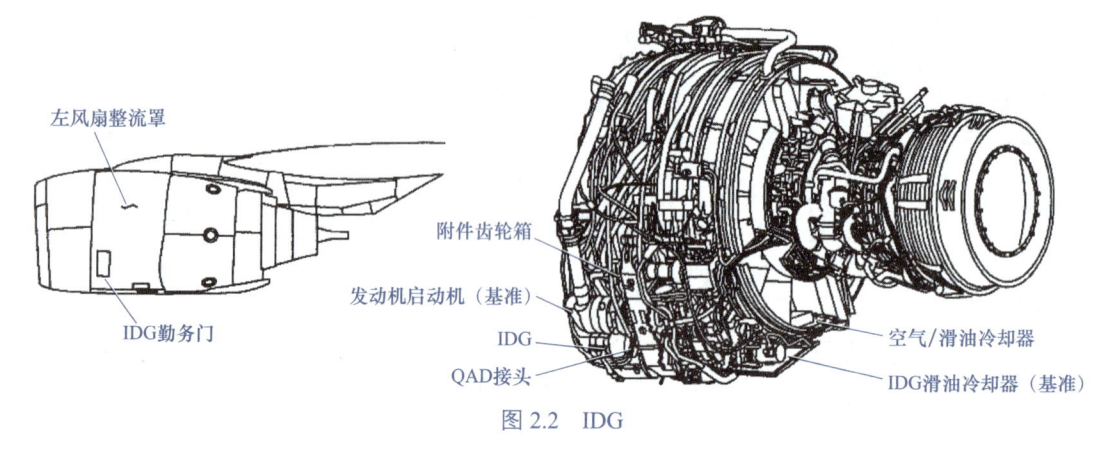

图 2.2　IDG

在飞行中，IDG 是交流电源的正常电源。飞机上有两个 IDG，每个可以提供 115/200 V，400 Hz 交流电源。IDG 可以提供最大 90 kV·A 的功率。

IDG 在发动机附件齿轮箱的前面，位于时钟 7:00 的位置。IDG 在发动机启动机下面。发电机传动和备用电源组件在驾驶舱内的 P5 前头顶面板上。当勤务时，可通过左风扇整流罩的 IDG 勤务接近 IDG。打开左发动机风扇整流罩，可接近 IDG 装置。IDG 结构如图 2-3 所示。

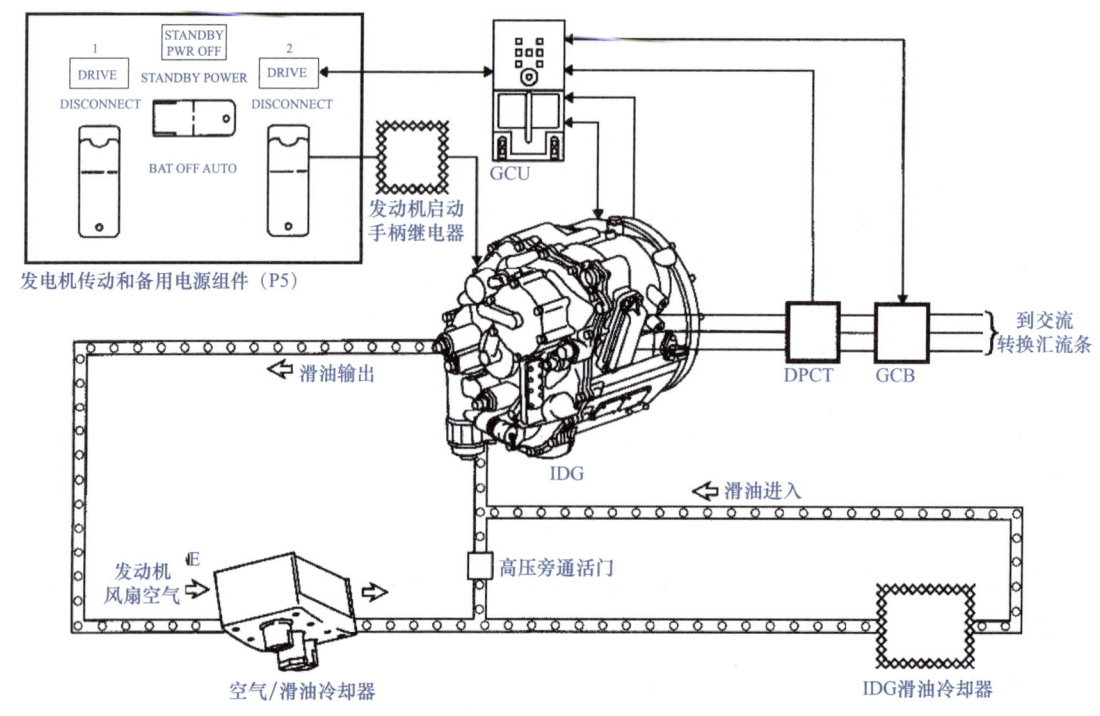

图 2.3　IDG 结构框图

2. 驾驶舱部件

P5 面板（图 2.4）包括下列 3 个子面板（组件），对电源系统进行控制和指示：
（1）P5-13，电源仪表、电瓶和厨房电源组件；
（2）P5-5，发电机传动和备用电源组件；
（3）P5-4，交流系统、发电机和 APU 组件。

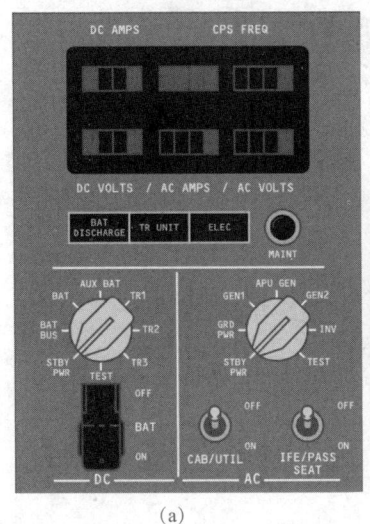

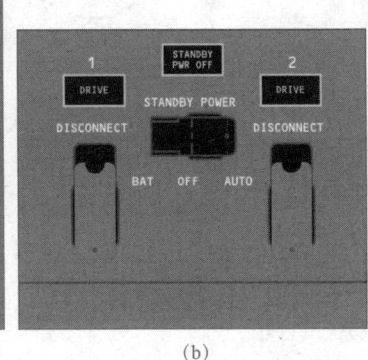

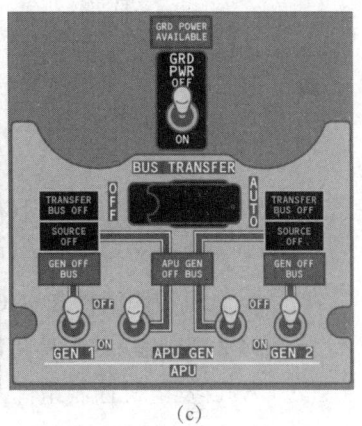

图 2.4 驾驶舱 P5 面板
（a）电源仪表、电瓶和厨房电源组件（P5-13）；（b）发电机传动和备用电源组件（P5-5）；
（c）交流系统、发电机和 APU 组件（P5-4）

驾驶舱内的 P6 和 P18 面板（图 2.5）有许多飞机系统负载电路跳开关断路器。

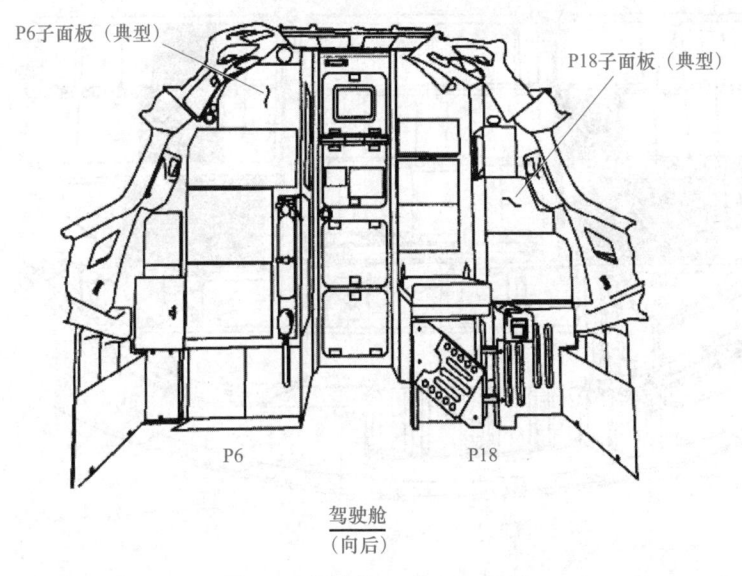

图 2.5 驾驶舱 P6 和 P18 面板

3. 电子舱部件

电子舱结构与部件如图 2.6、图 2.7 所示。

47

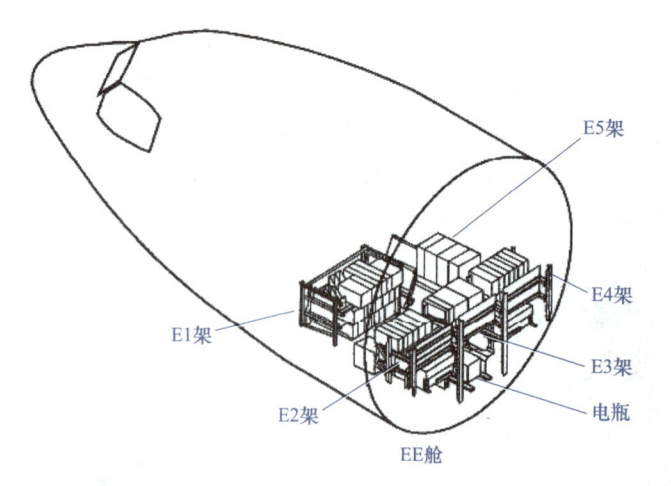

图 2.6 电子舱结构

（1）E4架部件。E4架上有下列部件，在交流电系统中，与系统相连：
1）汇流条电源控制组件（BPCU）；
2）发电机控制组件2（GCU 2）。

（2）E2架部件。E2架上有下列部件，在交流电系统中，与系统相连：
1）APU发电机控制组件（AGCU）；
2）发电机控制组件1（GCU 1）；
3）APU启动变流机组件（SCU）。

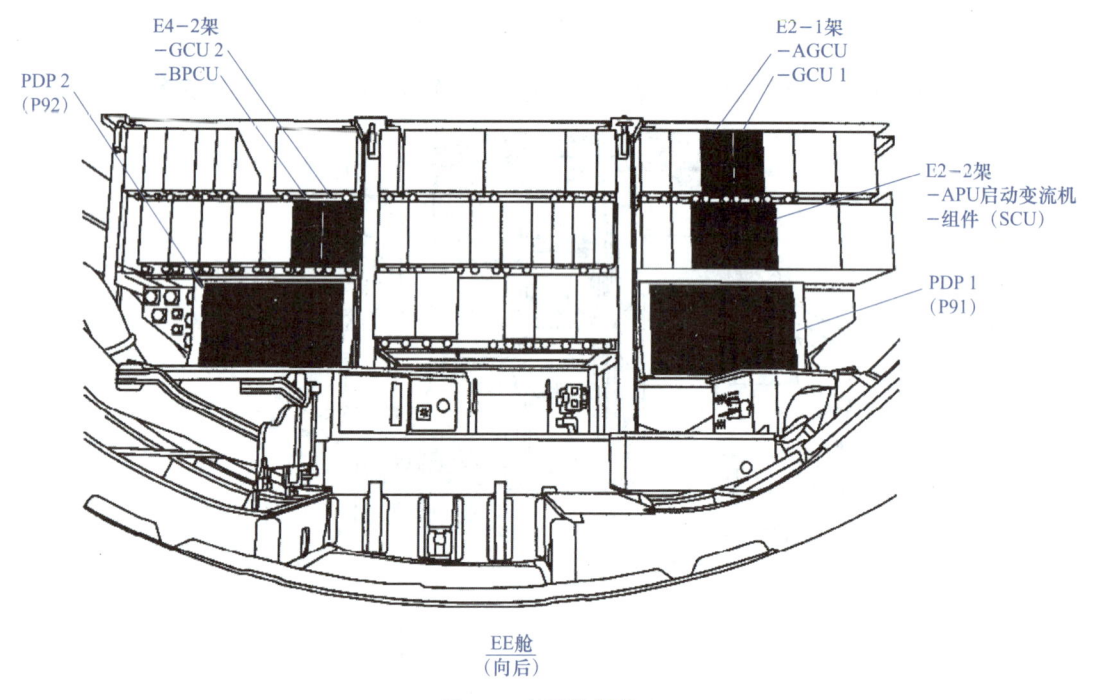

图 2.7 电子舱部件

（3）发电机控制断路器和汇流条断路器。断路器（图2.8）为电源分配系统提供来自电源的115 V交流三相电源。断路器也闭合或断开28 V直流电源系统的控制和指示电路。

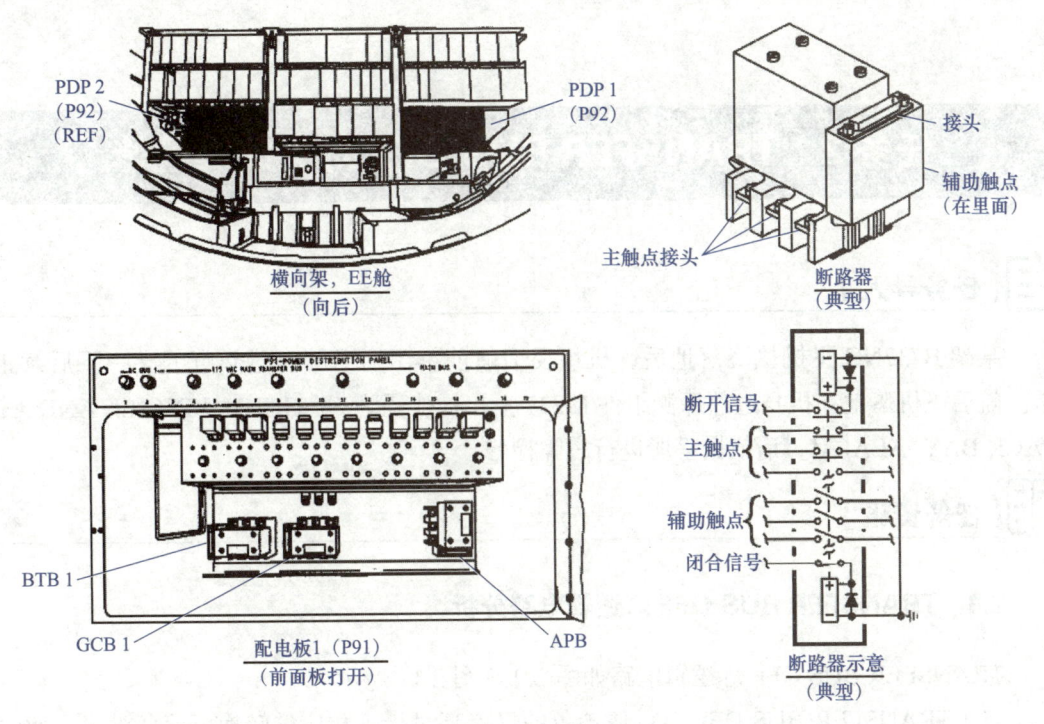

图 2.8　断路器

【任务实施】

工卡标题	飞机交流电源部件识别		
机型		机号	B—××××
工作区域	N/A	版本	R1
工时	1 h　开始时间	结束时间	
完成签署/日期		检验签署/日期	
参考文件	AMM 26-11-11；SSM 26-11-11； AMM 26-12-11；SSM 26-12-11		
编写/修订		审核	批准
日期		日期	日期
识别发动机、APU 火警探测元件			
步骤	部件	中文名称	
步骤 1	IDG		
步骤 2	GCU 1		
步骤 3	BPCU		
步骤 4	BTB 1		
步骤 5	GCB 1		
步骤 6	AGCU		

49

任务 2　TRANSFER BUS OFF 灯亮故障检修

【任务导入】

某架 B737NG 飞机执飞落地后，机组反馈航前推出后右翼身过热灯闪亮一下后续正常。航后飞机落地在机身过热探测组件 M237 上自检代码为 64 RIGHT WING LE AND AC PACK BAY-ALARM，请依据手册进行故障检修。

【任务资讯】

2.1　TRANSFER BUS OFF 灯逻辑电路分析

TRANSFER BUS OFF 灯逻辑电路如图 2.9～图 2.11 所示。

（1）TRANSFER BUS OFF 灯：琥珀色的灯点亮时指示相应的转换汇流条没电，此时相应的 GCB 和 BTB 都断开。

（2）SOURCE OFF 灯：人工选择的电源被脱开或没有电源被选择供电给相应的转换汇流条时，琥珀色的源断开灯点亮。

（3）GEN OFF BUS 灯：IDG 没有给相应的转换汇流条供电时，蓝色的发电机断开汇流条灯点亮，即表明相应的 GCB 断开。当 GCB 闭合时，该指示灯熄灭。

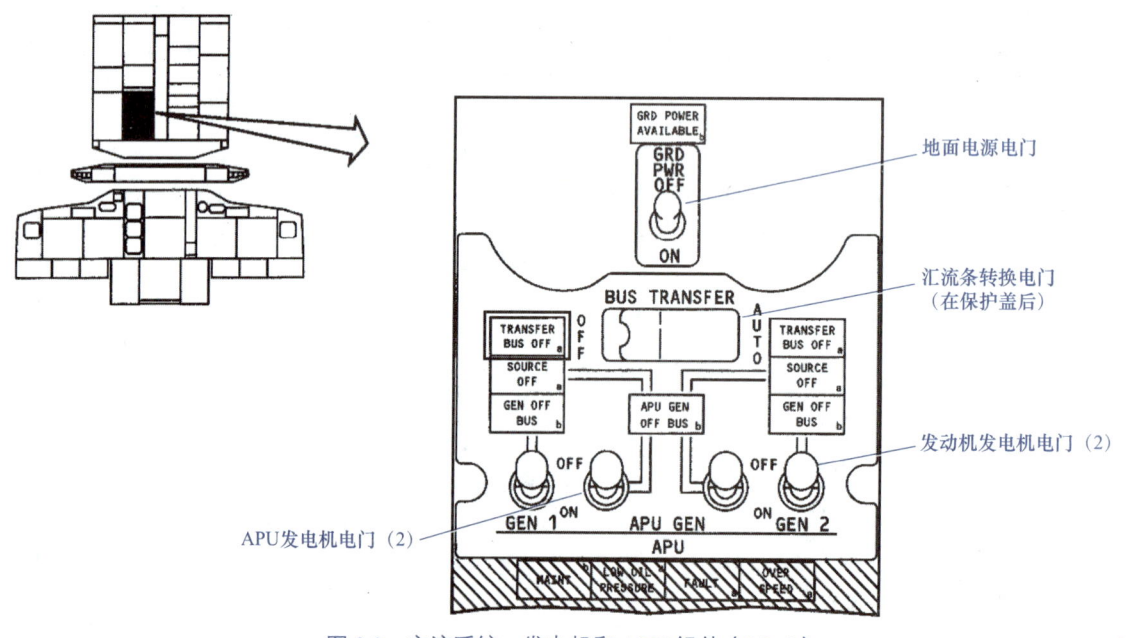

图 2.9　交流系统、发电机和 APU 组件（P5-4）

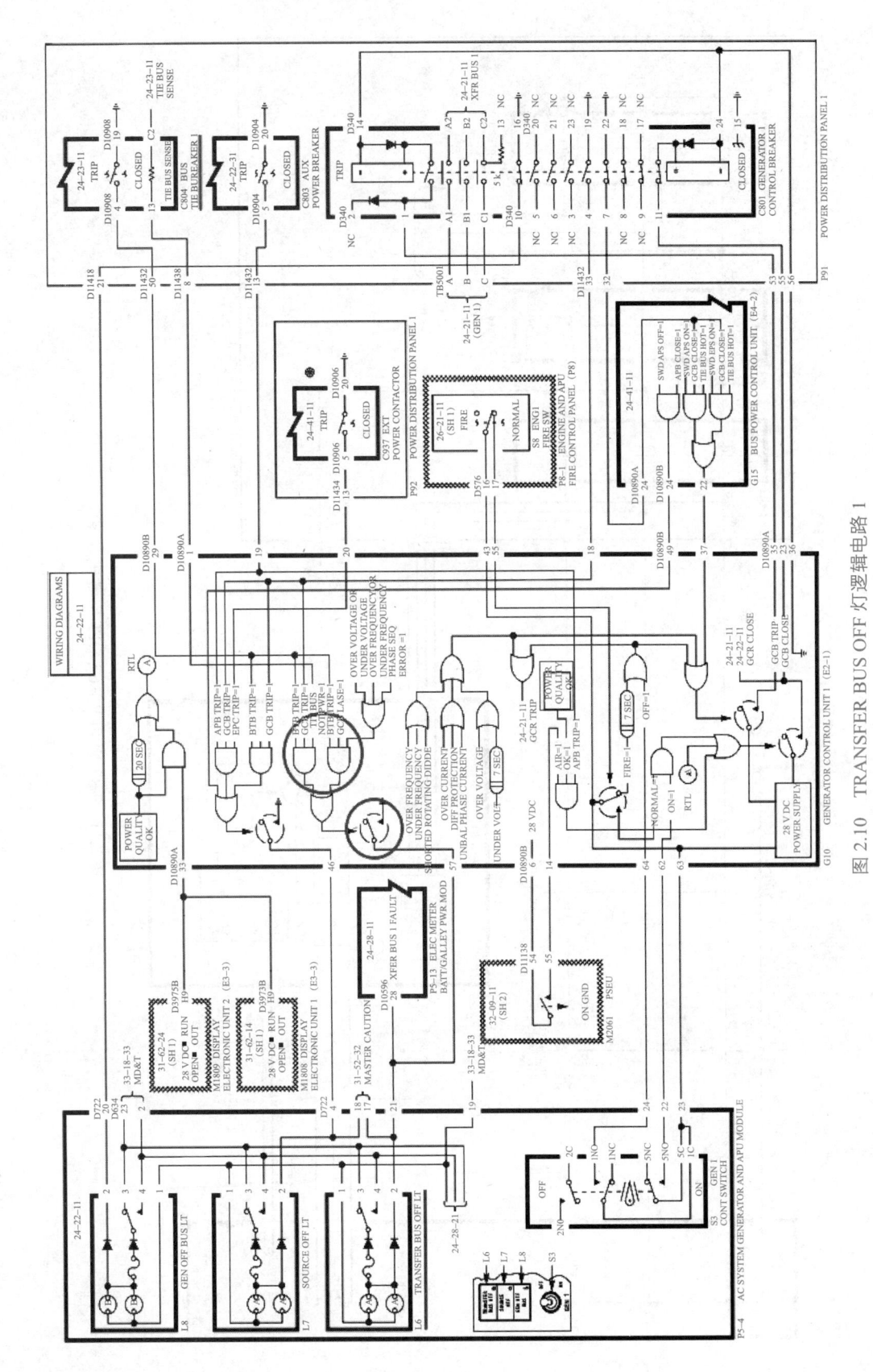

图 2.10 TRANSFER BUS OFF 灯逻辑电路 1

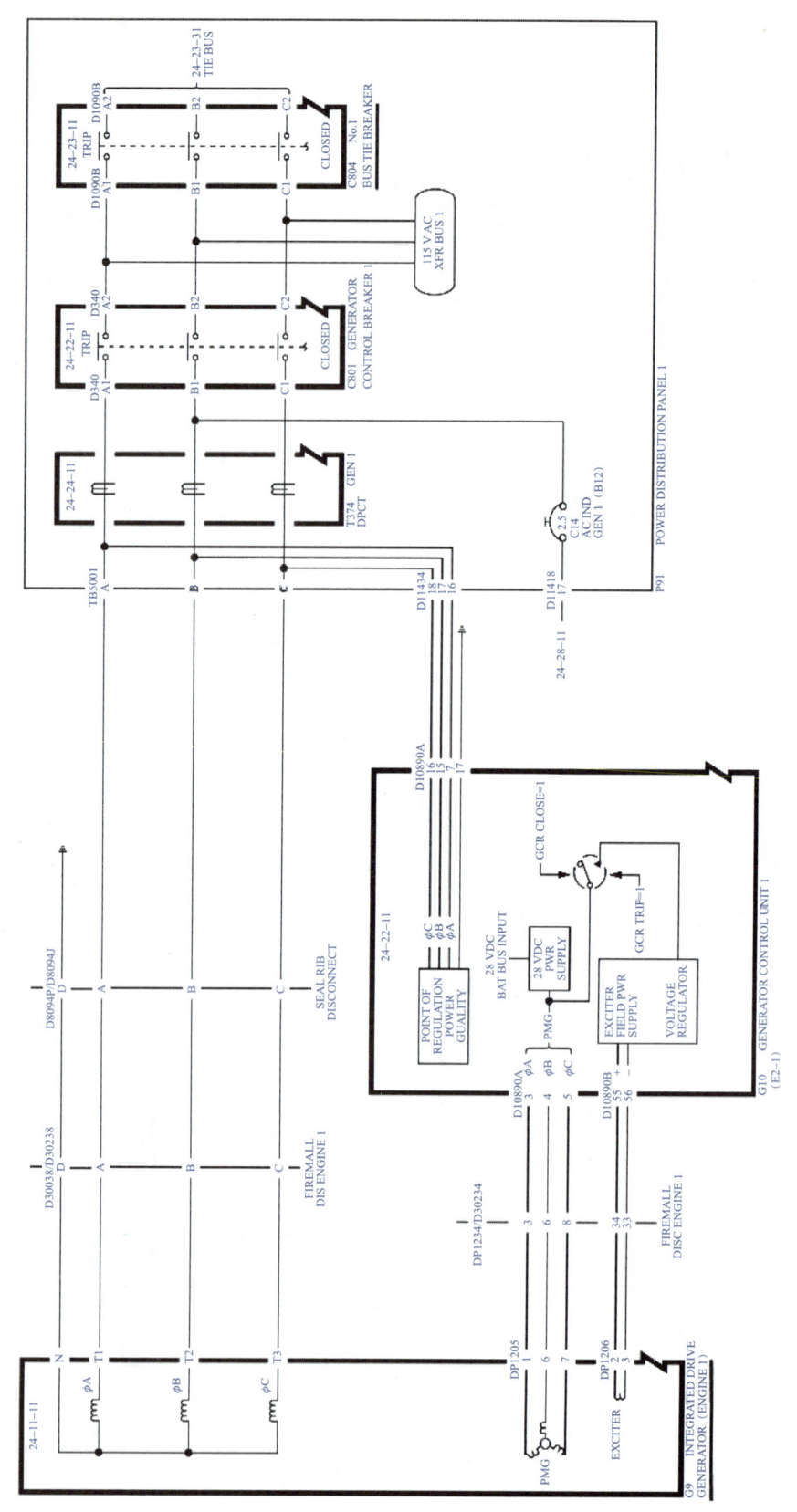

图 2.11 TRANSFER BUS OFF 灯逻辑电路 2

1. 主要部件

（1）TRANSFER BUS OFF 灯 L6；

（2）GCU E2-1；

（3）断路器 C804；

（4）IDG G9。

2. 工作原理

查询波音飞机 SSM（系统图解手册），找到防火系统 26 章，翼身过热探测电路在 SSM 26-12-11，电路如图 2.10 和图 2.11 所示。

2.2 TRANSFER BUS OFF 灯亮电路故障分析

1. FIM 查询

依据故障现象为 TRANSFER BUS OFF 灯 1 亮，查看 FIM 24 章，确定故障代码为 242.070.01（表 2.1），故障隔离程序在 24-21 TASK 818。

表 2.1 故障隔离手册

故障代码	故障描述	任务章节
241.010.01	DRIVE light：light on – generator 1	24-11 TASK 801
241.010.02	DRIVE light：light on – generator 2	24-11 TASK 802
242.040.01	SOURCE OFF and GEN OFF BUS lights：lights on with IDG 1 and IDG 2 on line – no.1	24-21 TASK 801
242.040.02	SOURCE OFF and GEN OFF BUS lights：lights on with IDG 1 and IDG 2 on line – no. 2	24-21 TASK 801
242.050.00	APU GEN OFF BUS light：light on with APU generator on line	24-21 TASK 801
242.060.01	TRANSFER BUS OFF and SOURCE OFF lights：lights on with the APU generator on line – no. 1	24-21 TASK 801
242.060.02	TRANSFER BUS OFF and SOURCE OFF lights：lights on with the APU generator on line – no. 2	24-21 TASK 801
242.070.01	**TRANSFER BUS OFF light：flickers with IDG on line – generator 1**	**24-21 TASK 818**
242.070.02	TRANSFER BUS OFF light：flickers with IDG on line – generator 2	24-21 TASK 819
242.080.01	Generator SOURCE OFF light：light comes on but no fault light on GCU is on – GEN 1 SOURCE OFF light	24-21 TASK 821
242.080.02	Generator SOURCE OFF light：light comes on but no fault light on GCU is on – GEN 2 SOURCE OFF light	24-21 TASK 821

2. 故障原因

根据故障隔离程序 24-21 TASK 818 提示，可能原因为线路；GCU 1，G10；IDG 1，G9；Engine wire harness，MW0312。

【任务实施】

工卡标题		TRANSFER BUS OFF 灯 1 亮故障检修		
机型			机号	B—××××
工作区域	N/A		版本	R1
工时		开始时间	结束时间	
完成签署 / 日期			检验签署 / 日期	
参考文件	FIM 24-21；　　　SSM 24-11-11； SSM 24-21-11；　　SSM 24-22-11			
编写 / 修订		审核	批准	
日期		日期	日期	
工量具 / 设备 / 材料				工作者 / 检查者

类别	名称	规格型号	单位	数量	工作者	检查者
工量具	数字万用表		个	1		
	一字螺钉旋具	$\phi 4\ mm \times 75\ mm$	把	1		
	十字螺钉旋具	$\phi 5\ mm \times 100\ mm$	把	1		
设备	地面电源车		台	1		
材料						

1. 工作准备

（1）到工具库房领取仪器；
（2）检查仪器情况，外表完好无损，功能正常；计量工具在有效期内；
（3）领取耗材，耗材应符合标准；
（4）办理好领取手续

2. 操作步骤

（1）检查 Permanent Magnet Generator（PMG）导线（图 1）。
1）将 DP1205 从 IDG 1 上取下。
2）测量 DP1205 引脚电阻值：
①三组数值误差在 ±0.2 Ω 内。
②最大电阻值为 4 Ω。

```
DP1205                    DP1205
pin1  -----------------   pin6
pin6  -----------------   pin7
pin7  -----------------   pin1
```

2. 操作步骤

图 1

第一组电阻值：_____。
第二组电阻值：_____。
第三组电阻值：_____。

（2）测量 DP1205 和 D10890A 之间导线是否导通。

    D10890A   DP1205
    pin 3 ------------------ pin 1
    pin 4 ------------------ pin 6
    pin 5 ------------------ pin 7

第一组电阻值：_____。
第二组电阻值：_____。
第三组电阻值：_____。

（3）检查 IDG 内部的 PMG 电阻（图 2）。

1）将 DP1205 从 IDG 1 上取下。
2）测量 PMG 三相导线之间电阻值。
① 三组数值误差在 ±0.2 Ω 内。
② 最大电阻值为 1.6 Ω。

  IDG Receptacle   IDG Receptacle
  pin 1 ------------------ pin 6
  pin 6 ------------------ pin 7
  pin 7 ------------------ pin 1

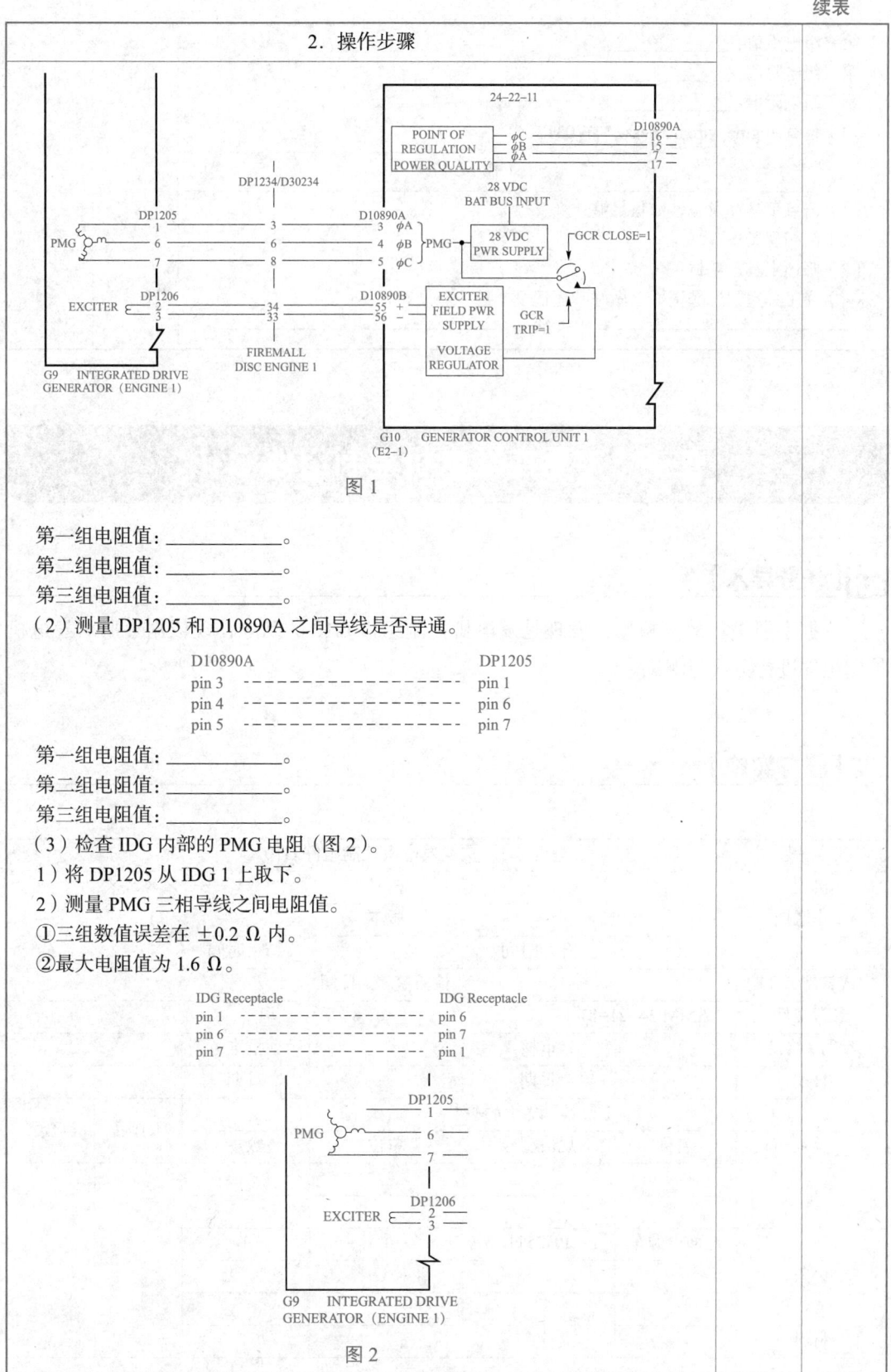

图 2

续表

第一组电阻值：_____。 第二组电阻值：_____。 第三组电阻值：_____。 （4）检查 engine wire harness，MW0312	
3. 结束工作	
（1）清点工具和设备，数量足够； （2）清扫现场； （3）归还工具、耗材； （4）在工具室归还登记簿上做好归还记录 ------------------------ 工卡结束 ------------------------	

任务 3　更换发电机控制组件 G10

【任务导入】

依据手册进行故障检修，发现是发电机控制组件 G10 的问题，现依据手册对发电机控制组件进行更换与测试。

【任务实施】

工卡标题	更换发电机控制组件 G10					
机型			机号		B—××××	
工作区域	N/A			版本		R1
工时		开始时间		结束时间		
完成签署 / 日期			检验签署 / 日期			
参考文件	AMM 24-21-81					
编写 / 修订		审核		批准		
日期		日期		日期		
工量具 / 设备 / 材料					工作者	检查者
类别	名称	规格型号	单位	数量		
工量具						
设备	地面电源车	PH2511	个	1		
材料						

	续表

1. 工作准备

（1）到工具库房领取仪器；
（2）检查仪器情况，外表完好无损，功能正常；计量工具在有效期内；
（3）领取耗材，耗材应符合标准；
（4）办理好领取手续

2. 操作步骤

（1）打开该维护盖板以接近主设备中心（图1）。

编号	名称/位置
117A	电子设备维护盖板

执行以下操作：
1）断开IDG 1上的电源。
2）断开跳开关和安装安全标签。
F/O电气系统面板，P6-4

行	列	编号	名称
F	10	C01283	GENERATOR CONT UNIT 1

（2）发电机控制组件拆卸。
1）在触摸GCU之前，执行此任务：关于金属包装组件拆卸的ESD处理。
2）拆卸GCU。
告诫：在对静电放电敏感的装置进行该程序之前，不得触摸控制组件，静电放电会损坏控制组件。
（3）发电机控制组件安装。
1）在触摸GCU [1]之前，执行此任务：关于金属包装组件安装的ESD处理。
2）安装GCU。
3）闭合相应的跳开关。
4）取下安全标签并闭合这些跳开关。
F/O电气系统面板，P6-4

行	列	编号	名称
F	10	C01283	GENERATOR CONT UNIT 1
F	11	C01284	GENERATOR CONT UNIT 2
F	12	C01285	GENERATOR APU GEN CONT UNIT

2号配电板，P92

行	列	编号	名称
C	9	C01326	APU GEN CONT UNIT

（4）安装测试GCU。
1）如下测试GCU：
①确保P5-5面板上的STANDBY POWER电门设定在AUTO位。
②将P5-13面板上的BAT电门设定到ON位。
③按压GCU上的GCU TEST电门至少保持1 s。
④确保GCU上的所有七个指示灯约亮3 s。
⑤确保GCU上的所有七个指示灯熄灭约3 s。
⑥确保GCU上的绿色GCU PASS灯约亮7 s。
2）将飞机恢复到其常规状态。
①关闭该维护盖板：

编号	名称/位置
117A	电子设备检查口盖

②将P5-13面板上的BAT电门设定到OFF位

续表

3. 结束工作		
（1）清点工具和设备，数量足够； （2）清扫现场； （3）归还工具、耗材； （4）在工具室归还登记簿上做好归还记录 ------------------------- 工卡结束 -------------------------		

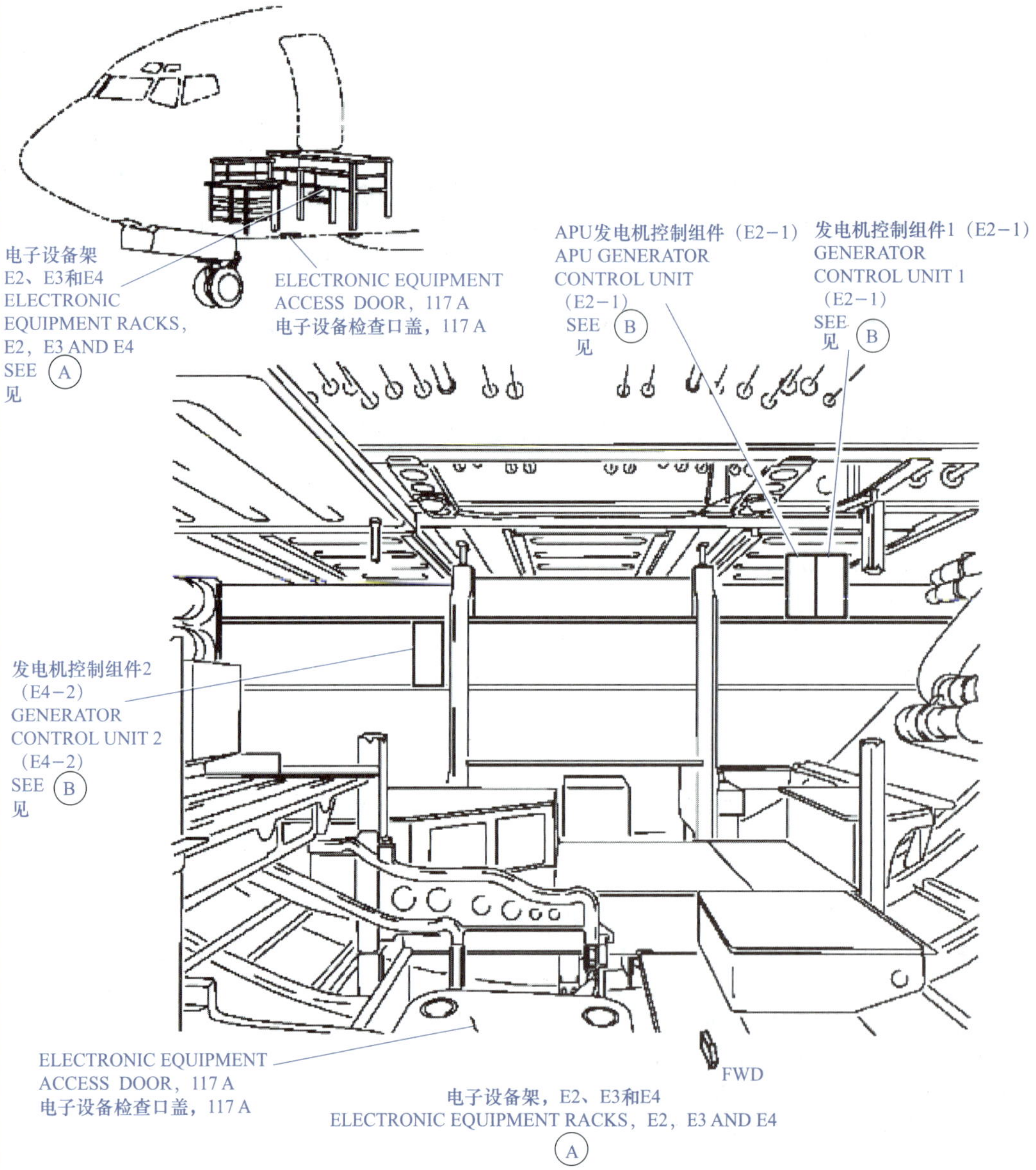

电子设备架 E2、E3和E4
ELECTRONIC EQUIPMENT RACKS, E2, E3 AND E4
SEE Ⓐ
见

ELECTRONIC EQUIPMENT ACCESS DOOR, 117 A
电子设备检查口盖，117 A

APU发电机控制组件（E2-1）
APU GENERATOR CONTROL UNIT (E2-1)
SEE Ⓑ
见

发电机控制组件1（E2-1）
GENERATOR CONTROL UNIT 1 (E2-1)
SEE Ⓑ
见

发电机控制组件2（E4-2）
GENERATOR CONTROL UNIT 2 (E4-2)
SEE Ⓑ
见

ELECTRONIC EQUIPMENT ACCESS DOOR, 117 A
电子设备检查口盖，117 A

电子设备架，E2、E3和E4
ELECTRONIC EQUIPMENT RACKS, E2, E3 AND E4
Ⓐ

FWD

图 1

58

续表

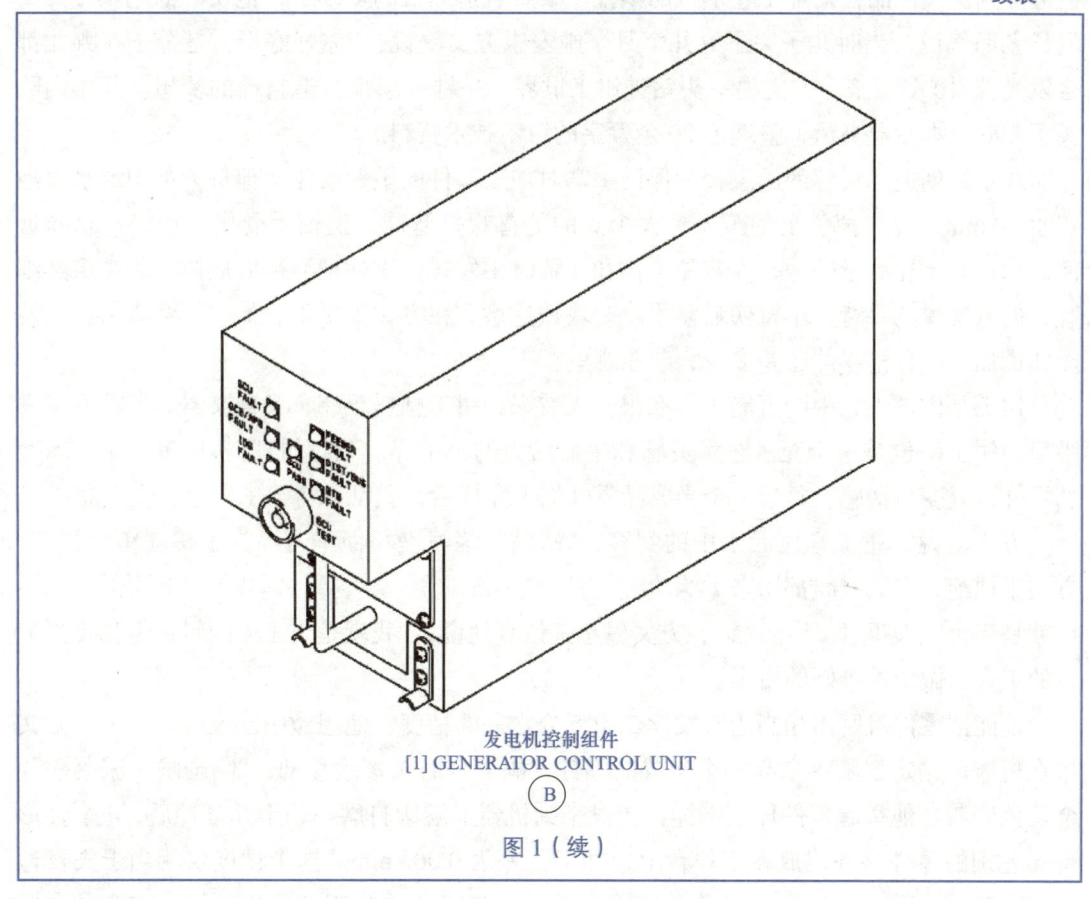

发电机控制组件
[1] GENERATOR CONTROL UNIT
B

图1（续）

拓展阅读

一锉一磨间的航空梦

一、引言

方文墨是中航工业沈阳飞机工业（集团）有限公司的一名钳工。25岁，他成为高级技师，拿到钳工的最高职业资格；26岁，参加全国青年职业技能大赛，夺得冠军；29岁，成为中航工业最年轻的首席技能专家。

方文墨改进工艺方法60余项，撰写技术论文12篇，申报技术革新项目20项，并取得了"定扭矩螺纹旋合器"等3项国家发明专利和实用新型专利。"定扭矩螺纹旋合器"提高生产效率8倍，仅人工成本每年就为企业节约100万元；他改进的钛合金专用丝锥，提高工作效率4倍，每年节约人工成本和材料费46万余元。

方文墨出生在一个航空世家。姥姥、姥爷、爸爸、妈妈都是中航工业沈阳飞机工业（集团）有限公司职工。从年少时起，父辈传承的航空报国情怀，就在方文墨心里深深扎根。而厂区里，试飞的战斗机一次次呼啸着划破长空，那鹰击长空的豪情，更是让方文墨萌发了亲手制造战斗机的念头。2003年，方文墨以全班第一的成绩从沈飞技校毕业后，被分配到沈飞民品公司加工卷烟机的零件。眼看着造飞机的梦碎了，他伤心欲绝。方文墨的母亲回忆说，当时儿子哭了好几个月，她安慰方文墨说，"你好好干，是金子在哪儿都会发光。"10多年来，方文墨一头钻进钳工世界，一锉一磨地打造自己的梦想。几年内购买了400余本专业书籍，整理了20余万字的钳工技术资料。

  双手是创造和灵感的源泉，为保证手掌对加工部件的敏锐触觉，他每天都用温水浸泡双手 20 min，以去掉手上的茧子；大个头的他喜欢打篮球，但怕手受伤，不得不忍痛远离篮球；有1斤酒量的他，为避免工作和比赛时手发抖，索性把酒彻底戒掉。手掌虽然细腻，但方文墨的手背、小臂伤痕累累。一块铁疙瘩放在方文墨手里，他边打磨边拿捏，就能知道加工成合格零件还差多少、差在哪里。

  钳工是机械工人中的万能工。在很多人看来，钳工枯燥乏味，又苦又累。但在方文墨眼里，钳工岗位是一个充满艺术灵感和生命活力的小世界。"通过打磨、加工，赋予冰冷的零件以温度与情感，每当一个半成品零件加工完成后，我都觉得给了它第二次生命。"

  方文墨说，钳工好比武术中的剑客，"站桩"练习漫长而辛苦。为了练就精湛技艺，方文墨把绝大多数时间都用来"练功"。有同事不解地说："大墨，别装了，咱再怎么练不也就是当个工人吗？"听了这话，方文墨总是认真地说："我就是当工人的料，但我要当最好的工人，做中国最好的钳工。"

  他能把零件打磨出相当于头发丝二十五分之一的精度，他想做中国最好的钳工。方文墨在机床前站定，随手拿起一个半成品零件，顺着打磨头缓缓移动，"嘶啦啦"溅落一片金黄色碎屑。他举起零件仔细端详，转身来到机器上继续打磨……十几分钟后，4个外形毫无差别的零件整齐码放在工作台上，加工公差为 0.003 mm。这个精度仅相当于头发丝的二十五分之一，超过了自动化程度很高的数控机床所能加工的精度，被命名为"文墨精度"。

  方文墨不仅能把钳工的活干得很漂亮，对图纸的设计和工艺流程，他也很精通。钳工的活看似简单，但就像一个下棋高手，方文墨在下一步的时候，就已经想好了十步以后怎么走。下刀以后，他就不会让任何工件报废。有一次，安装电缆的铜接头在加工时遇到了麻烦，加工时需要在接头上打一个 1.4 mm 的小孔，产生的铜屑不能有丝毫留在零件里，否则会引起飞机的电路短路。

  方文墨反复研究后发现原本的加工方法是正确的，但是模具的设计和工艺存在问题。于是，他一遍遍琢磨，对铜接头的工艺流程进行了3项改进，改进后不仅解决了杂质的问题，工作效率也提高了4倍。方文墨的工具台上，摆放着他发明的各式各样的工具。一个造型像海陆巡航坦克的小家伙，叫精度测量仪，灵活的小型机械臂使测量更为简便，精度也大幅提高。这个发明不仅获得了国家专利，而且在沈飞广泛推广使用。

  方文墨在业内早已是声名远扬。有一家民营企业，开出几十倍于自己收入的薪资邀请他加盟。面对诱惑，他也犹豫过。但他想起父亲曾对他说："虽然咱们是工薪阶层，但咱们必须给航空人争脸。"于是，方文墨拒绝了诱惑，继续留在沈飞工作。方文墨的父亲在沈飞工作了30年，是厂里多年的工人劳模。他常跟方文墨说："咱们的工作是'一手托着国家财产，一手托着战友生命'，这不仅是一份荣耀，更是一种责任。"如今，方文墨的待遇已经大幅提高，中航工业每月还给他 5 000 元的专家补贴。遗憾的是，在文墨事业越来越顺时，父亲却不幸患上了胰腺癌。弥留之际的父亲给方文墨留下了这样的话，"我选择的这条道路是对的。我也是在守卫着祖国的一寸边疆，我觉得自己很自豪！"

二、关键词

国防责任感、钻研精神、吃苦耐劳、无私奉献。

三、素质要素

航空报国思想、精益求精的航空工匠精神、遵章守纪的职业素养、"咬定青山不放松"的坚强意志和毅力。

四、思想内涵介绍

大国工匠，为国铸剑。像方文墨这样为我国战机事业默默奉献的人还有许多，他们都是真正的大国工匠。祖国终将回报这些为国奋战的工匠，人民也终将铭记这些无私奉献的英雄。

我国要缩小与发达国家航空工业的差距，保证制造高精度、高质量、高效率，急需大量一流水准的技能人才。从 0.1 mm、0.05 mm，再到 0.02 mm、0.003 mm，方文墨不断缩小零件加工公差的刻度，更将不断磨砺、提升作为航空蓝领青年的人生精度与无悔追求。他常说：精度决定高度。在这样的信念支撑下，他对自己提出的技术标准严格得近于吹毛求疵。学无止境尚需一生追求，梦比天高更要脚踏实地。只要心中有梦，逐梦动力就会源源不断；只有放飞梦想，才能在时代的大潮中肩负起建设现代化航空事业的使命，为实现航空梦、中国梦奉献青春和汗水。

项目 3 波音飞机直流电源检测与维修

学习目标

知识目标：

1. 理解直流电源系统主要零部件的安装位置及外部构造，并理解它们的作用。
2. 理解直流电源系统的作用和工作原理。
3. 掌握飞机线路导通性测试方法、绝缘性测试方法。
4. 熟悉数字万用表的使用方法。
5. 熟悉直流电源电路的分析方法。

能力目标：

1. 能够准确依据手册找到直流电源指定部件。
2. 能够依据 SSM 查找故障部位的电路图。
3. 能够简单说出直流电源的电路原理。
4. 能够用数字万用表测量电压并进行线路导通性测试。
5. 能够依据 AMM 找到指定部件的拆装、测试程序。

素质目标：

1. 具备规范的操作意识和安全意识。
2. 具有爱岗敬业、诚实守信、遵章守纪的良好职业道德。
3. 具备团队协作精神、人际沟通能力和社会交往能力。
4. 具备"敬仰航空、敬重装备、敬畏生命"的职业素养。

任务 1 找出飞机直流电源部件

【任务导入】

飞机上的直流电源主要来自直流发电机、变压整流器（或 TR 装置）和电瓶。现有一架波音飞机出现飞机电瓶电压偏低的故障，在排故前首先认识一下飞机上的直流电源部件，主要包括主电瓶充电器、辅助电瓶充电器、主电瓶和辅助电瓶、TRU 1、TRU 2、TRU 3、跳开关 C809 等。

【任务资讯】

1.1 直流电源系统简介

B737NG 飞机的直流系统包含 3 个变压整流器组件（TRU）、电瓶充电机和电瓶。对于正常运行中的飞机，直流电源的来源：由 TRU 将三相 115 V 的交流电转换为 28 V 的直流电供应。备用电源控制组件（SPCU）为直流分配系统中的主要继电器提供人工和自动控制，同时监控交流和直流汇流条电源以控制继电器进行主要电源和备用电源的选择。

各机型的变压整流器功能相似。TRU 将来自交流配电系统的三相 115 V 的交流电源转换为直流电源系统的 28 V 直流电源。飞机正常运行时的直流电源都来自变压整流器。

目前大部分机型选用镍镉型蓄电瓶，安装在电子舱中。电瓶的直流电用于直流电源供给或通过静变流机转化为交流电供给重要的交流电设备。电瓶作为飞机的备份电源主要用于地面启动 APU 或在飞行中失去其他电源时作为应急电源为飞机重要系统供电，电瓶会在电源系统正常运行时充电。

1. 目的

直流电系统产生 28 V 直流供给飞机系统。直流系统的电源通常是交流系统。如果交流系统不适用，电瓶提供电源。

2. 组成

直流电系统（图 3.1）包括的部件有电瓶、电瓶充电器和 3 个变压整流器组件。

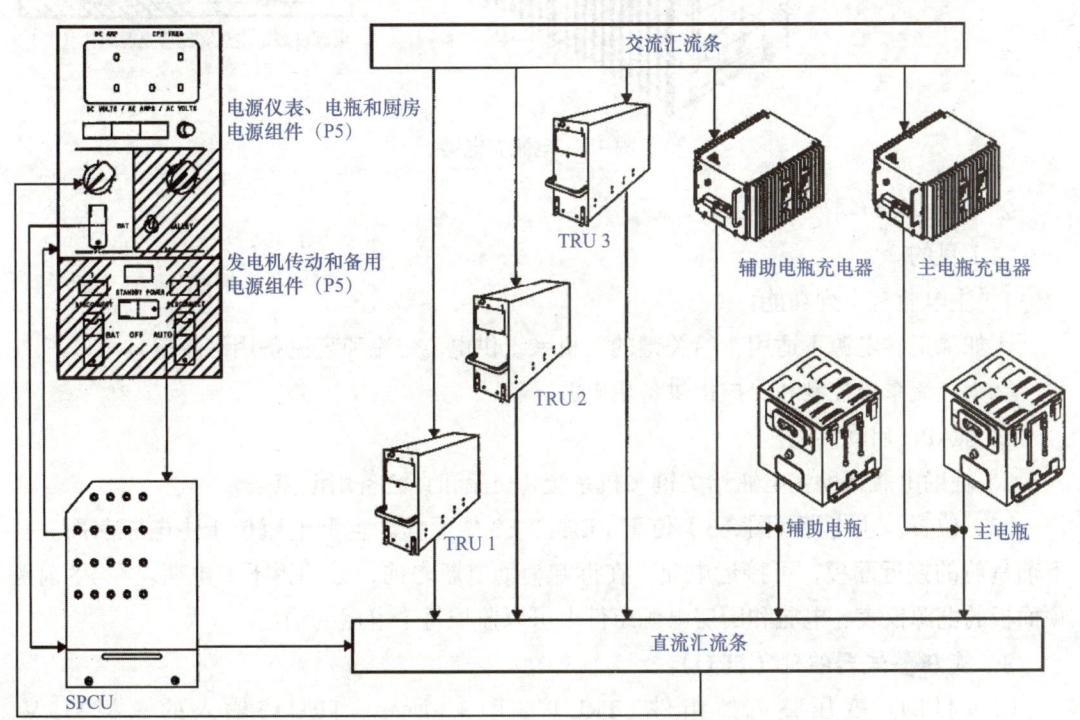

图 3.1 直流电源结构

1.2 直流电源系统部件介绍

1. 主电瓶充电器和辅助电瓶充电器

（1）目的。

1）主电瓶充电器有两个功能：保持主电瓶在最大充电量；为电瓶汇流条提供直流电源。

2）辅助电瓶充电器保持辅助电瓶在最大充电量。

（2）位置。主电瓶充电器在 E2 架上，辅助电瓶充电器在 E3 架上。每个电瓶充电器（图 3.2）将三相、115 V 交流电源变成直流电源。

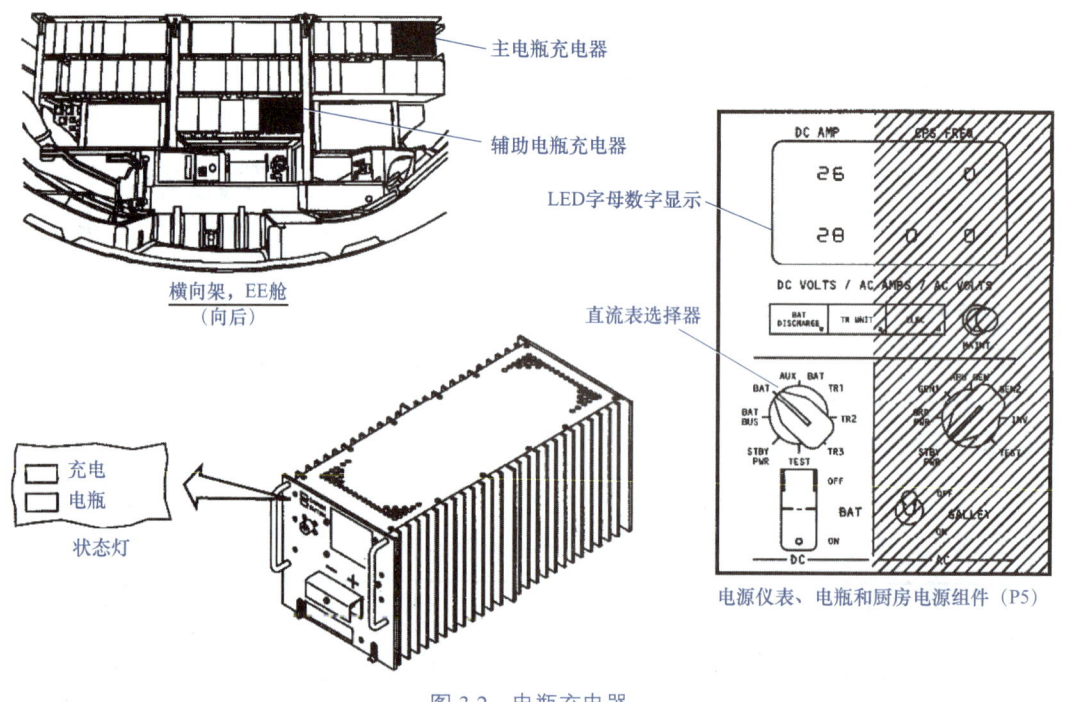

图 3.2 电瓶充电器

2. 主电瓶和辅助电瓶

（1）目的。

1）主电瓶有下列功能：

①如果正常电源不适用，给关键的飞机系统供电（交流和直流备用汇流条）。

②为交流系统控制和保护提供备用电源。

③为 APU 启动供电。

2）辅助电瓶帮助主电瓶给关键飞机系统（交流和直流备用汇流条）供电。

（2）位置。主电瓶（图 3.3）位于 EE 舱、E3 架下面。辅助电瓶位于主电瓶前面。拆下前货舱的接近面板，可接近电瓶。在拆卸辅助电瓶之前，必须拆下主电瓶。在 P5 前头顶面板的电源仪表、电瓶和厨房电源组件上可以监控每个电瓶的输出。

3. 变压整流器组件（TRU）

（1）目的。变压整流器组件（TRU）如图 3.4 所示，TRU 将输入的三相 115 V、400 Hz 交流电变成 28 V 直流电，供给主直流系统负载。直流电系统有 3 个 TRU。

图 3.3 主电瓶和辅助电瓶

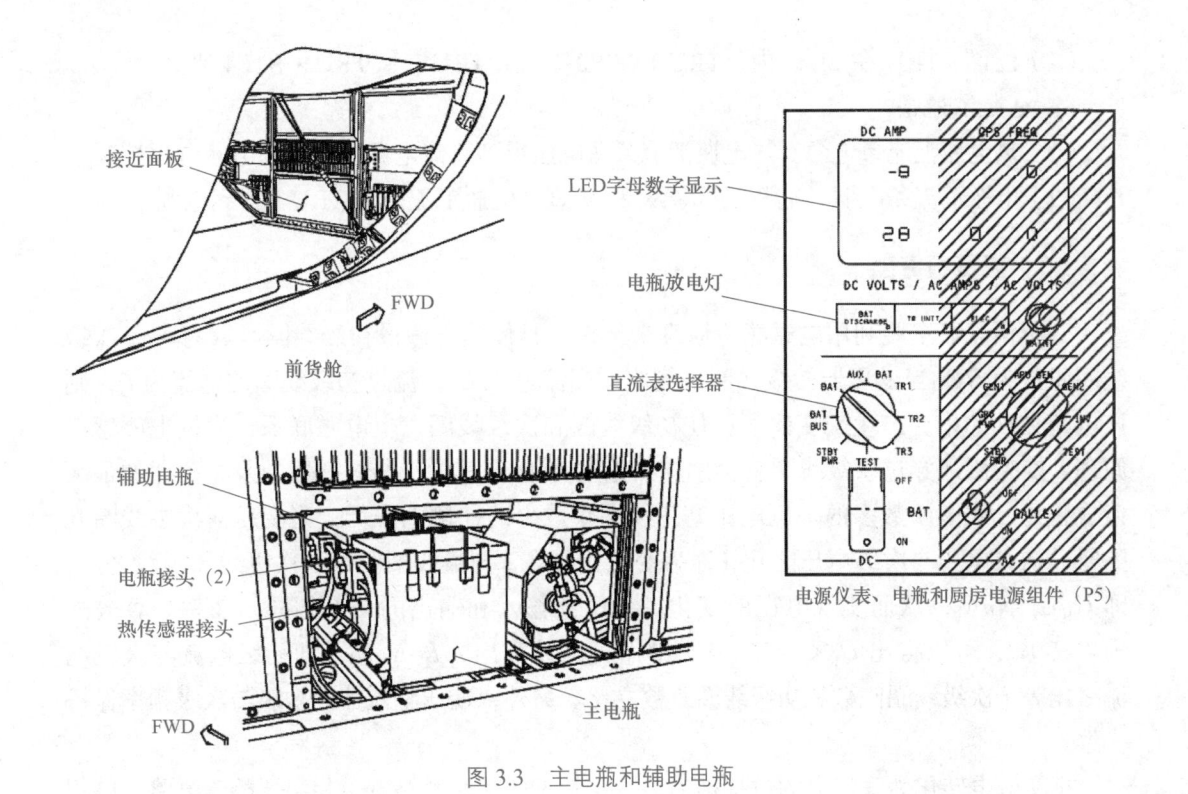

图 3.4 变压整流器组件（TRU）

（2）位置。TRU 在 EE 舱内，TRU 1 在 E2 架上，TRU 2 和 TRU 3 在 E4 架上。

4. 电瓶汇流条

（1）热电瓶汇流条电源。热电瓶汇流条从电瓶得到直流电源，不受主电瓶电门控制。

（2）电瓶汇流条电源。电瓶汇流条从 28 V 直流电瓶汇流条或 TRU 3 得到电源。

1.3 变压整流器

变压整流器主要利用电磁感应原理来工作。具体是：假设初级线圈匝数为 N_1，次级线圈匝数为 N_2，当变压器初级线圈一侧施加交流电压 U_1，流过初级线圈的电流为 i_1，则该电流在铁芯中会产生交变磁通，使初级线圈和次级线圈发生电磁联系，根据电磁感应原理，交变磁通穿过次级线圈就会感应出电动势 U_2，其大小与线圈匝数及主磁通的最大值成正比，线圈匝数多的一侧电压高，线圈匝数少的一侧电压低，当变压器次级线圈开路时，初级电压与次级电压之比（称为变压比）等于初级线圈匝数和次级线圈匝数之比，即 $U_1/U_2=N_1/N_2$，从而实现电压的变化。变压器输入和输出的功率相同，功率计算公式为 $P=U\times I$，可以得出 $U_1\times I_1=U_2\times I_2$，继而可以计算出 $I_1/I_2=N_2/N_1$，即初级电流与次级电流之比等于次级线圈匝数和初级线圈匝数之比。另外，变压整流器的初级与次级频率保持一致。

把交流电转化为直流电的过程称为整流，常见的整流电路有单相半波整流电路、单相全波整流电路、桥式整流电路等。

1.4 静变流机

静变流机是一种特殊性质的电气设备。其主要作用是在飞机失去正常交流电源后，将电瓶提供的直流电通过内部的电子电路转化为交流电，供给飞机上必须使用交流电的重要设备，保证应急状态下的飞行安全。

如图 3.5 所示，B737NG 飞机的静变流机可以将直流电转换为 115 V、400 Hz 的单相交流电，供给飞机的备用交流汇流条，保证飞机的备用交流汇流条不断电。飞机正常飞行时，备用交流汇流条由飞机电网供电，静变流机不工作。飞机失去交流电后，静变流机自动工作，供电给备用交流汇流条。

静变流机的基本组成包括直流电源、逆变器和滤波网络。其中，直流电源是静变流机的输入来源。

逆变器是一个能把直流电转换为交流电的逆变电路，是静变流机的核心组件，由控制电路和可以进行能量转换的功率转换电路组成。

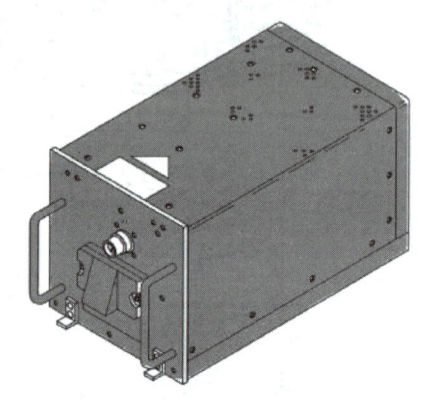

图 3.5 B737NG 飞机的静变流机

滤波网络分为输入滤波网络和输出滤波网络。输入滤波网络的功用是可以隔离输入的直流电电网的瞬变，以及防止逆变器反向对直流电网可能产生的噪声干扰；输出滤波网络则用于过滤高频谐波，保证输出正弦波不失真。

【任务实施】

工卡标题	直流电源部件识别			
机型		机号	B—××××	
工作区域	N/A	版本	R1	
工时	1 h	开始时间		结束时间
完成签署/日期		检验签署/日期		
参考文件	SSM 24-32-11			
编写/修订		审核		批准
日期		日期		日期
步骤	部件	中文名称		
步骤 1	BAT CHARGE			
步骤 2	INV			
步骤 3	BAT			
步骤 4	TRU 1			
步骤 5	TRU 2			
步骤 6	TRU 3			
步骤 7	C809			

任务 2　飞机电瓶电压偏低故障检修

【任务导入】

一架波音飞机在检修过程中，发现 ELEC 灯亮，机务自检有静变流机（STAT INV INOP）不工作故障代码。机组尝试启动 APU 为飞机供电，但使用电瓶不能启动，随后机组使用地面电源启动 APU，机务人员随后在电源面板上抹除了相关代码。飞机在执行航班时，起飞后约 0.5 h，机组在空中观察到飞机电瓶有放电现象，该现象持续 5 min 后恢复正常，请根据故障现象进行检修。

【任务资讯】

2.1　电瓶充电机电路分析

电瓶充电机电路如图 3.6 所示。

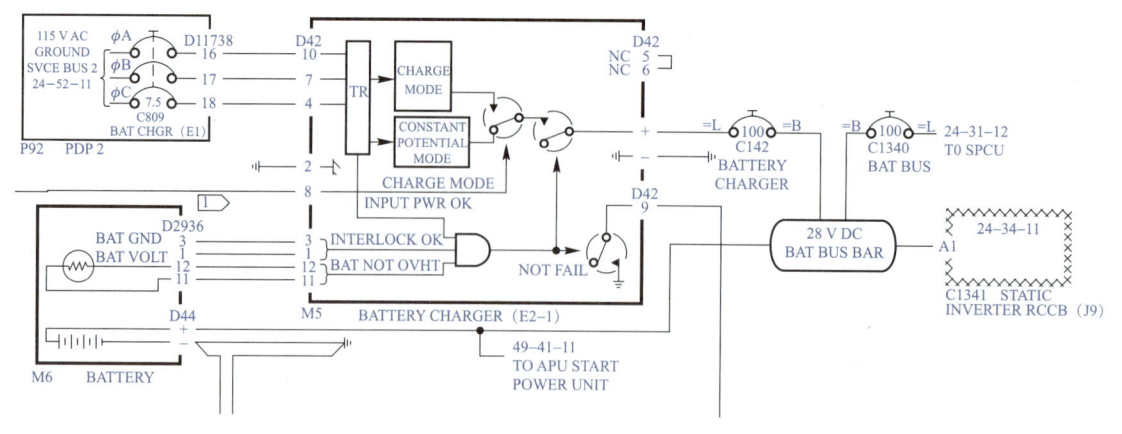

图 3.6 电瓶充电机电路

1. 主要部件

（1）P92 面板上的跳开关 C809；

（2）E2-1 架上的电瓶充电机 M5；

（3）跳开关 C142；

（4）P-13 上的电源仪表、电瓶和厨房电源组件。

2. 工作原理

查询波音飞机 SSM，找到电源系统 24 章，直流电源电路在 SSM 24-31-11，电路如图 3.6 所示。

115 V 的三相交流电从地面勤务汇流条 2 通过跳开关 C809 从插头 D11738 的 16、17、18 脚送入电瓶充电机的插头 D42 的 10、7 和 4 脚，经过充电机内部电路的整流模块将 115 V 三相交流电变成 28 V 直流电输出。经过跳开关 C142 送入 28 V 直流电瓶汇流条。若电瓶电压不足，电瓶充电机通过 28 V 直流电瓶汇流条对电瓶进行充电，保证电瓶的电压在规定的范围内。

电瓶的电压通过 28 V 直流电瓶汇流条和跳开关 C1340，送给 SPCU（SSM 24-31-12）。

2.2　电瓶电压显示电路

电瓶电压显示电路如图 3.7 所示。

1. 主要部件

（1）跳开关 C134；

（2）P6 上的 SPCU；

（3）跳开关 C26；

（4）28 V 直流电瓶汇流条；

（5）电瓶 M6。

2. 工作原理

查询波音飞机 SSM，找到电源系统 24 章，电瓶电压显示电路在 SSM 24-31-12 和 SSM 24-33-11 章节，电路如图 3.7 所示。

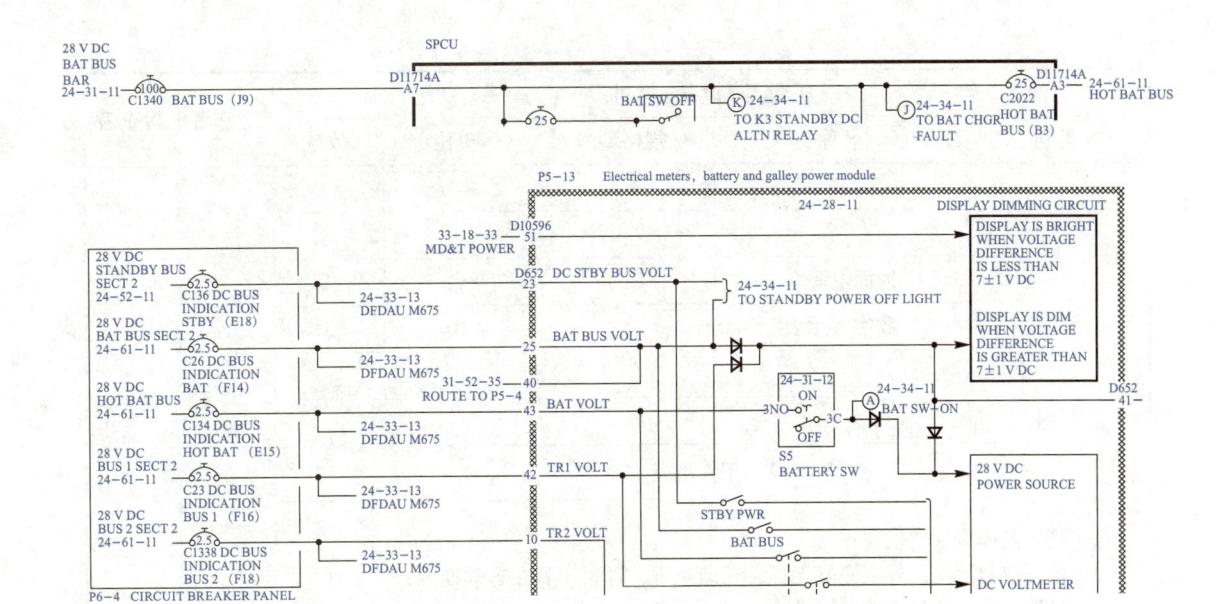

图 3.7　电瓶电压显示电路

28 V 的直流电通过跳开关 C134 进入 SPCU 模块，送入热电瓶汇流条。再通过跳开关 C26 送入 P-13 上的电源仪表、电瓶和厨房电源组件。

查询 FIM（故障隔离手册），初步确定故障原因可能如下：

（1）部件故障。

1）电瓶充电机 M5；

2）电瓶；

3）电源仪表、电瓶和厨房电源组件；

4）跳开关 C809。

（2）线路故障。

线路故障一般出现在电瓶及电瓶充电机相关线路。

【任务实施】

工卡标题		电瓶电压偏低故障检修	
机型	B737NG	机号	B—××××
工作区域	N/A	版本	R1
工时	开始时间	结束时间	
完成签署 / 日期		检验签署 / 日期	
参考文件	SSM 24-31-11；SSM 24-61-11；SSM 24-31-12		
编写 / 修订	审核		批准
日期	日期		日期

续表

工量具/设备/材料					工作者	检查者
类别	名称	规格型号	单位	数量		
工量具						
设备	地面电源车		台	1		
	数字万用表		个	1		
材料						
1. 工作准备							
（1）到工具库房领取仪器； （2）检查仪器情况，外表完好无损，功能正常；计量工具在有效期内； （3）领取耗材，耗材应符合标准； （4）办理好领取手续							
2. 操作步骤							
（1）用数字万用表检查三根导线是否导通（图1）。 　　　　　　　D42　　　　　　D11738 　　　　　pin10 - - - - - - - - pin16 　　　　　pin7 - - - - - - - - pin17 　　　　　pin4 - - - - - - - - pin18 第一根导线电阻：_____。 第二根导线电阻：_____。 第三根导线电阻：_____。 （2）测量C809跳开关是否导通（图1）。 将万用表打在电阻挡，红、黑表笔分别接跳开关的两端，电阻值应小于1 Ω。 C809跳开关电阻：_____。 （3）测量C142跳开关是否导通（图1）。 将万用表打在电阻挡，红、黑表笔分别接跳开关的两端，电阻值应小于1 Ω。 C142跳开关电阻：_____。 （4）测量C134跳开关是否导通（图1）。 将万用表打在电阻挡，红、黑表笔分别接跳开关的两端，电阻值应小于1 Ω。 C134跳开关电阻：_____。 （5）测量跳开关C809左端的电压（图1）。 给飞机上电，将万用表打在交流电压挡，挡位大于115 V，红表笔接跳开关左端，黑表笔接飞机机体，测量输入电压应为交流115 V。 C809左端电压：_____。 （6）测量电瓶的输出电压（图1）。 给飞机上电，将万用表打在直流电压挡，挡位大于28 V，红表笔接跳开关左端，黑表笔接飞机机体，测量输入电压应为直流28 V。 电瓶输出电压：_____							

续表

3. 结束工作	
（1）清点工具和设备，数量足够； （2）清扫现场； （3）归还工具、耗材； （4）在工具室归还登记簿上做好归还记录	
──────────── 工卡结束 ────────────	

图 1

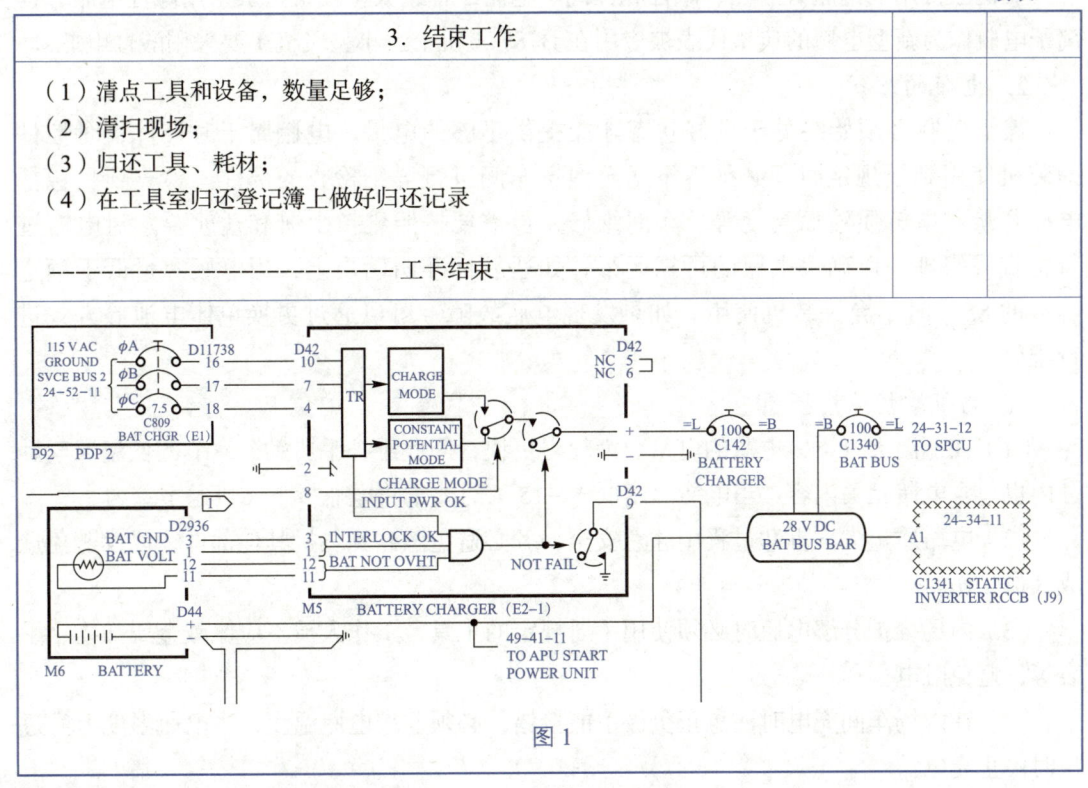

任务 3　更换主电瓶

【任务导入】

某架 B737 飞机，飞行期间出现电源系统故障。根据机组人员反映，发现该飞机在落地后出现 TR 组件灯亮的情况，认为是 TRU（变压整流器）发生故障。在分析之后对 TRU 1 进行更换，更换后通电检查正常，即放行飞机执行航班任务。飞机飞行几天后，又出现 TR 组件灯亮故障，经检查发现主电瓶电压偏低，进行更换主电瓶的任务。

【任务资讯】

3.1　电瓶简介

1. 功用

（1）在飞机直流电源系统中，切换大负载时起到维持供电系统电压稳定的作用；
（2）用于启动发动机或 APU；
（3）在应急情况下，向重要的飞行仪表和导航设备供电，保证飞机安全着陆。

飞机上常用的电瓶有酸性、碱性和锂离子电瓶 3 种，大型飞机一般采用碱性电瓶，锂离子电瓶作为新型电瓶的典型代表被应用在 B787 飞机上。小型飞机主要采用酸性电瓶。

2. 电瓶的维护

镍镉电瓶必须始终处于良好状态才能提供足够的电量。电瓶属于时控件，时控件即装机使用到了规定时间必须拆下送至内场车间进行详细检查的部件。检查项目包括电瓶容量和电解质液面高度等。车间维修人员需要按照维护手册和适航要求对电瓶进行检查或修理，以确保电瓶的可靠运行，如适航标准明确规定，当电瓶容量低于额定容量的 85% 时不允许装机使用。如果发现电瓶故障，可以通过更换单体电池等方式进行维修。

3. 电瓶维护注意事项

（1）在低温天气下，电瓶的电量会消耗得更快，因此维护手册勤务章节的低温天气勤务内也包含电瓶相关内容，当电瓶温度低于 −15 ℃ 时要求将电瓶拆下飞机送至室内。

（2）电瓶质量大，拆卸过程中注意安全，务必避免磕碰到飞机其他部件，以及避免造成人员受伤。

（3）内场维护分解电瓶时必须使用手册规定的工具，工作人员不应佩戴金属饰物、手表等，避免触电。

（4）在内场车间充电时注意正负极不能接错，必须监控电瓶温度，当电瓶温度上升过快时停止充电。

（5）镍镉电瓶调节电解液高度时必须使用蒸馏水或脱矿水，不能有杂质，铅酸电瓶调节电解液高度时需要添加硫酸，稀释硫酸过程必须将浓硫酸缓慢倒入水中，添加电解液必须添加到指定高度。

（6）镍镉电瓶和铅酸电瓶工作车间应分隔开，工具不能混用，电瓶也必须分开存放。另外在使用电瓶时注意：

1）尽量避免连续多次的 APU 启动尝试，否则会导致电瓶过热降低电解质性能，甚至熔化塑料隔膜而损坏电瓶。

2）禁止对飞机上的电瓶放电到电压低于 22 V，否则电瓶中单体电池的极性可能会逆转导致电瓶无法充电。如果发生这种情况，只能拆下返厂充电或更换新电瓶。

3.2 更换程序概述

（1）本程序是定期维护任务。

（2）主电瓶 M6 位于主设备区域的 E3 设备架下方。辅助电瓶 M3054 位于主电瓶的正前方。

（3）拆卸辅助电瓶之前，必须已经拆卸主电瓶。更换主电瓶不必拆卸辅助电瓶。两电瓶件号相同。

（4）通过前货舱区域内的衬板，拆卸和安装电瓶。两个电瓶的跳开关都安装在主设备中心内的 J9 面板上。

【任务实施】

工卡标题		更换主电瓶	
机型		机号	B—××××
工作区域	N/A	版本	R1
工时	开始时间	结束时间	
完成签署/日期		检验签署/日期	
参考文件	AMM 33-45-01/02/03；SDS 33-45-00		
编写/修订	审核		批准
日期	日期		日期

工量具/设备/材料					工作者	检查者
类别	名称	规格型号	单位	数量		
工量具						
设备	地面电源车	PH2511	个	1		
材料						

1. 工作准备

（1）到工具库房领取仪器；
（2）检查仪器情况，外表完好无损，功能正常；计量工具在有效期内；
（3）领取耗材，耗材应符合标准；
（4）办理好领取手续

2. 操作步骤

（1）拆卸主电瓶准备工作。
1）确保 P5-13 面板上的 BAT 电门设定在 OFF 位。
2）确保 P5-5 面板上的 STANDBY POWER 电门设定在 AUTO 位。
3）断开跳开关和安装安全标签：
备用动力控制组件，M01720

行	列	编号	名称
B	1	C01410	SPCU NORMAL

4）打开维护盖板（图1）：

编号	名称/位置
117A	电子设备检查口盖

2. 操作步骤

5）断开这些跳开关并且挂上安全标签：

行	列	编号	名称
A	3	C01209	AUX BAT CHARGER
A	4	C00142	BATTERY CHARGER
A	5	C01340	BATTERY BUS

（2）拆卸主电瓶。
1）从电瓶上断开电瓶插头。
2）从电瓶安装支架上拆下 6 个螺栓和垫圈。
3）滑动电瓶下的滑板、设备、SPL-1633。
4）将电瓶从电瓶架滑到前货舱区域。

（3）更换并安装主电瓶。
1）将滑板、设备、SPL-1633 就位（图 2）。
2）以两人分别握住每个电瓶手柄，将电瓶抬在滑板上。将电瓶滑入就位。
3）拆卸滑板。
注：电瓶必须轻微倾斜以拆卸滑板。
4）在电瓶安装支架上安装 6 个螺栓和垫圈（图 3）。
5）将电插头连接至电瓶。
6）将电瓶插头连接到电瓶。
7）取下安全标签并闭合该跳开关：

行	列	编号	名称
B	1	C01410	SPCU NORMAL

（4）电瓶的安装测试。
1）取下安全标签并闭合该跳开关：

行	列	编号	名称
A	4	C00142	BATTERY CHARGER

2）进行该任务：提供外部电源。
3）确保 P5-5 面板上的 STANDBY POWER 电门在 AUTO 位。
4）确保 P5-13 面板上的 ELEC 灯熄灭。
5）按下列步骤测试电瓶：
①将 P5-4 面板上的 GRD PWR 电门设定到 OFF 位。
②确保 P5-13 面板上的 BAT 电门设定在 ON 位。
③将 P5-13 面板上的 DC 仪表选择器电门设定到 BAT 位。
④确保 P5-13 面板上的 DC 仪表显示以下这些值：
a．DC VOLTS = 22～28。
b．DC AMPS = 负值。
注：当电瓶放电时，电瓶电流为负。
⑤确保 P5-13 面板上的 BAT DISCHARGE 灯点亮。当符合以下任一条件时，灯将点亮：
a．电池电流大于 5 A 持续 95 s 以上。

续表

b. 电瓶电流大于 15 A 超过 25 s。
c. 电瓶电流大于 100 A 持续 1.2 s 以上。
⑥将 GRD PWR 电门设定到 ON 位。
⑦确保 DC 电流值趋于（45 ± 10）A，然后在 180 min 内下降到低于 5 A。
注：最多 180 min。它能采用较少时间取决于电瓶状态。
⑧确保 DC 电压值趋于（30 ± 3）V。
⑨确保 BAT DISCHARGE 灯熄灭。
6）设定时钟 GMT 和日期。
7）接近主设备中心。确保电瓶充电器前面的 BATTERY 和 CHARGER 灯亮。
8）将飞机恢复到其常规状态。
①安装前隔框衬板。
②关闭该维护盖板：

编号	名称/位置
117A	电子设备检查口盖

③进行该任务：撤除电源

3. 结束工作

（1）清点工具和设备，数量足够；
（2）清扫现场；
（3）归还工具、耗材；
（4）在工具室归还登记簿上做好归还记录

-------------------------------- 工卡结束 --------------------------------

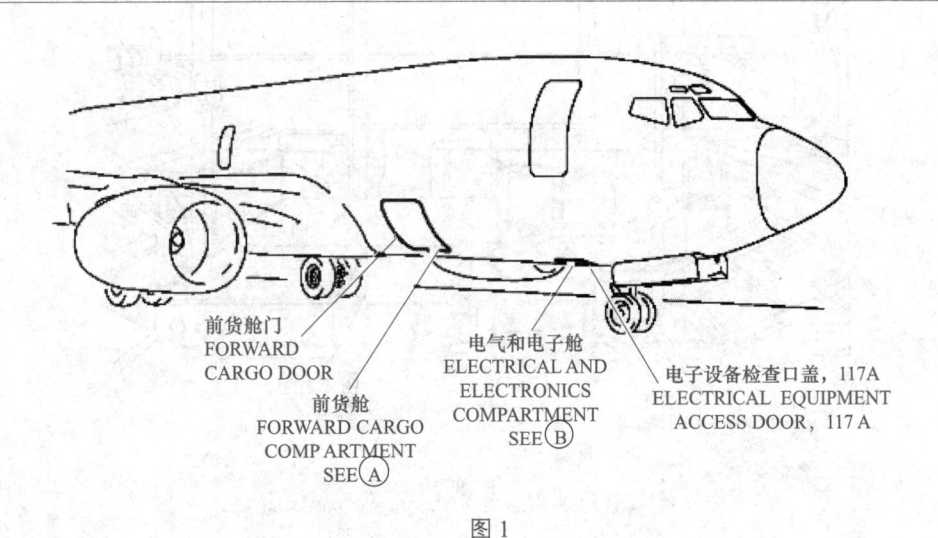

前货舱门 FORWARD CARGO DOOR
前货舱 FORWARD CARGO COMPARTMENT SEE Ⓐ
电气和电子舱 ELECTRICAL AND ELECTRONICS COMPARTMENT SEE Ⓑ
电子设备检查口盖，117A ELECTRICAL EQUIPMENT ACCESS DOOR, 117 A

图 1

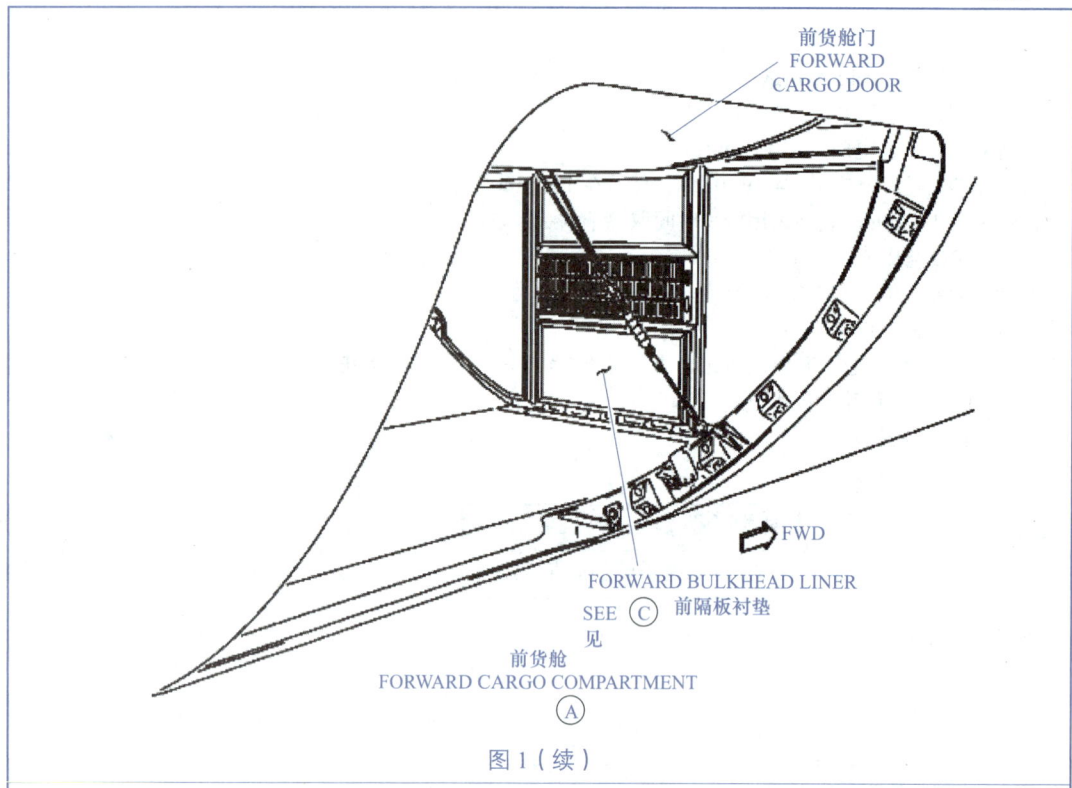

续表

前货舱门
FORWARD CARGO DOOR

⇨ FWD

FORWARD BULKHEAD LINER
SEE Ⓒ 前隔板衬垫
见

前货舱
FORWARD CARGO COMPARTMENT
Ⓐ

图 1（续）

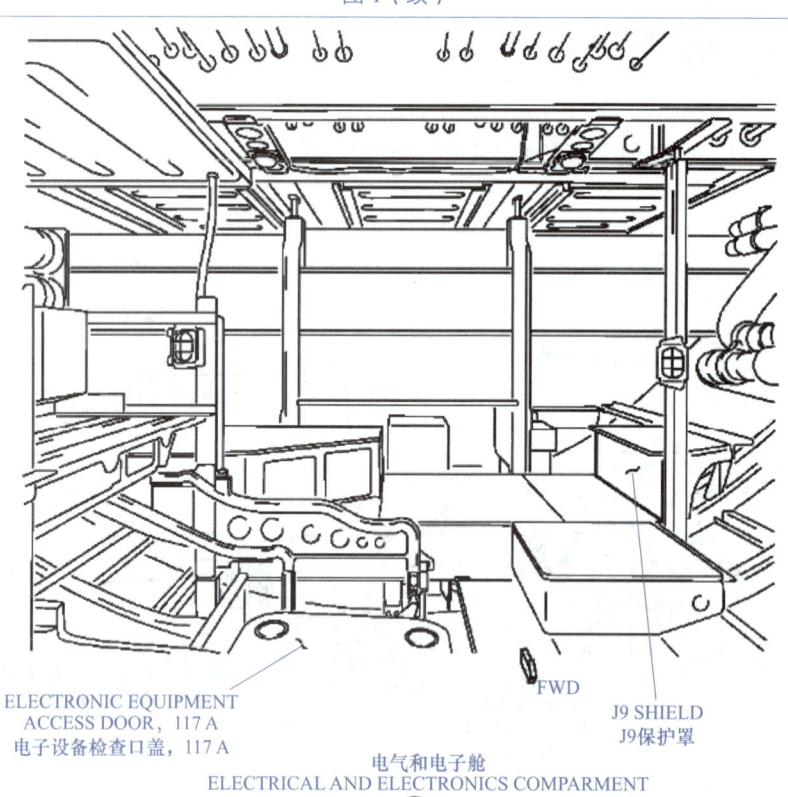

ELECTRONIC EQUIPMENT
ACCESS DOOR，117 A
电子设备检查口盖，117 A

FWD

J9 SHIELD
J9 保护罩

电气和电子舱
ELECTRICAL AND ELECTRONICS COMPARMENT
Ⓑ

图 2

76

续表

图 3

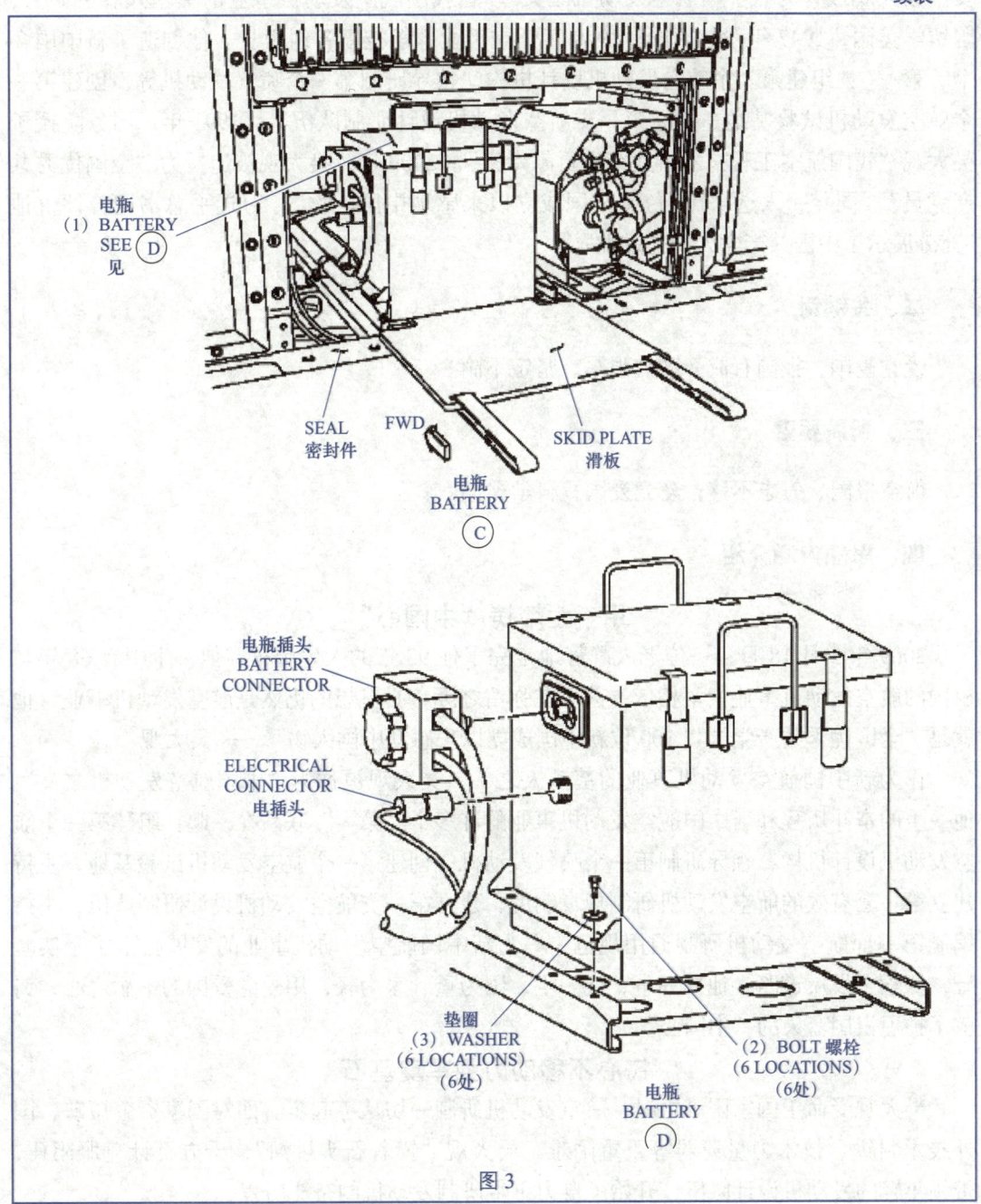

拓展阅读

"中国航空发动机之父"吴大观

一、引言

吴大观,男,汉族,中共党员,1916年出生,江苏扬州人,原航空工业部科技委常委。吴大观被誉为"中国航空发动机之父"，是我国航空发动机事业的奠基人和创始人，曾留学美国，1947年毅然回国。1949年任重工业部航空筹备组组长。他创造了新中国多个"第一"：组建第一个航空发动机设计机构，领导研制第一个喷气发动机等，创建第一个航空发动机试验基地，建立第一支航空发动机设计研制队伍等。1991年，国务院授予吴大观"我国航空工程技术事业突出贡献专家"。2009年，吴大观被追授为"全国优秀共产党员"。同年，入选"100位新中国成立以来感动中国人物"。习近平总书记曾评价他"充分展示了中国共产党人的先进性"。

二、关键词

爱党爱国、报国有成、动力强军、坚定不渝。

三、素质要素

航空报国、矢志不移；爱党爱国；科学严谨。

四、思想内涵介绍

用一生熔铸"中国心"

2009年3月18日，一位老人静静地走完了他93年的人生历程。他一生中有68年与祖国的航空发动机事业紧紧相依，甚至在弥留之际，心里想的仍然是航空发动机事业。他就是"全国优秀共产党员""100位新中国成立以来感动中国人物"——吴大观。

作为新中国航空发动机事业的奠基人之一，吴大观被称为"中国航空发动机之父"，他一生的奋斗历程和新中国航空发动机事业的许多个"第一"联系在一起：组建第一个航空发动机设计机构，领导研制第一个喷气发动机，创建第一个航空发动机试验基地，主持建立第一套有效的航空发动机研制规章制度，建立第一支航空发动机设计研制队伍，主持编制第一部航空发动机研制通用规范……为新中国航空发动机事业的发展打下了坚实基础，探索了发展道路。他择一事、终一生，国为重、家为轻，用爱党爱国的不渝之心，铸就了护卫祖国蓝天的"中国心"。

铸心不移动力强军奠基石

吴大观受命于国家困难之时，航空发动机研制一切从零起步。面对国家资金短缺、国外技术封锁、技术力量薄弱等重重困难，吴大观"摸着石头过河"，千方百计克服阻碍，带领年轻的发动机设计队伍，开始了自力更生研制发动机的奋斗历程。

他在条件极其艰苦的情况下，受命在沈阳筹备组建了新中国的第一个航空发动机设计室，在毫无设计基础和经验的情况下，完成我国第一台喷气教练机发动机研制并试飞成功。靠着一点一滴地攻关，他带领研制人员不断突破，组织了多型航空发动机的研制工作。吴大观深深体会到，研制先进发动机必须有先进的试验手段，提出要建设航空发动机试验基地，他边做科学研究，边搞基础设施建设，不遗余力地推进型号研制和基础条件建设。他主持建立了第一套有效的航空发动机研制规章制度，制定了比较完整的发动机设计、试验标准"八大本"。他领导建立了第一部航空发动机研制国家军队标准，为研制可靠、管用的发动机提供了技术基础。这一系列开创性的工作，不仅为当时的科研工作拼出了一条出路，更为后来"昆仑""太行"等发动机的研制成功奠定了坚实基础。

为探索出中国人自行设计航空发动机的道路，在发动机人才奇缺的情况下，吴大观组建起新中国第一支航空发动机设计研制队伍，这支当时不到100人的队伍披肝沥胆、忘我拼搏，以设计室为家，全身心推动发动机研制工作。1978年年底，已经年过六旬的吴大观从沈阳606所调到西安430厂。他说："我62岁要当26岁来用。"他把自己当成一台发动机，高负荷、高效率运转，技术上精心指导，工作上严格要求，学习上分秒必争。吴大观曾说："投身航空工业后，我一天都没有改变过自己努力的方向。"即使在最艰难的日子，他的初心也从来不曾动摇。

壮心不已忠党爱国展风骨

1982年，吴大观调到航空工业部科学技术委员会任常委。他说："我有看不完的书、学不完的技术和做不完的事。"他用5年时间钻研新技术，写下上百万字的笔记，总结了几十年的工作心得，提出了很多宝贵的建议，尽心竭力为航空发动机事业思考、谋划。在决定"太行"发动机前途命运的关键时刻，吴大观大声疾呼"我们一定要走出一条中国自主研制航空发动机的道路，否则，战机就会永远没有中国心！"于是，吴大观等9位资深专家联名上书党中央，"太行"发动机项目得以立项。18年后"太行"终于研制成功，实现了我国从第二代发动机到第三代发动机的历史性跨越。

吴大观从1963年起每月多交100元党费，从1994年起每年多交党费4 000多元，为希望工程等捐款9万多元，在生命进入倒计时的日子里交纳最后一次党费10万元。在他病重入院治疗期间，领导指示要送他到最好的医院接受最好的治疗，吴大观却拒绝了。他说："不要浪费国家的钱。"当听医生说要请外面医院的专家给他会诊时，他再次拒绝。

吴大观对党的无限忠诚、对祖国的无比热爱、对航空发动机事业的卓越贡献，为航空发动机研制的后来者树起了一座永远的精神丰碑。他用自己毕生的奋斗，诠释了"人生是施与不是索取"的赤子情怀。

项目 04 波音飞机外部灯光故障检测与维修

学习目标

知识目标：
1. 认识外部灯光系统主要灯光的安装位置及外部构造，并理解它们的作用（初级）。
2. 理解外部灯光系统的作用和工作原理（中级）。
3. 熟悉飞机线路导通性测试方法、绝缘性测试方法（中级）。
4. 熟悉数字万用表的使用方法。
5. 熟悉滑行灯电路的分析方法。

能力目标：
1. 能够准确依据手册找到指定部件。
2. 能够使用数字万用表测量电压并进行线路导通性测试。
3. 能够依据手册对滑行灯进行拆装。
4. 能够依据手册对外部灯光进行测试。

素质目标：
1. 具备规范的操作意识和安全意识。
2. 具有爱岗敬业、诚实守信、遵章守纪的良好职业道德。
3. 具备团队协作精神、人际沟通能力和社会交往能力。
4. 具备"敬仰航空、敬重装备、敬畏生命"的职业素养。

任务 1　找出外部灯光系统部件

【任务导入】

B737NG 飞机外部灯光（图 4.1）是为了使飞机更容易被辨识，其中一些用于照亮飞机外表面，一些用于照亮飞机周围地面。所有外部灯光都是通过 P5 板前沿的电门控制。NG 的外部灯光主要分布在飞机的机翼、机身、起落架等部位，不同种类的外部灯的作用不一样。认识外部灯光的种类、安装位置、功能以及相应控制电路部件对外部灯光系统的检测与维护十分重要。

本任务主要是认识 7 种外部灯光的种类、位置和功能，学会查看相关手册，能根据外部灯光电路查找相应的部件，为后续任务打好基础。

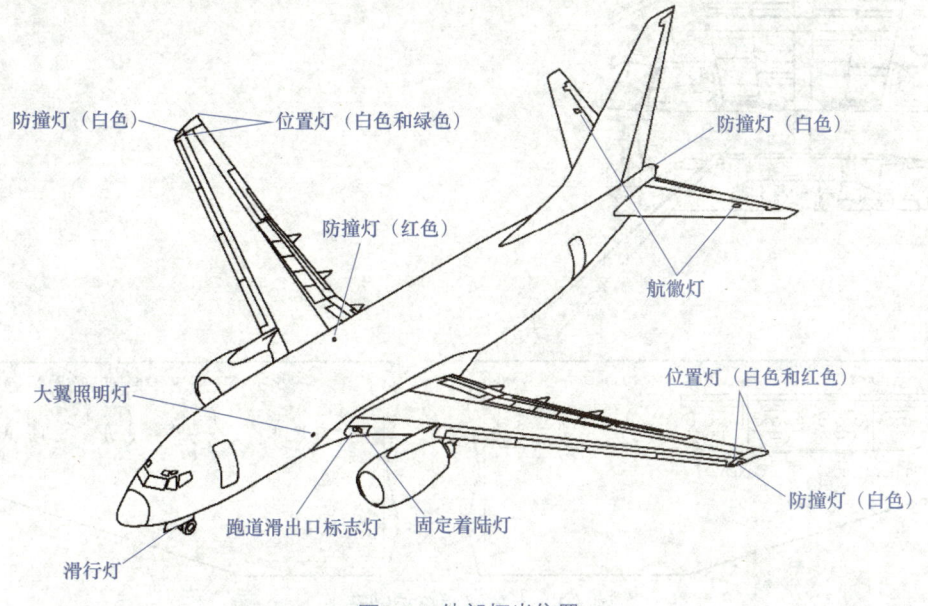

图 4.1　外部灯光位置

【任务资讯】

1.1　大翼照明灯（Wing Scanning Lights）

大翼照明灯又称为"探冰灯"，用于照亮大翼前缘和发动机进气道，有利于在夜间飞行时看到大翼前缘和发动机进气道结冰的情况。大翼照明灯安装在机身左右侧大翼前高于大翼处，如图 4.2 所示。大翼照明灯的控制电门在驾驶舱灯光面板上，如图 4.3 所示。

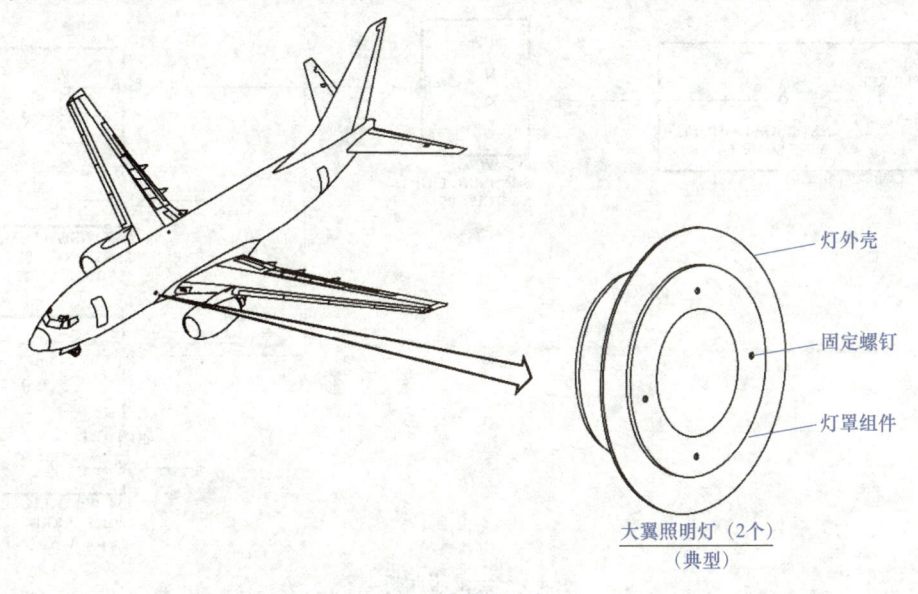

图 4.2　大翼照明灯

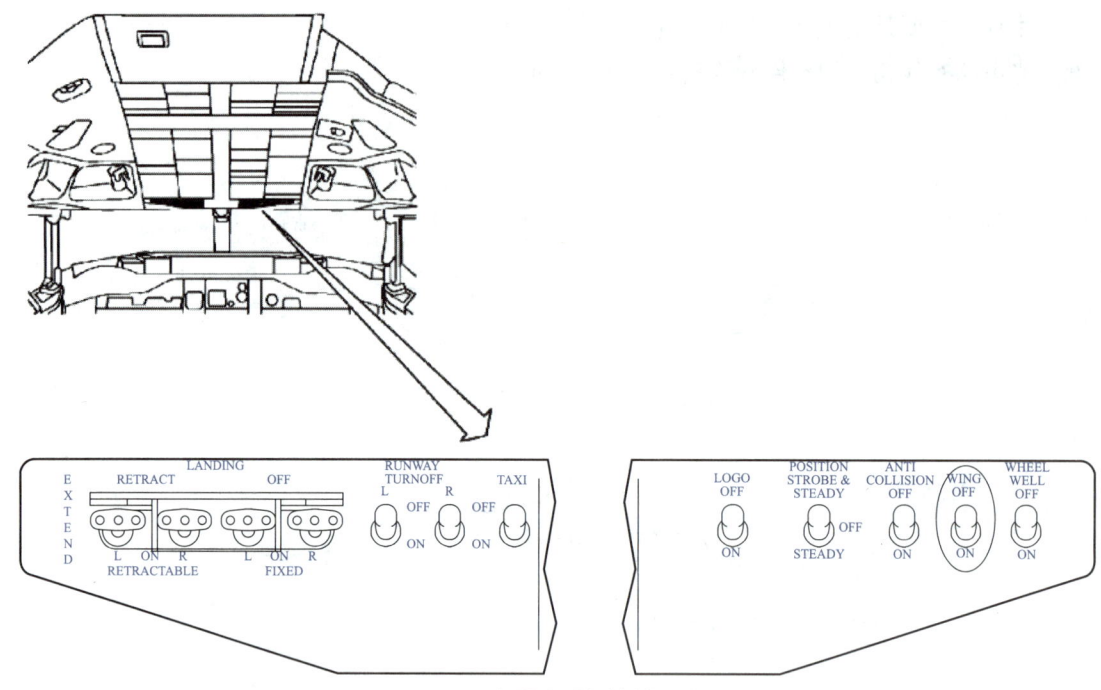

图 4.3　大翼照明灯控制开关

1. 主要部件

（1）P18 面板上的跳开关 C110；

（2）P5 面板上的大翼照明灯控制开关 S98；

（3）机翼上的两个大翼照明灯：右机翼 L35，左机翼 L34。

2. 工作原理

查询波音飞机 SSM，找到灯光系统 33 章，大翼照明灯电路在 SSM 33-41-11，电路如图 4.4 所示。

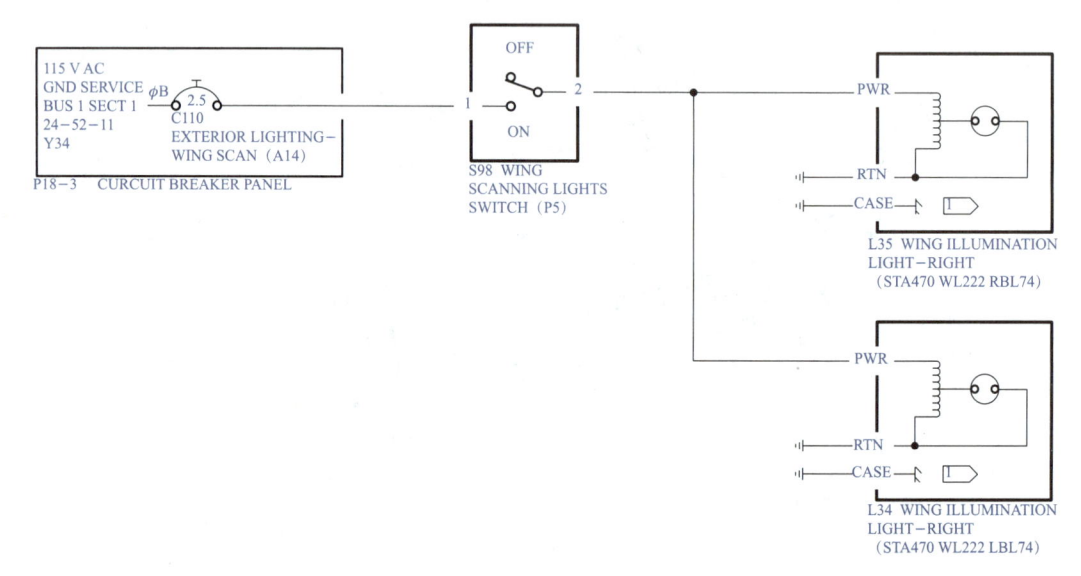

图 4.4　大翼照明灯电路

115 V 的交流电从地面服务汇流条 1（24-52-11）送过来，以串联电路的方式，经过跳开关 C110、大翼照明灯控制开关 S98 两个部件为两个机翼照明灯供电，灯的一端接交流电，另一端接地（飞机蒙皮），形成电路的回路。

1.2 着陆灯（Landing Lights）

着陆灯是在夜间和能见度差时，保证机组人员在起飞和着陆期间能看清跑道的灯光设备。着陆灯是聚光灯，具有非常窄的光束，并且略微向下照射，因为它们要在起飞和着陆期间照亮跑道。

着陆灯分为固定着陆灯和可收放着陆灯两种。固定着陆灯安装在每个大翼的翼根处，如图 4.5 所示。可收放着陆灯安装在机身下部或者安装在大翼根部下方。现代民航飞机有的只安装了固定着陆灯，有的只安装了可收放着陆灯，也有飞机同时安装了这两种着陆灯。控制开关在驾驶舱 P5 面板上，如图 4.6 所示。

1. 主要部件

（1）P18 面板上的跳开关 C272 和 C271；
（2）P5 面板上的着陆灯控制开关 S259 和 S258；
（3）变压器 T43 和 T44；
（4）机翼上的两个着陆灯：右机翼 L321，左机翼 L320。

2. 工作原理

查询波音飞机 SSM，找到灯光系统章节 33 章，着陆灯电路在 SSM 33-42-11，电路如图 4.7 所示。

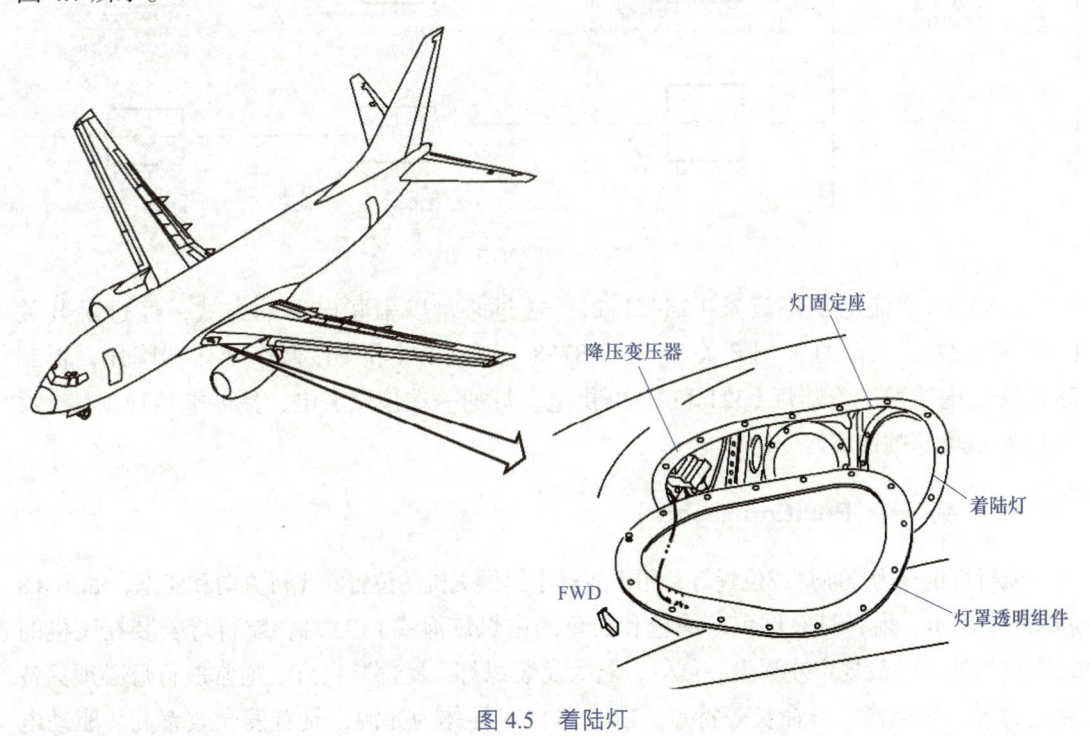

图 4.5 着陆灯

图 4.6　着陆灯控制开关

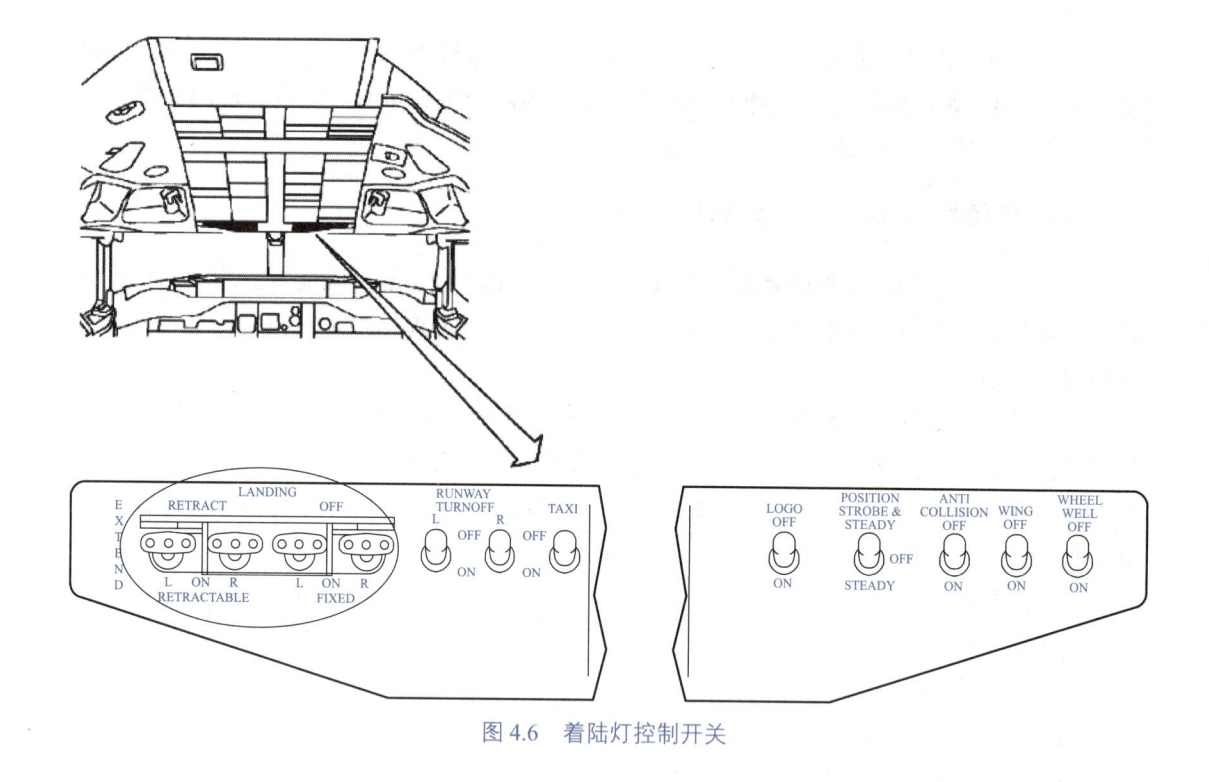

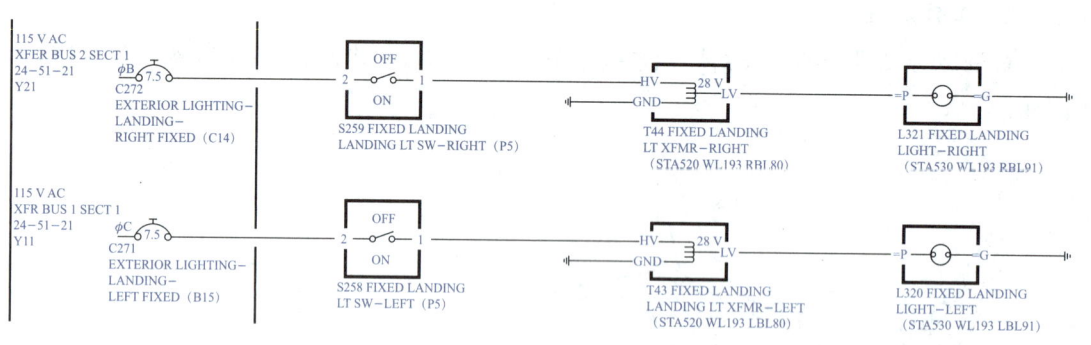

图 4.7　着陆灯电路

115 V 的交流电从汇流条（24-51-21）送过来，以串联电路的方式，经过跳开关 C272 和 C271，着陆灯控制开关 S259 和 S258，经过 T44 和 T43 两个变压器降压，得到 28 V 交流电给两个着陆灯 L321 和 L320 供电，灯的一端接交流电，另一端接地（飞机蒙皮），形成电路的回路。

1.3　航行灯（Position Lights）

航行灯也称为导航灯或位置灯，用于航行中提供飞机的位置、飞行方向和姿态，如图 4.8 和图 4.9 所示。航行灯是红色、绿色和白色的白炽灯泡或 LED 灯。航行灯安装在飞机的每个翼尖处，一般规定左翼尖装红灯，右大翼装绿灯，尾部装白灯。通常航行灯必须具备穿透力强、亮度高、寿命长等特点。LED 灯以半导体为光源，具有发光效率高、驱动电压低、体积小、便于集成、寿命长等特点。LED 照明逐步成为飞机照明技术发展的必然趋势。先进的现代飞机监控 LED 航行灯的工作时间，达到规定的工作时间后，会点亮寿命灯或给出信息，提示维护人员更换相应的航行灯。

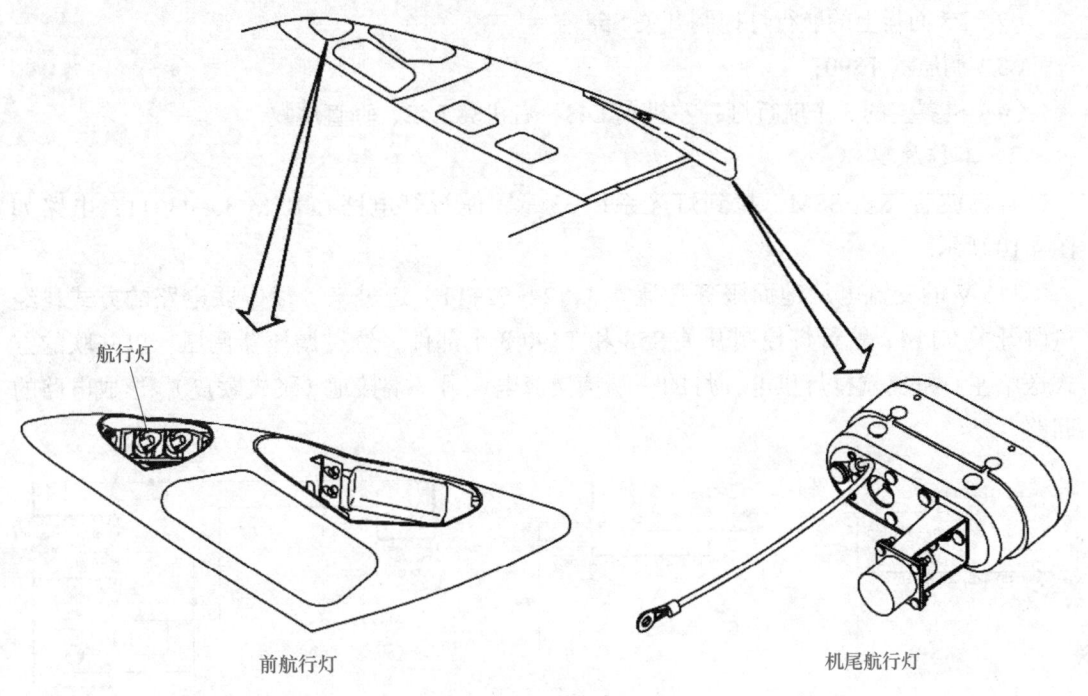

图 4.8　航行灯

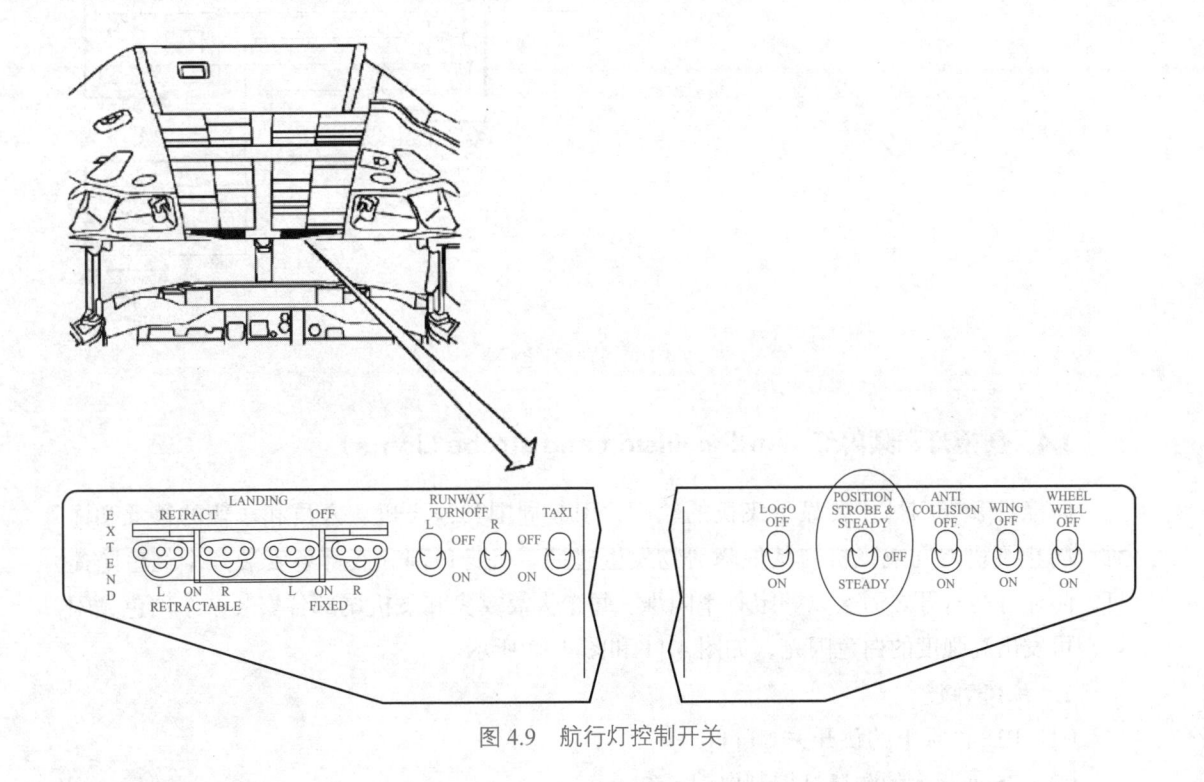

图 4.9　航行灯控制开关

1. **主要部件**

（1）P18 面板上的跳开关 C114；

（2）P5 面板上的航行灯控制开关 S58；

（3）调压器 T390；

（4）机翼上的 3 个航行灯：左机翼 L43、右机翼 L42、垂直尾翼。

2. **工作原理**

查询波音飞机 SSM，找到灯光系统 33 章，航行灯电路在 SSM 33-43-11，电路如图 4.10 所示。

115 V 的交流电从地面服务汇流条 1（24-52-11）送过来，以串联电路的方式，经过跳开关 C114、航行灯控制开关 S58 和 T390 3 个部件，经过调压器调压，以并联的方式送给左右机翼航行灯供电，灯的一端接交流电，另一端接地（飞机蒙皮），形成电路的回路。

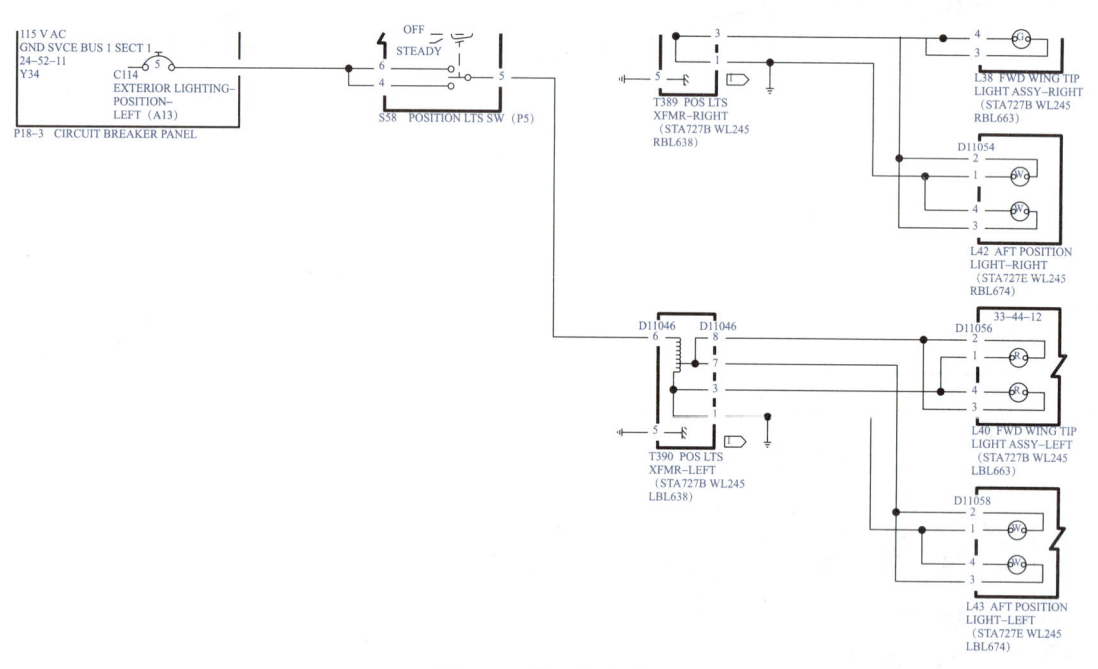

图 4.10　航行灯电路

1.4　防撞灯和频闪灯（Anti-collision and strobe Lights）

防撞灯和频闪灯主要显示飞机的轮廓，引起周围其他飞机、人员和车辆的警觉和注意，防止飞机之间或飞机与其他障碍物发生碰撞。机身顶部和底部各安装一个红色防撞灯，防撞灯在打开之后会以一定频率闪烁。每个大翼翼尖和飞机尾部各安装一个白色频闪灯，可发出高强度的白色闪光，如图 4.11 和图 4.12 所示。

1. **主要部件**

（1）P18 面板上的跳开关 C111；

（2）P5 面板上的防撞灯控制电门 S57；

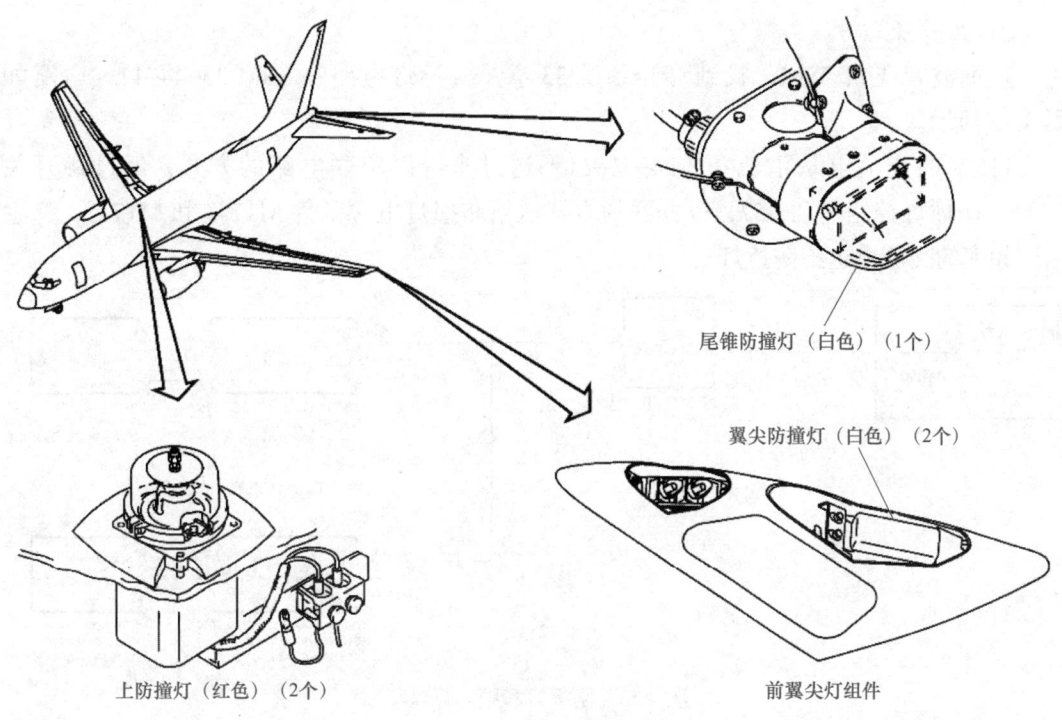

图 4.11 防撞灯和频闪灯

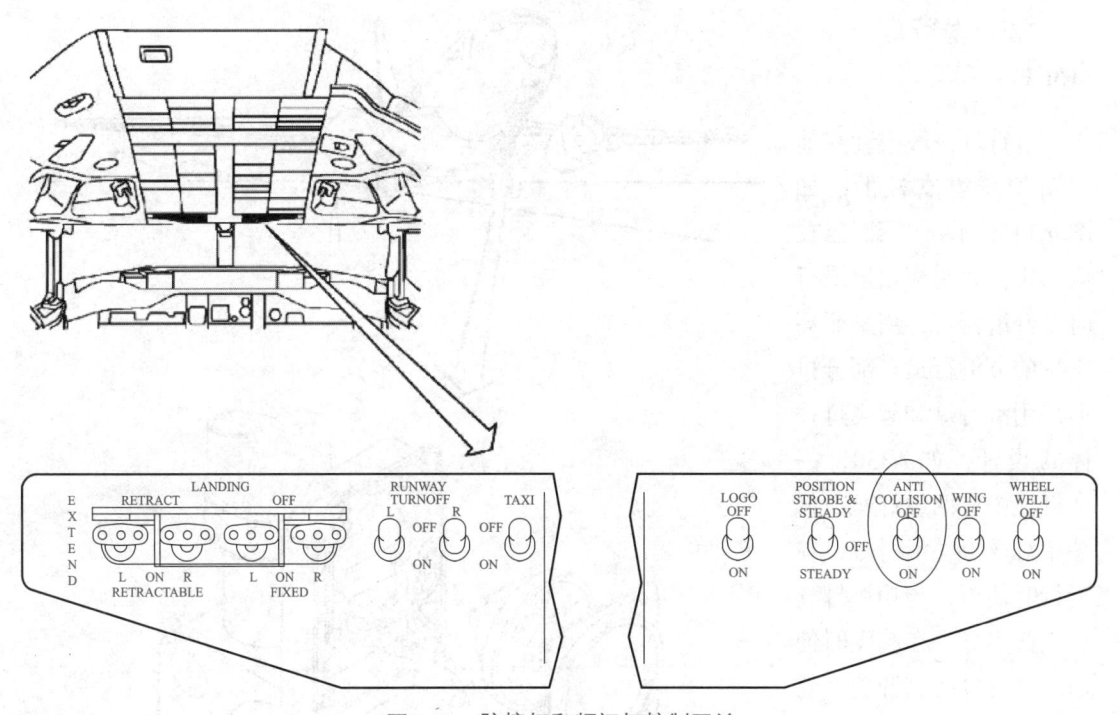

图 4.12 防撞灯和频闪灯控制开关

（3）防撞灯电源 M1744、M1745；如图 4.13 所示。

（4）机身上的两个防撞灯：机身上部 L36、机身下部 L37。

2. 工作原理

查询波音飞机 SSM，找到灯光系统 33 章，航行灯电路在 SSM 33-44-11，电路如图 4.13 所示。

115 V 的交流电从汇流条（24-51-11）送过来，以串联电路的方式，经过跳开关 C111、防撞灯控制电门 S57，以并联的方式送给防撞灯电源部件 M1744 和 M1745，产生一定频率的交流电送给防撞灯。

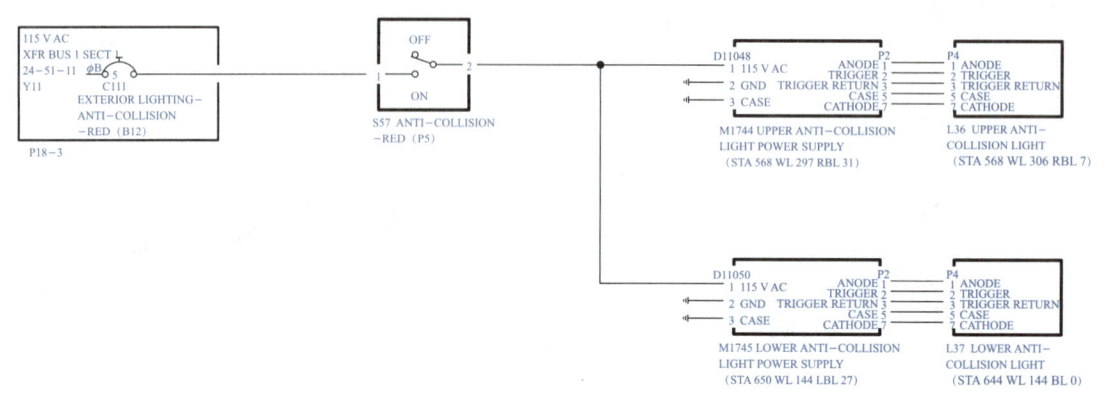

图 4.13 防撞灯和频闪灯电路

1.5 滑行灯（Taxi Light）

滑行灯一般安装在前起落架减震支柱上，如图 4.14 所示。机组会在滑出机位和脱离跑道滑行时打开滑行灯，用来照亮飞机前方滑行道。部分机型采用滑行灯和起飞灯一体式设计，如 A330，一个灯泡中有两组灯丝，低功率灯丝点亮滑行灯，在滑行时使用；高功率灯丝点亮起飞灯，在起飞时使用。滑行灯控制开关在驾驶舱中，如图 4.15 所示。

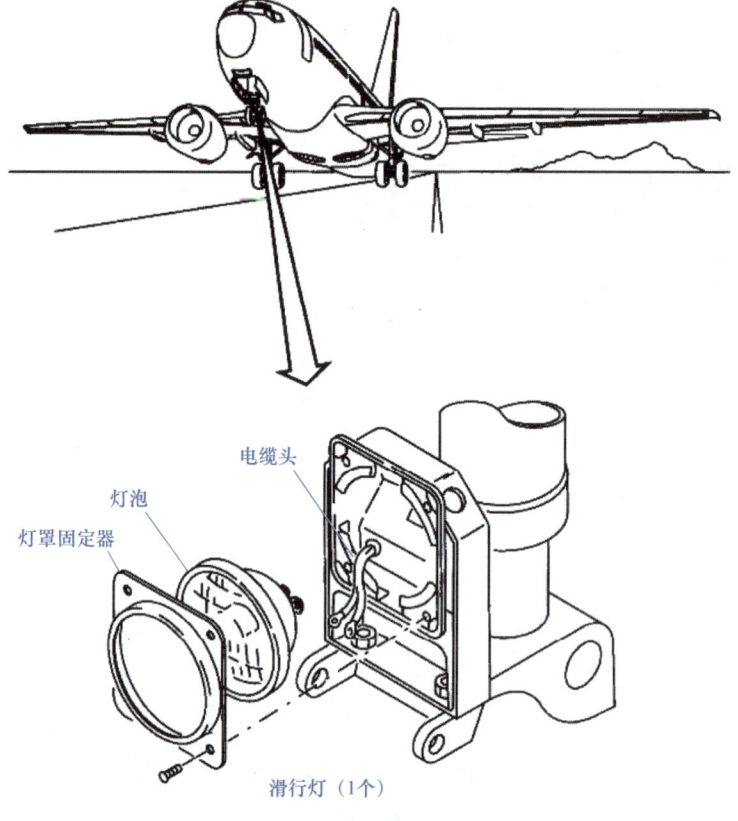

图 4.14 滑行灯

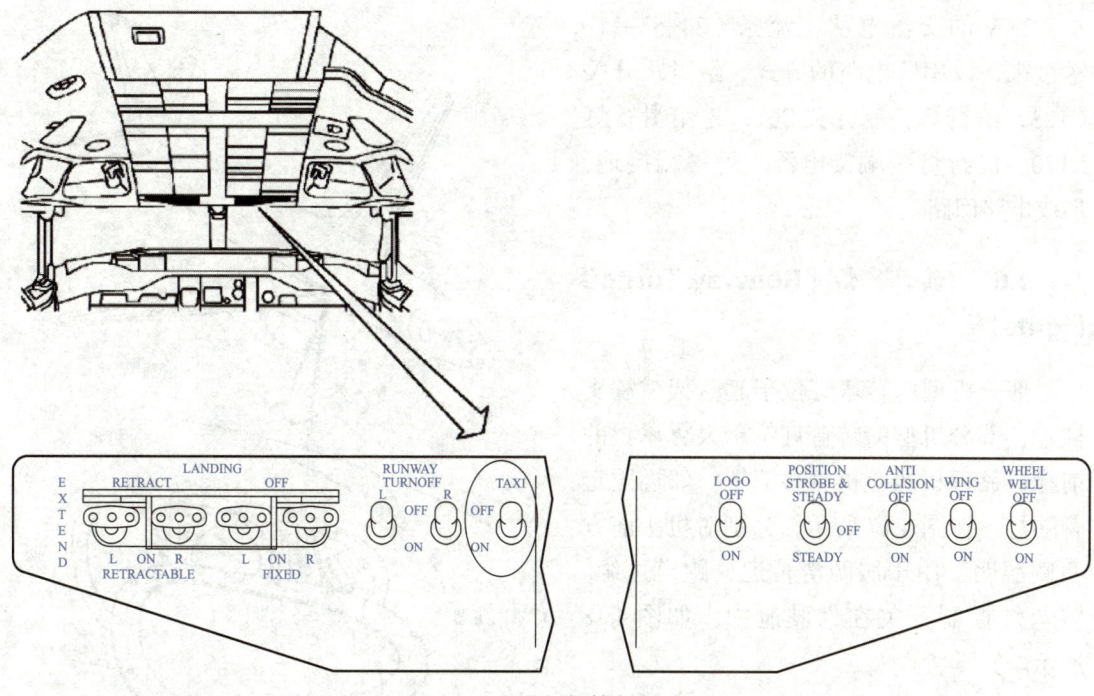

图 4.15 滑行灯控制开关

1. 主要部件

（1）P18 面板上的跳开关 C123；
（2）P5 面板上的滑行灯控制开关 S61；
（3）滑行灯 L170。

2. 工作原理

查询波音飞机 SSM，找到灯光系统 33 章，滑行灯电路在 SSM 33-45-11，电路如图 4.16 所示。

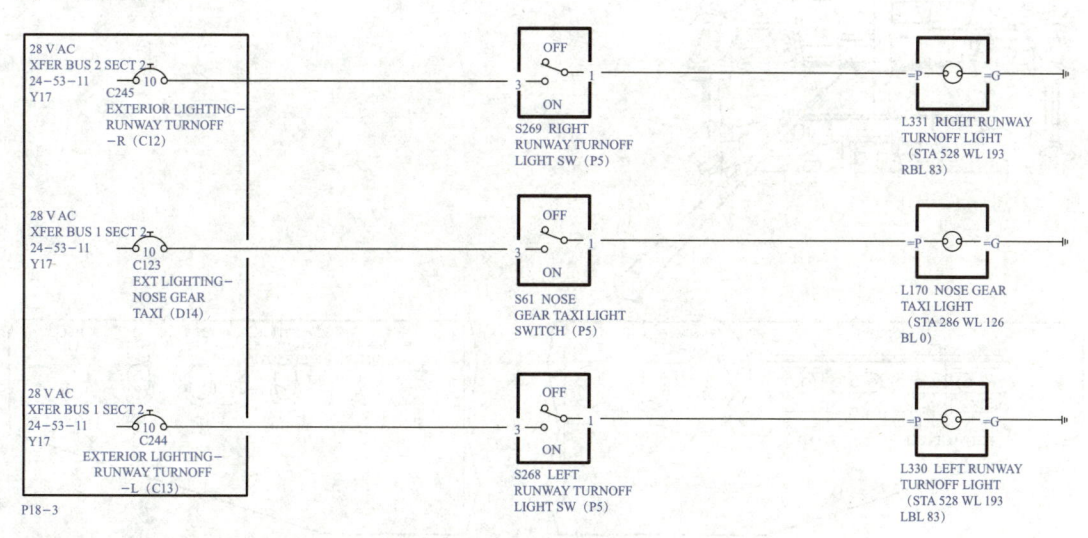

图 4.16 滑行灯电路

89

28 V 的交流电从汇流条（24-53-11）送过来，以串联电路的方式，经过跳开关 C123，滑行灯控制开关 S61，送给滑行灯 L170。滑行灯一端接电源，另一端接地，形成电路回路。

1.6 转弯灯（Runway Turnoff Lights）

部分机型的转弯灯位于起落架减震支柱上，部分机型的转弯灯位于大翼翼根的前缘，靠近机翼－机身整流罩，邻近固定着陆灯，如图 4.17 所示，分别对机头前方两侧照明，用于照明滑行道、跑道边缘。转弯灯控制开关在驾驶舱中，如图 4.18 所示。

1. 主要部件

（1）P18 面板上的跳开关 C244、C245；

（2）P5 面板上的转弯灯控制开关 S268、S269；

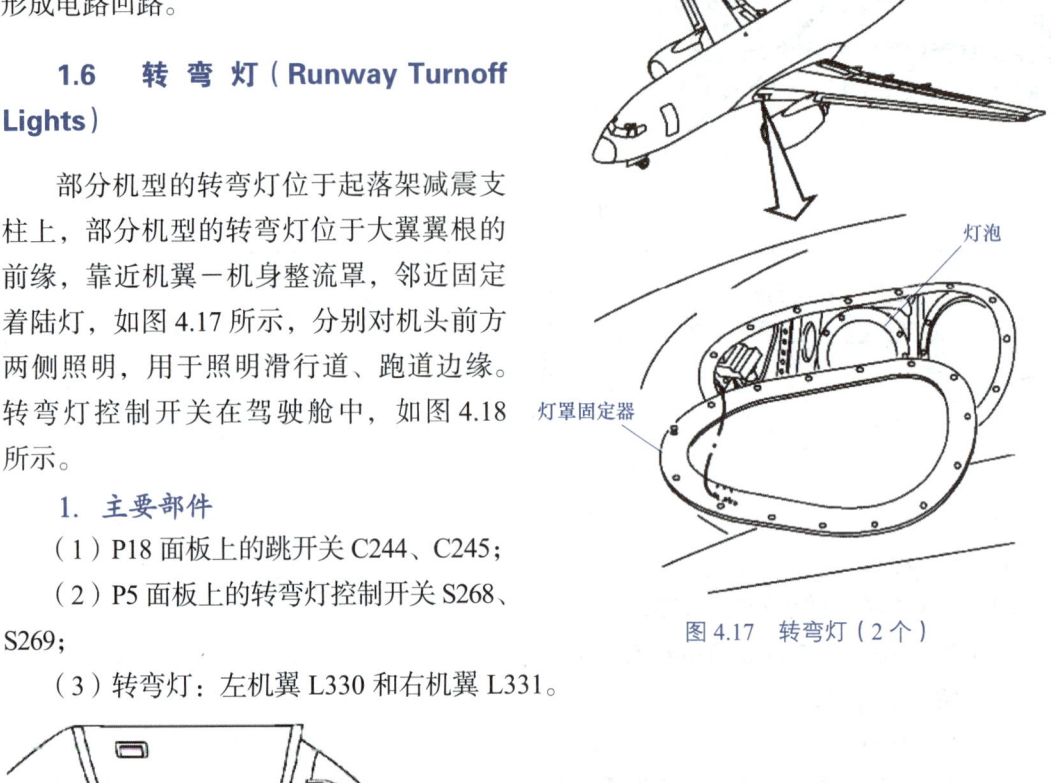

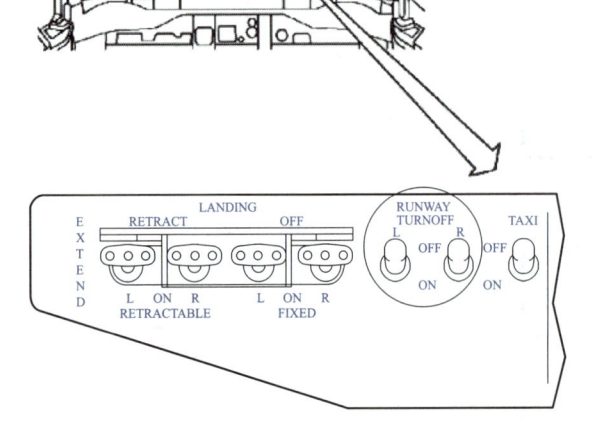

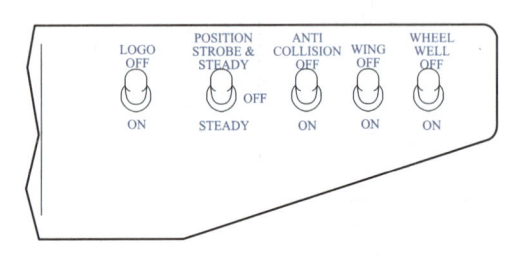

（3）转弯灯：左机翼 L330 和右机翼 L331。

图 4.17 转弯灯（2 个）

图 4.18 转弯灯控制开关

2. 工作原理

查询波音飞机 SSM，找到灯光系统 33 章，转弯灯电路在 SSM 33-45-11，电路如图 4.19 所示。

28 V 的交流电从汇流条（24-53-11）送过来，以串联电路的方式，经过跳开关 C244 和 C245，转弯灯控制开关 S268 和 S269，送给转弯灯 L330 和 L331。转弯灯一端接电源，另一端接地，形成电路回路。

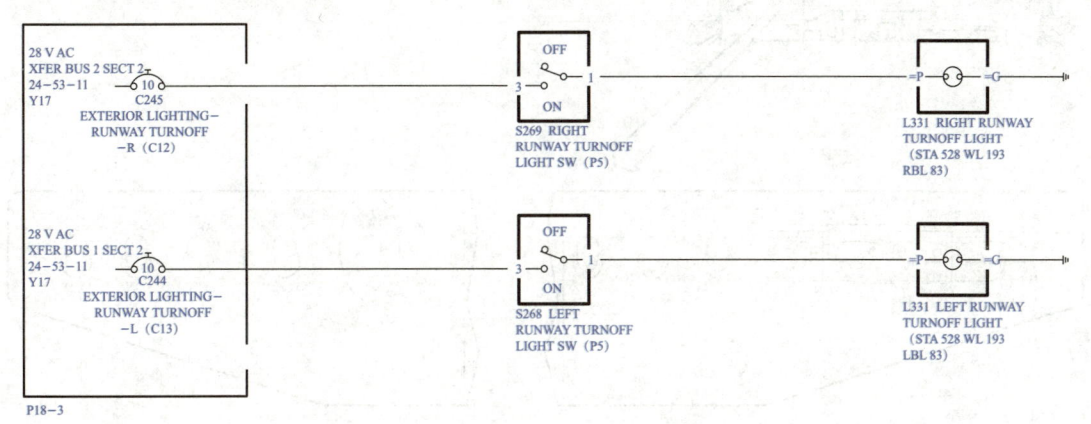

图 4.19 转弯灯电路

1.7 航徽灯（Logo Lights）

航徽灯又叫标志灯，作用是照亮垂直安定面上喷涂的航空公司航徽标志。航徽灯一般安装在两侧水平安定面的上表面。航徽灯可用驾驶舱灯光控制电门来控制，如图 4.20 所示。航徽灯控制开关在驾驶舱中，如图 4.21 所示。

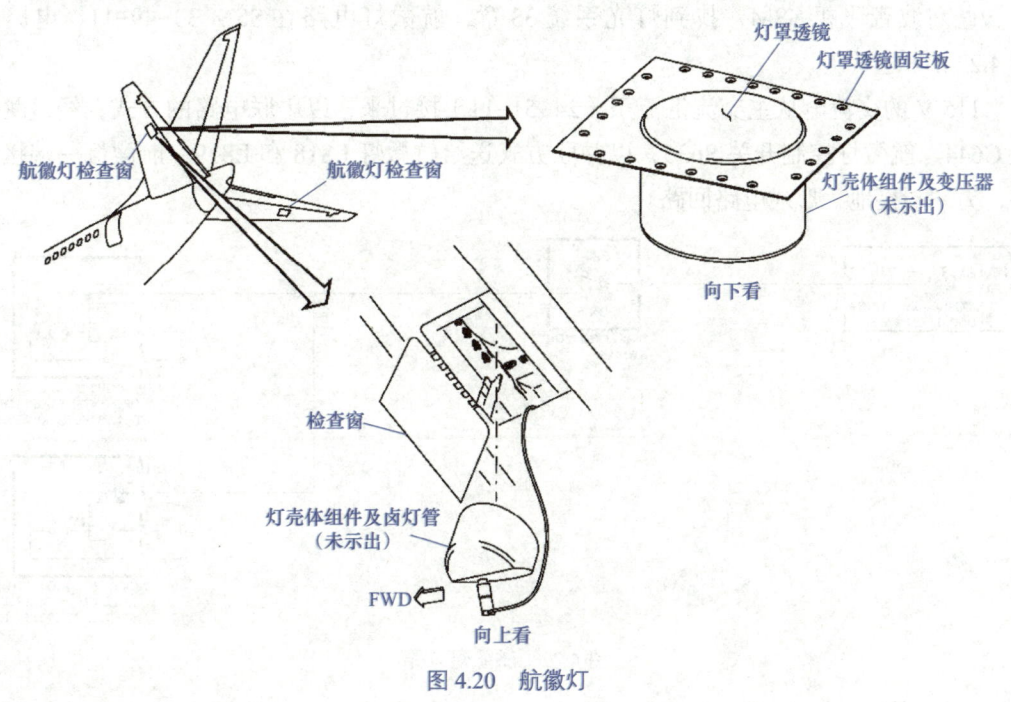

图 4.20 航徽灯

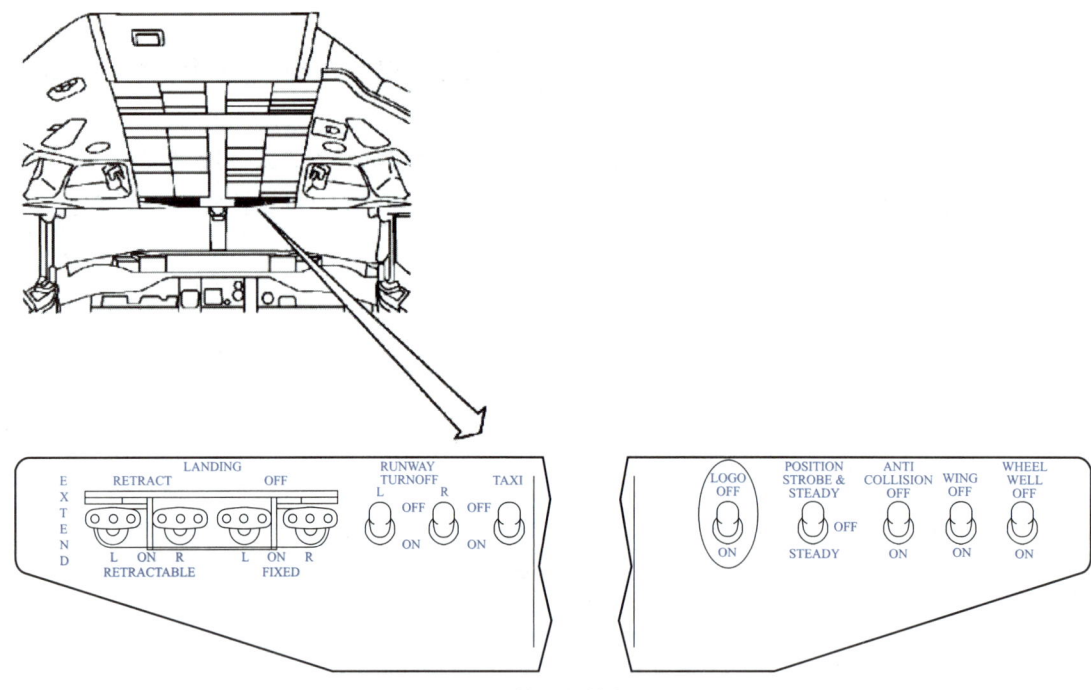

图 4.21 航徽灯控制开关

1. 主要部件

（1）P18 面板上的跳开关 C644；

（2）P5 面板上的航徽灯控制开关 S635；

（3）航徽灯：L818 和 L819。

2. 工作原理

查询波音飞机 SSM，找到灯光系统 33 章，航徽灯电路在 SSM 33-49-11，电路如图 4.22 所示。

115 V 的交流电从主交流汇流条（24-51-11）接过来，以串联电路的方式，经过跳开关 C644、航徽灯控制开关 S635，以并联方式送给航徽灯 L818 和 L819。航徽灯一端接电源，另一端接地，形成电路回路。

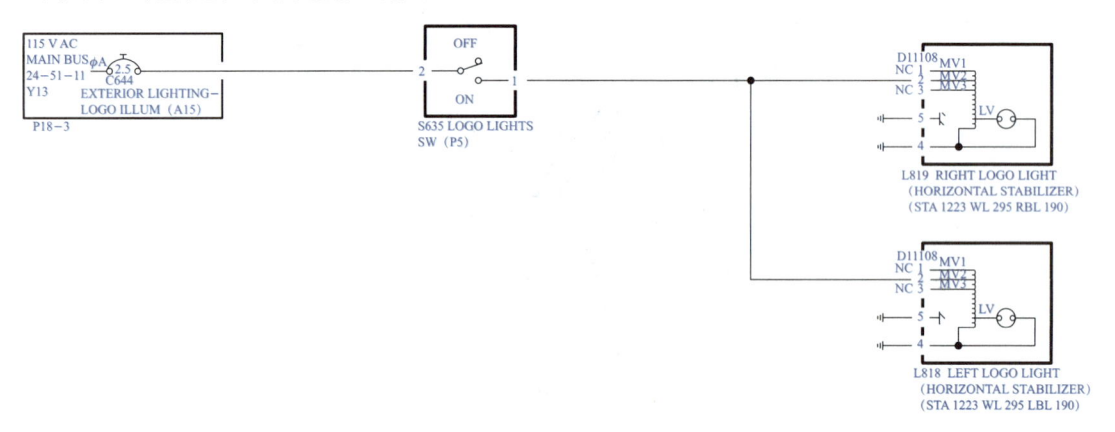

图 4.22 航徽灯电路

【任务实施】

工卡标题	外部灯光部件识别			
机型		机号	B—××××	
工作区域	N/A	版本	R1	
工时	1 h	开始时间		结束时间
完成签署 / 日期		检验签署 / 日期		
参考文件	AMM 33-41-00；SDS 33-41-00； AMM 33-42-01/02；SDS 33-42-00； AMM 33-43-00/01/02；SDS 33-43-00； AMM 33-44-00/01/02/03/04；SDS 33-44-00； AMM 33-45-01/02/03；SDS 33-45-00； AMM 33-49-00；SDS 33-49-00			
编写 / 修订		审核		批准
日期		日期		日期
1. 识别外部灯光				
步骤	中文名称	英文名称		
步骤 1	大翼照明灯			
步骤 2	着陆灯			
步骤 3	航行灯			
步骤 4	防撞灯和频闪灯			
步骤 5	滑行灯			
步骤 6	转弯灯			
步骤 7	航徽灯			
2. 识别跳开关部件				
步骤	中文名称	项目号		
步骤 1	大翼照明灯跳开关			
步骤 2	着陆灯跳开关			
步骤 3	航行灯跳开关			
步骤 4	防撞灯和频闪灯跳开关			
步骤 5	滑行灯跳开关			
步骤 6	转弯灯跳开关			
步骤 7	航徽灯跳开关			

任务 2　滑行灯故障检修

【任务导入】

一架波音飞机在进行航后机务检查中，接通驾驶舱滑行灯电门，发现前滑行灯不亮，其他外部灯光正常，现需要根据故障现象进行排故维护工作。

【任务资讯】

2.1　滑行灯故障分析

查询 SSM 33-45-11 滑行灯电路图（图 4.16），滑行灯电路为一串联电路，电路中包含 3 个部件。滑行灯不亮故障有以下可能原因。

1. 部件损坏原因

（1）跳开关 C123 损坏，直接更换。

（2）S61 开关断开，直接更换。

（3）L170 滑行灯损坏，直接更换。

2. 线路不通原因

滑行灯电路中的线路共有 3 段：跳开关 C123 到 S61 开关；S61 开关到 L170 滑行灯；L170 滑行灯到地。

3. 电源无电原因

28 V AC 电源汇流条 1 没电过来。

2.2　故障检修

（1）跳开关的好坏可以通过数字万用表的蜂鸣挡来进行判断，按压跳开关，跳开关闭合，电阻为 0。拔出跳开关，跳开关断开，电阻为无穷大。S61 开关的测量方法类似。

（2）滑行灯功率为 250 W，供电电压为 28 V，根据欧姆定律可以计算出滑行灯的电阻值。用万用表的电阻挡进行测量。

$$R = \frac{U^2}{P} = \frac{28^2}{250} = 3.136\,(\Omega)$$

（3）线路导通测量可以通过数字万用表蜂鸣挡来进行。

（4）拔出跳开关，用万用表交流电压挡测量跳开关的电压是否为 28 V，以此判断汇流条是否有电。

【任务实施】

工卡标题			滑行灯故障检修			
机型	B737NG		机号	B—××××		
工作区域	N/A		版本	R1		
工时	开始时间			结束时间		
完成签署/日期			检验签署/日期			
参考文件	SSM 33-45-11					
编写/修订		审核		批准		
日期		日期		日期		
工量具/设备/材料					工作者	检查者
类别	名称	规格型号	单位	数量		
工量具						
设备	地面电源车		台	1		
	数字万用表		个	1		
材料						

1. 工作准备

（1）到工具库房领取仪器；
（2）检查仪器情况，外表完好无损，功能正常；计量工具在有效期内；
（3）领取耗材，耗材应符合标准；
（4）办理好领取手续

2. 操作步骤

1）测量①号导线的导通性（图1）。
将跳开关跳开，用导线将 S61 的 3 脚接地，将万用表打在电阻挡，红表笔接跳开关的右端，黑表笔接飞机机体，测量跳开关右端对地是否导通。
①号导线电阻值：_____。

2）测量②号导线的导通性（图1）。
用导线将 S61 的 1 脚接地，将万用表打在电阻挡，红表笔接滑行灯的左端，黑表笔接飞机机体，测量电路图中滑行灯左端对地是否导通。
②号导线电阻值：_____。

3）测量③号导线是否接地（图1）。

将万用表打在蜂鸣挡，红表笔接滑行灯的左端，黑表笔接飞机机体，测量滑行灯是否接地。

③号导线电阻值：_____。

4）测量跳开关左端的电压（图1）。

给飞机上电，将万用表打在交流电压挡，挡位大于28 V，红表笔接跳开关左端，黑表笔接飞机机体，测量输入电压是否为交流28 V。

跳开关左端电压值：_____。

3. 结束工作

（1）清点工具和设备，数量足够；
（2）清扫现场；
（3）归还工具、耗材；
（4）在工具室归还登记簿上做好归还记录

-------------------------- 工卡结束 --------------------------

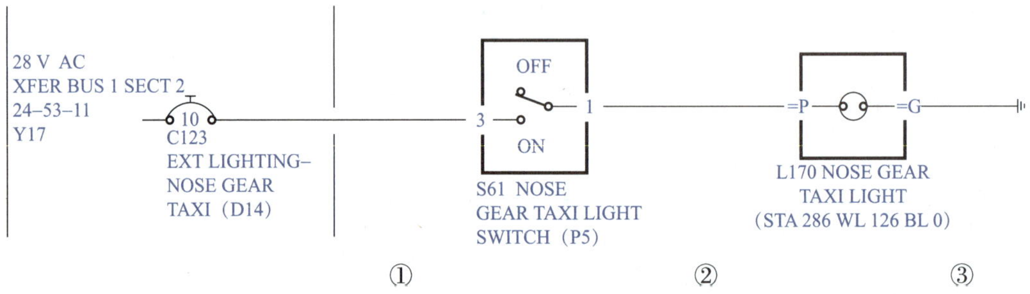

```
28 V AC
XFER BUS 1 SECT 2          OFF
24-53-11      10            ┐ 1
Y17           C123        3 │
              EXT LIGHTING- ON
              NOSE GEAR                    L170 NOSE GEAR
              TAXI（D14）   S61 NOSE        TAXI LIGHT
                           GEAR TAXI LIGHT  (STA 286 WL 126 BL 0)
                           SWITCH（P5）
              ①             ②              ③
```

图1

任务3　更换滑行灯

【任务导入】

经检查排故，发现滑行灯损坏，查询波音飞机 AMM 33-45-01/02/03，对滑行灯进行更换。

【任务资讯】

灯光系统的日常维护工作主要是清洁和更换灯泡，在维护过程中，应遵守以下注意事项。

（1）做好外部灯光的清洁。夏天在飞机起飞和着陆时，经常会有蚊虫撞在灯泡上，影响灯泡的正常照明，因此需要经常检查、清洁。

（2）地面测试大功率外部灯光照明时，不要让灯连续工作超过 5 mim，而且要让灯有充分的熄灭时间，一般这个时间要与灯亮的时间相同，因为持续工作所产生的热量会缩短灯泡的寿命。

（3）注意检查备用灯泡存放盒，保证有足够的备用灯泡。

（4）维护滑行灯时，必须仔细安装所有起落架安全销，防止因起落架突然作动引发安全事故。

【任务实施】

工卡标题		前起落架滑行灯拆装				
机型	B737-200		机号	B—××××		
工作区域	前起落架		版本	R1		
工时	40 min	开始时间		结束时间		
完成签署/日期			检验签署/日期			
参考文件	B737-200 AMM/IPC 手册					
符合性	M7.1.1/ M7.2.1/M7.3.1/M8.1.2.2/M8.3.1					
编写/修订		审核		批准		
日期		日期		日期		
		工具/材料			工作者	检查者
类别	名称	规格型号	单位	数量		
工具	工具箱	通用	EA	1		
	一字螺钉旋具	通用	EA	1		
	十字螺钉旋具	通用	EA	1		
	套筒	5/16 inch	EA	1		
	棘轮手柄	1/4 inch	EA	1		
	布袋	通用	EA	AR		
	周转盒	通用	EA	AR		
	警告牌	禁止操作	EA	2		
	手套	通用	EA	AR		
	力矩扳手	0～50 lbf·in 或等效	EA	1		
	跳开关夹	标准	EA	1		
材料	GASKET	69-42984-3 或等效	EA	1		

<div style="text-align:center">1. 工作准备</div>		
（1）到工具库房领取工具； （2）检查工具情况，外表完好无损，功能正常；计量工具在有效期内； （3）领取耗材，耗材应符合标准； （4）办理好领取手续		
<div style="text-align:center">2. 操作步骤</div>		
维修人员例行检查测试发现前起落架滑行灯不亮，确认为滑行灯灯泡故障，需要更换滑行灯灯泡，请查找相关手册进行更换（图1）。 （1）手册查询。 　1）根据手册查询飞机注册号：B-2516的客户有效性代码：＿＿＿＿＿，查询该飞机前起落架滑行灯拆装程序：＿＿＿＿＿＿＿＿＿。 　2）根据手册查询前起落架滑行灯组件的件号：＿＿＿＿＿。 （2）对于前起落架滑行灯，请拔出下面的适用跳开关，并安装上跳开关夹： P18-3跳开关面板 EXT LIGHTING NOSE GEAR TAXI。 （3）执行以下步骤以拆卸前起落架滑行灯（图1）。 　1）拆下螺钉[1]、固定组件[2]。 　2）拉出滑行灯[6]。 　3）从接线桩[3]上断开接线片[5]。清除电线末端的一切污垢和腐蚀物。 （4）执行以下步骤对滑行灯组件进行检查。 　1）检查接线片及线路。 　2）核对滑行灯件号。并记录：PN＿＿＿＿＿SN＿＿＿＿＿； 检查结果：＿＿＿＿＿。 （5）执行以下步骤以安装前起落架滑行灯（图1）。 　1）将垫圈[7]安装于到滑行灯[6]。 　2）连接接线片[5]至滑行灯[6]，并安装螺钉。 　3）确保固定组件[2]未损坏。 　4）将固定组件[2]与滑行灯[6]对齐，确认灯丝是水平的。 　5）安装螺钉[1]。给安装螺钉磅力矩（20±5）lbf·in［（2.26±0.5）N·m］。 （6）取下跳开关夹并闭合跳开关。 P18-3跳开关面板 EXT LIGHTING NOSE GEAR TAXI。 （7）测试（图2）。 　1）在头顶面板P5处，将滑行灯的开关设为开启模式。 确认灯亮。 　2）将开关设为关机模式。 确认灯灭。 （8）将飞机恢复正常构型。 （9）填写飞机记录本		
<div style="text-align:center">3. 结束工作</div>		
（1）清点工具和设备，数量足够； （2）清扫现场； （3）归还工具、耗材； （4）在工具室归还登记簿上做好归还记录		
<div style="text-align:center">―――――――――――――― 工卡结束 ――――――――――――</div>		

续表

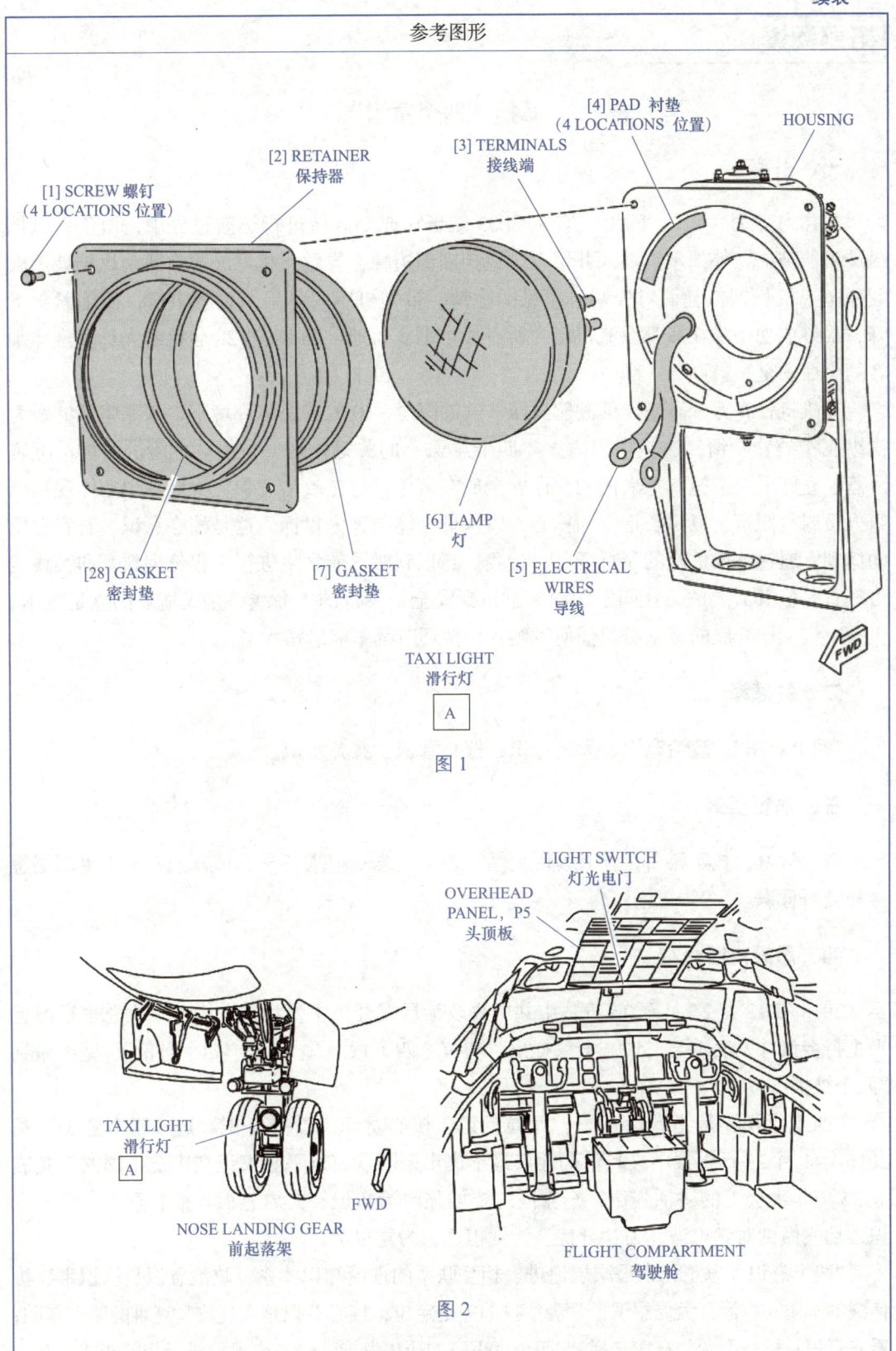

参考图形

[1] SCREW 螺钉 (4 LOCATIONS 位置)
[2] RETAINER 保持器
[3] TERMINALS 接线端
[4] PAD 衬垫 (4 LOCATIONS 位置)
HOUSING
[28] GASKET 密封垫
[7] GASKET 密封垫
[6] LAMP 灯
[5] ELECTRICAL WIRES 导线

TAXI LIGHT 滑行灯
A

图 1

TAXI LIGHT 滑行灯 A
FWD
NOSE LANDING GEAR 前起落架

LIGHT SWITCH 灯光电门
OVERHEAD PANEL, P5 头顶板
FLIGHT COMPARTMENT 驾驶舱

图 2

99

拓展阅读

弘扬"四个意识"

一、引言

2018年5月14日,四川航空3U8633航班在成都区域进行巡航过程中,由于右风挡封严可能破损,外部水汽渗入并留存于风挡底部边缘,导致飞机驾驶舱右座前风挡玻璃破裂脱落,机长刘传健面对极端且罕见的险情,带领机组人员果断处置险情,实施紧急下降,最终成功备降在成都双流机场,所有成员平安落地,确保了128名机组人员和全体乘客的生命安全。

英雄机长在万米高空、驾驶舱失压、气温降至-40 ℃等恶劣环境下,依靠坚强的毅力操纵飞机处置险情,这是牢固树立"四个意识"的关键体现,在面临危险的时候,沉着冷静、立即采取措施,把人民的生命安全放在首位,这是政治意识、大局意识的体现;机组人员履行职责,以机长指令为核心,以保护全体乘客为目标,这是核心意识、看齐意识的体现。通过这次危险的飞行任务,让我们意识到对民航学生进行工程伦理教育和实践能力教育是极其必要的,让同学们深刻意识到安全是飞行的生命线,是民航业的立足之本,更是一切工作开展的奠基石,任何时候、任何环节都不能麻痹大意。

二、关键词

"四个意识":政治意识、大局意识、核心意识、看齐意识。

三、素质要素

努力学习、扎实科研;怀有爱国之情、报国之志;追求科学真理,激发学生更深层思考和创新意识。

四、思想内涵介绍

2018年12月25日至26日,中共中央政治局召开民主生活会,中共中央总书记习近平主持会议并发表重要讲话。会议提出,树牢"四个意识",坚定"四个自信",坚决做到"两个维护"。

"四个意识"是指政治意识、大局意识、核心意识、看齐意识。这"四个意识"是2016年1月29日中共中央政治局会议最早提出来的。习近平总书记在庆祝中国共产党成立95周年大会上的讲话强调,全党同志要增强政治意识、大局意识、核心意识、看齐意识,切实做到对党忠诚、为党分忧、为党担责、为党尽责。

"四个意识"思想元素是层层递进、相互联系的理论知识体系。政治意识是认识事物价值观的本质和内涵;大局意识是学会牺牲的关键定位;核心意识是实现攻坚克难的坚实基础;看齐意识是标杆引领的自律选择。"四个意识"的历史发展让这一内涵形成了相辅相成、互为依托的紧密联系，它的发展规律是学会判断，选择政治立场；在事物发展的过程中形成合力，共同努力，形成大局；肯定指导机关的权力，能敏捷地做出战斗行动，凝聚核心；历史总结出经验，经验提炼出规律，自律看齐，最终"四个意识"形成主流意识完成革命行动。

飞行器维修对于体能、基本技术、特殊技巧、维修心理的要求都是极高的，其中基本技术中的钣金、铆接、管路施工、密封防腐等也是相互联系、逐层递进的关系，各个环节也是相互影响的。飞行器维修学习的规律是初期体能、技能的枯燥，中期基本技巧、心理的提升，后期对飞行器维修全面知识的理解和创新，是一种训练周期长、重复率高、要求严、领悟性强的技能，需要参与者具有勤奋刻苦、团结协作、无私奉献的思想信念，指导其完成该技能的学习和训练。

由此可见，两者的思政内涵是一脉相承、知行统一、系统联系的关系。飞行器维修基本知识理论、身体素质锻炼、基本技能和特殊技巧训练、技能比武和规则探究与"四个意识"中的思想精神有着内容的吻合性、联系的普遍性、事物的客观性和联系的多样性。将"四个意识"思政元素有计划、有目标地匹配飞行器维修教学环节，选取适当的文本资料和视频资料进行思政元素呈现，将两者之间的递进关系和升华作用作为融合的理论机制，以期达到教学融合的最大饱和度。

1. **技能学习规律精髓与"政治意识"的融合**

每一项技能都有一个学习规律，需要利用世界观指导参与者观察和研究事物的程序，人们在学习中的学习行为间接地反映着其世界观、人生观和价值观等。学生的理解和展示，凝结着他对维修技能的思维方式，决定认知层次，体现其意志品质，进而影响其人生观、价值观。政治意识作为"四个意识"的首位，起到统领和基础的作用，与学习维修技能的学习规律的本质诉求相一致，高校学生应该运用马克思主义唯物辩证法的方法论和世界观去认识事物。优秀学生的政治思想是极具高阶性的，他们会运用马克思主义思想方法对技能学习的发展规律进行研究，并且通过练习展示他们的思维，这是精神和肉体的高度统一。

选取纪录片等图片视频资料给学生最直观的政治意识教育学习，让学生树立正确的学习观念，让政治意识成为学习的动力。

2. **维修要点与"看齐意识"的融合**

古田会议之后中国共产党对无产阶级领导的新型人民军队的时代课题做出了历史性的回答，总结历史经验，得出红军建设的纲领性文件，形成重要标杆，唤起了无产阶级的主流意识和人民群众强烈的看齐意识。这种看齐意识和看齐行动给当下社会带来了崭新的社会景象，因此"四个意识"的"看齐意识"是经验总结也是行动成果，历史总结经验，经验凝结规则，学会看齐规则，学会按规则行动。

维修的要求也是随着飞行器行业发展在不断总结和变更，学生在课程中学到的不仅是维修，更应学会更新维修知识，在规则中发挥自己的能力。在日常学习和工作中有很多规则和束缚去约束学生的行为，要让他们正确认识这些规则，了解规则后面的意图，并且执行规则，这是修理能给学生建立的行为感受。

组织学生对照工卡进行要求和要点学习，学会每个要点的关键技能点，让学生在学习时学会看齐标杆，展示优秀作品，优秀学生分享经验。

项目 05 波音飞机火警探测元件故障检测与维修

学习目标

知识目标：

1. 认识飞机防火系统主要元件的安装位置及外部构造，并理解它们的作用。
2. 理解飞机防火系统的作用和工作原理。
3. 理解飞机线路导通性测试方法、绝缘性测试方法。
4. 理解数字万用表的使用方法。
5. 理解 LCR 表的使用方法。
6. 理解火警探测系统测试流程。

能力目标：

1. 能够准确依据手册找到指定部件。
2. 能够依据手册对火警探测元件进行拆装。
3. 能够使用数字万用表、LCR 表对火警探测元件进行测试。

素质目标：

1. 具备规范的操作意识和安全意识。
2. 具有爱岗敬业、诚实守信、遵章守纪的良好职业道德。
3. 具备团队协作精神、人际沟通能力和社会交往能力。
4. 具备"敬仰航空、敬重装备、敬畏生命"的职业素养。

任务 1　找出飞机火警探测元件

【任务导入】

现有一架波音飞机在执行航班任务时，空中出现机翼过热警报，经过紧急处理，故障没有排除。为排除故障，避免类似故障再次出现，现对飞机的火警探测系统进行全面排查。在排查前，首先认识飞机的火警探测系统部件，飞机火警探测系统主要包括发动机火警探测、机翼机身过热探测、APU 火警探测、轮舱火警探测等。

【任务资讯】

1.1 防火系统概述

1. 目的

利用飞机防火系统监测飞机是否出现着火、冒烟、过热、气体管道泄漏的现象。

2. 过热/火警探测

飞机过热/火警探测系统包括发动机过热探测、发动机火警探测、APU火警探测、轮舱火警探测、机翼/机身过热探测、货舱冒烟探测、厕所冒烟探测系统。

3. 灭火

飞机灭火系统包括发动机、APU、厕所、货舱、手提式灭火瓶灭火系统。

火警探测系统如图5.1所示。

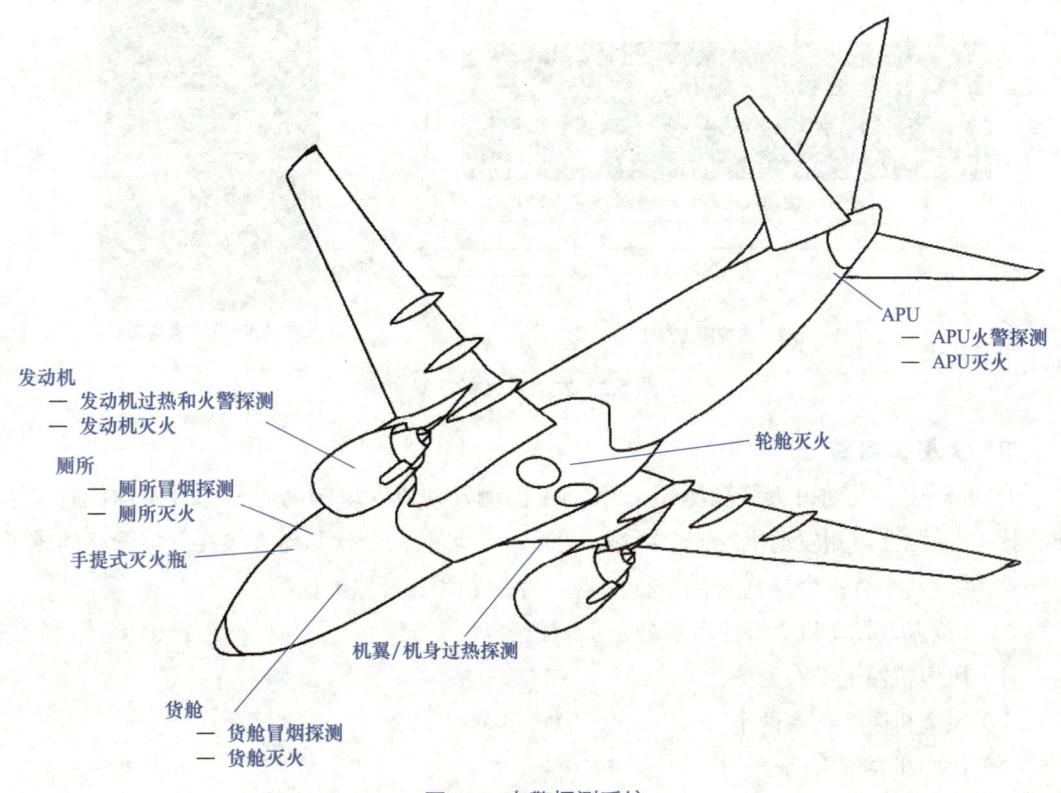

图5.1 火警探测系统

1.2 发动机火警探测

1. 概况

发动机过热/火警探测系统部件包括发动机过热/火警探测器（环路A和环路B），发动机和APU火警探测组件，遮光板、P7面板（火警警告灯和主注意灯），过热/火警保护面板，音响警告组件。

发动机上的过热/火警探测器给发动机和APU火警探测组件发送信号。这个组件给驾驶舱提供声音和可视指示。当探测器故障时，在发动机和APU火警探测组件和过热/火警保护面板上给出指示。

发动机火警探测如图5.2所示；发动机火警探测电路如图5.3所示。

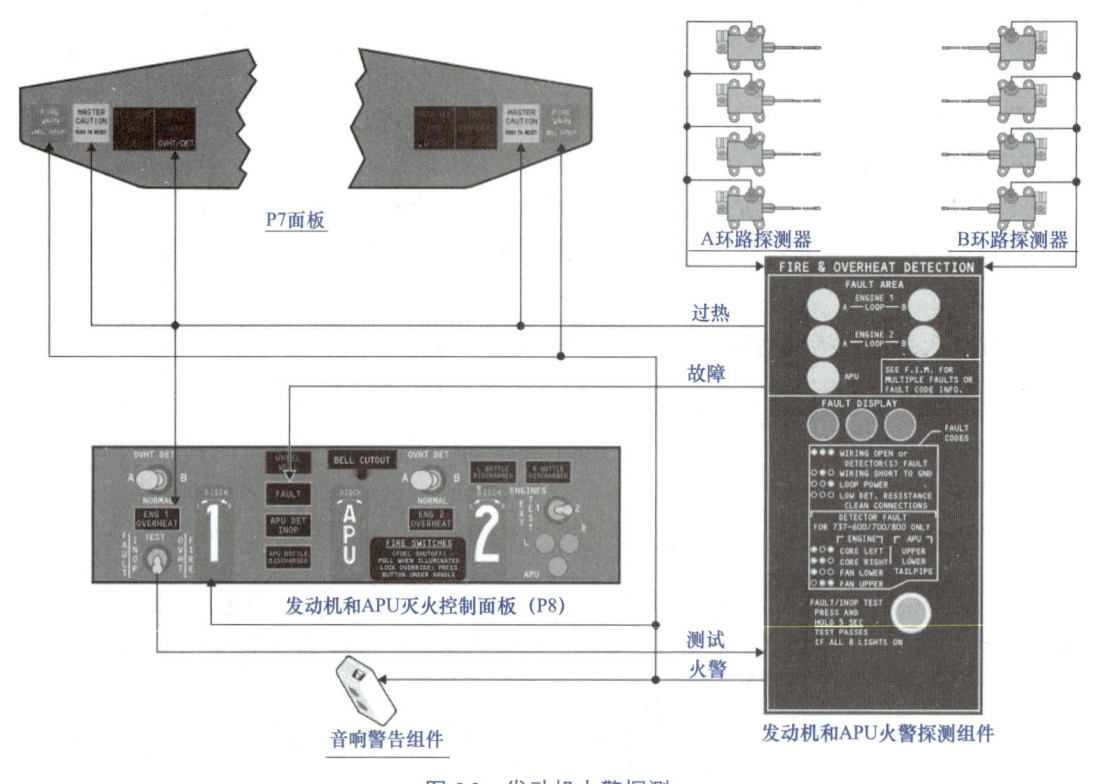

图5.2 发动机火警探测

2. 火警探测器

（1）概述。发动机火警探测器（图5.4）监测发动机区域的高温。每台发动机有8个探测器。探测器监测发动机的4个区域。在每个区域，两个探测器连接在支撑管路构成了一个组件。其中有一个是A环路的探测器，另一个是B环路的探测器。

（2）位置。发动机火警探测器处于下列位置：

1）风扇机匣上部有两个；

2）风扇机匣下部有两个；

3）核心机左部有两个；

4）核心机右部有两个。

3. 发动机和APU火警探测组件

（1）目的。发动机和APU火警探测组件通过探测器监测发动机的过热或火警状态。它也监测APU火警的状态。

（2）位置。发动机和APU火警探测组件位于电子设备舱E2-2架上，如图5.5和图5.6所示。

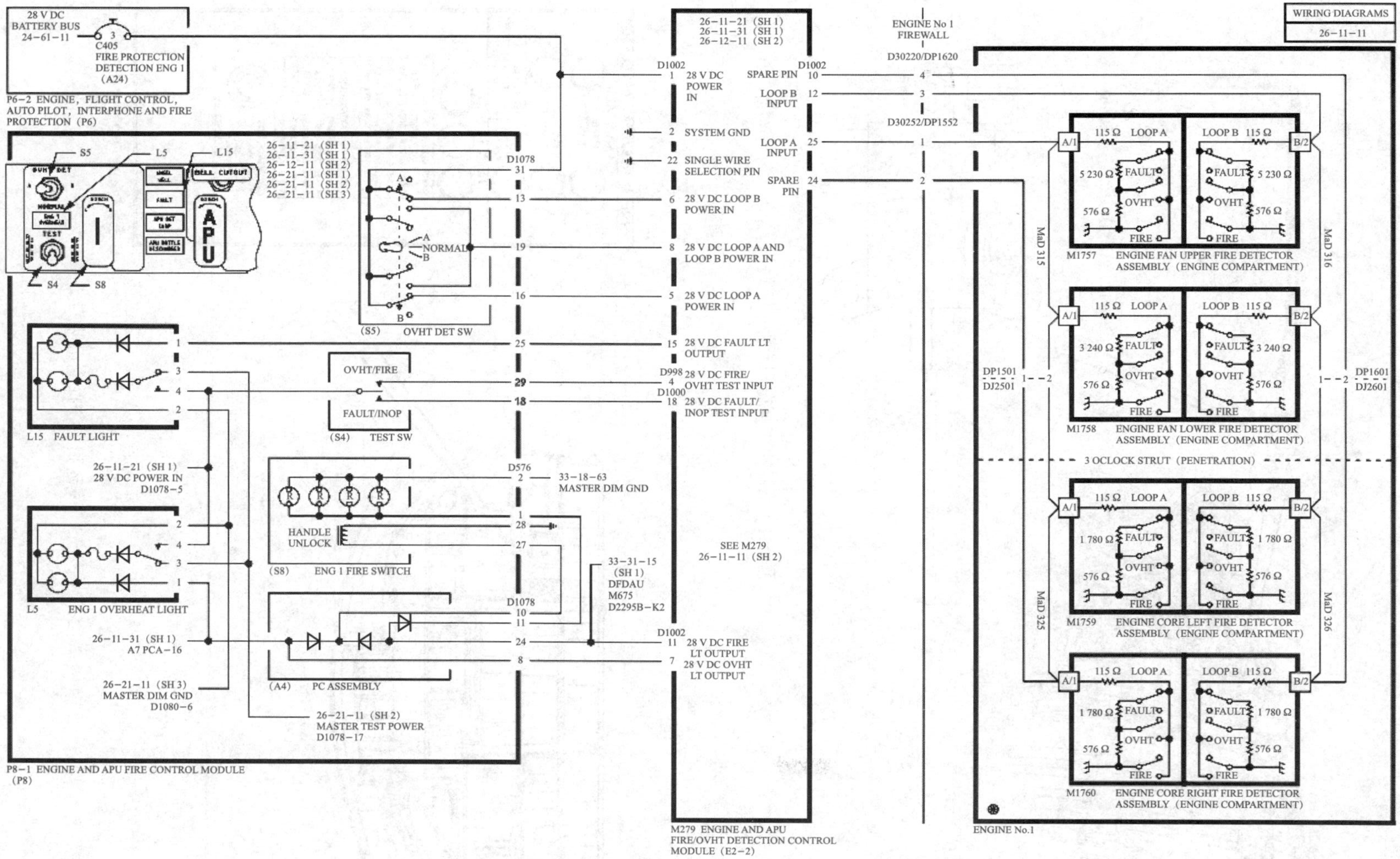

图 5.3 发动机火警探测电路

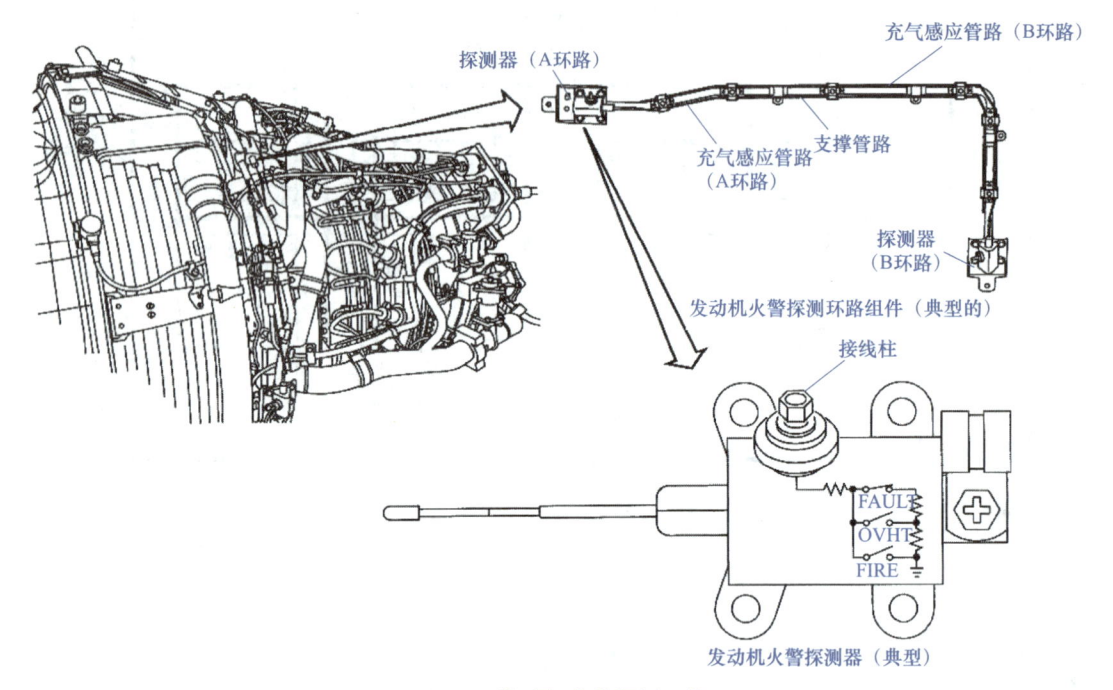

图 5.4　发动机火警探测元件

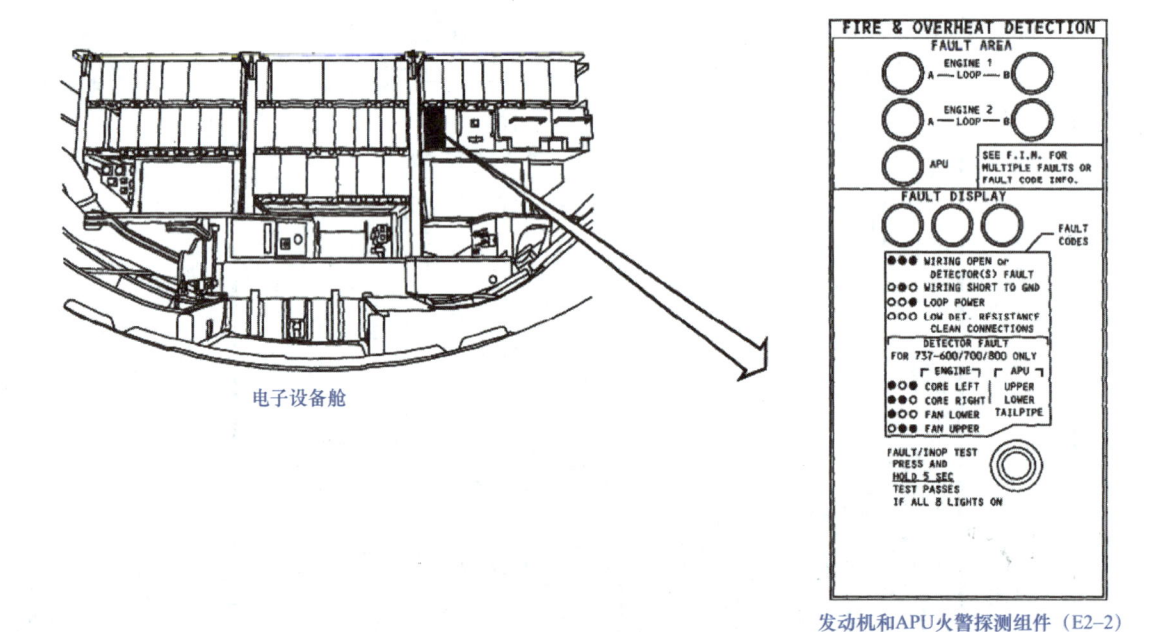

图 5.5　发动机火警探测组件

图 5.6 发动机火警探测电路

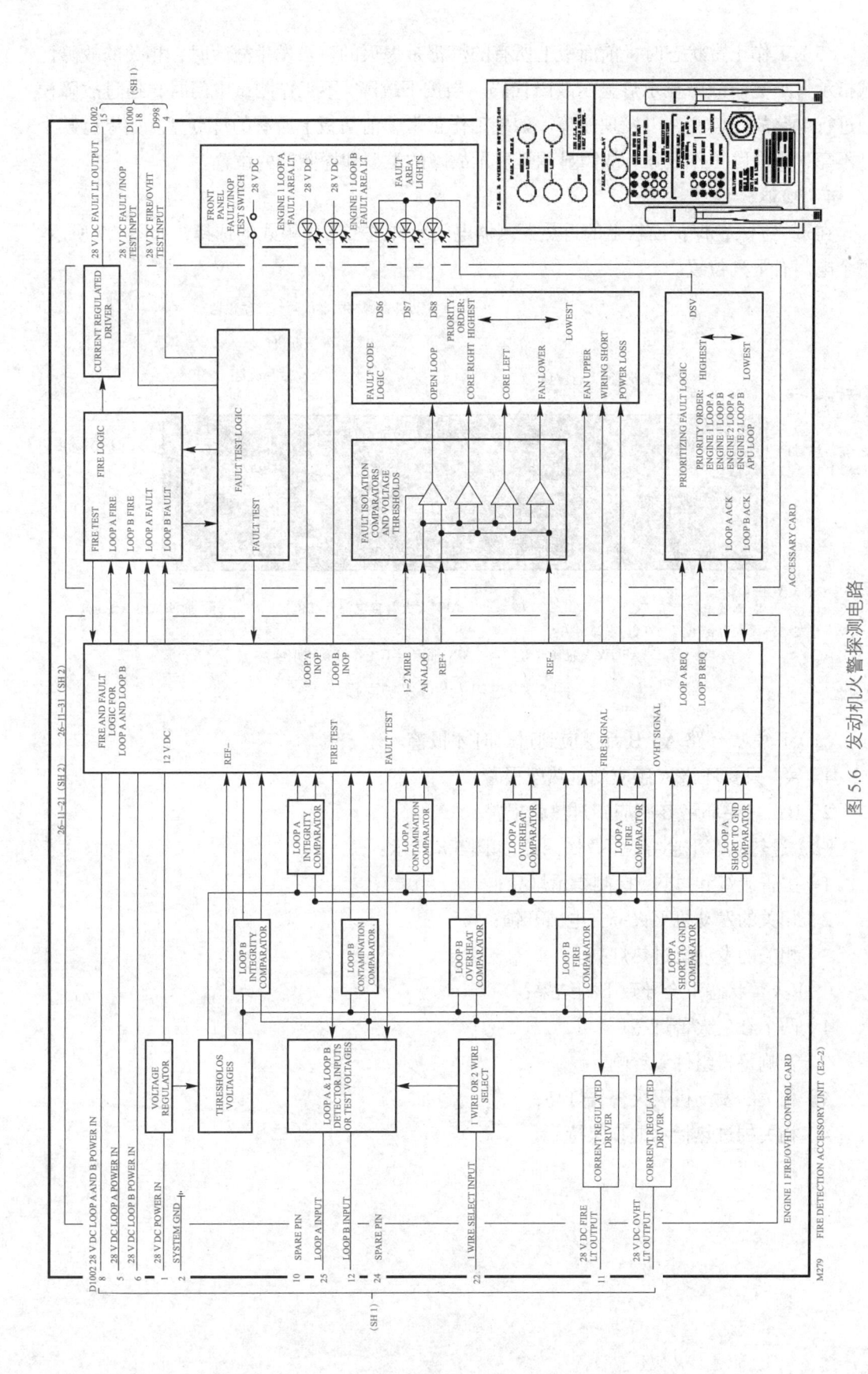

（3）工作正常状态时，前面板上所有的灯都是熄灭的。当发生故障时，相关的故障区域指示灯点亮。故障显示灯显示故障代码。当按下故障/不工作测试电门时，通过故障模拟进行电路故障监测，以发现故障。如果工作正常，前面板上所有的灯点亮。如果有某个灯不亮，则电路工作故障。故障显示灯显示故障的类型和探测器的位置。

4. 功能介绍

在过热/火警保护面板上的过热探测器电门允许进行工作模式的选择，如图5.7所示。每个电门有下列位置。

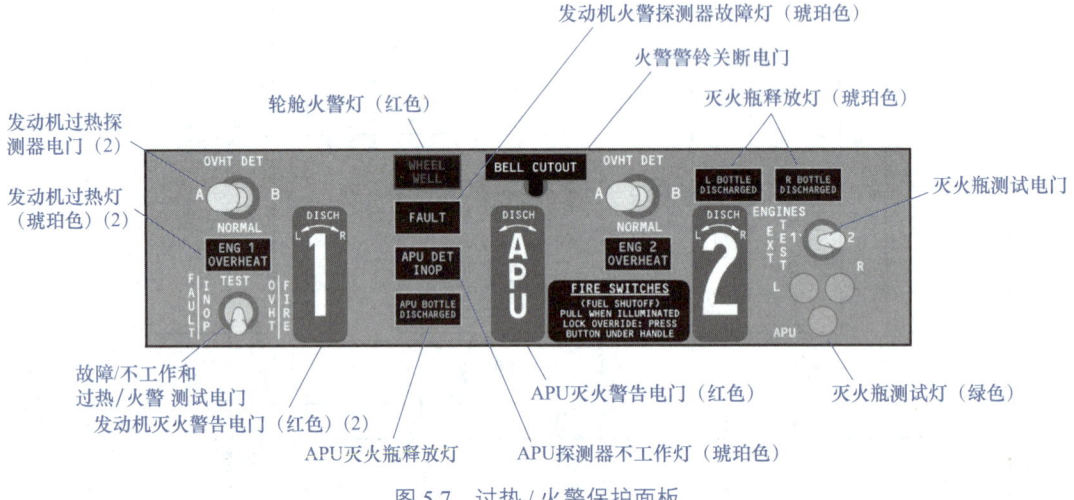

图5.7 过热/火警保护面板

（1）正常：环路A、B都感应到过热时才报警。

1）A：只要环路A感应到过热就报警；

2）B：只要环路B感应到过热就报警。

（2）过热状态下会导致下列结果，如图5.8所示：

1）主告诫灯和过热/探测指示灯亮；

2）相关的发动机灭火警告电门开锁；

3）相关的发动机过热灯亮。

（3）火警状态下会导致下列结果：

1）两个红色火警灯亮；

2）音响警告组件警铃响；

3）相关的发动机灭火警告灯亮；

4）相关的过热指示继续保持。

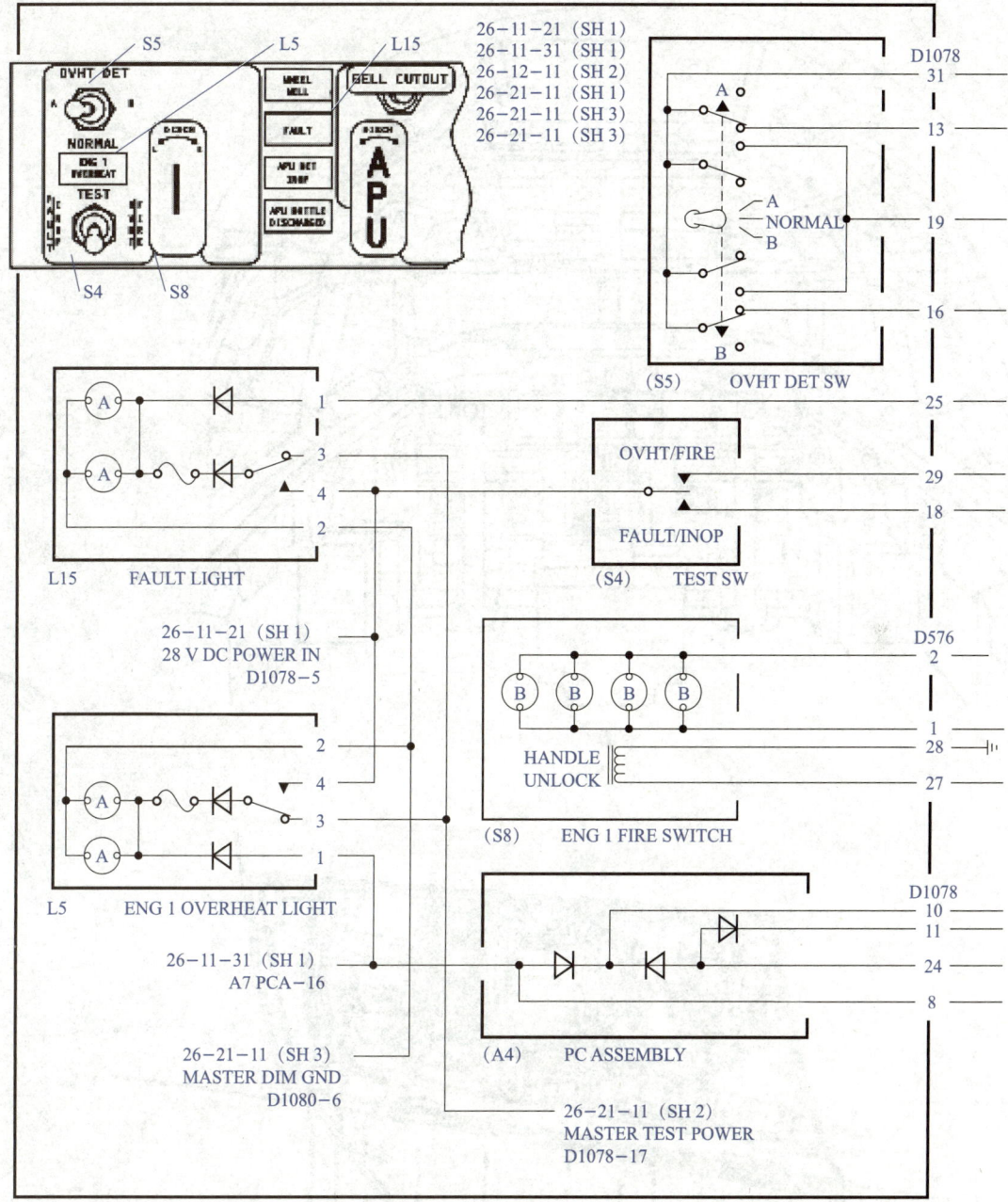

图 5.8　过热/火警保护面板内部电路

1.3　APU 火警探测

1. 目的

APU 火警探测系统使用 APU 上的探测器。图 5.9 所示为探测器监测 APU 的火警状态。当系统监测到火警时，驾驶舱内的报警指示工作。指示位于遮光板 P7 和过热/火警保护面板 P8-1 上，驾驶舱内的警铃也工作。右主轮舱内的喇叭和红灯也工作，如图 5.10 所示。

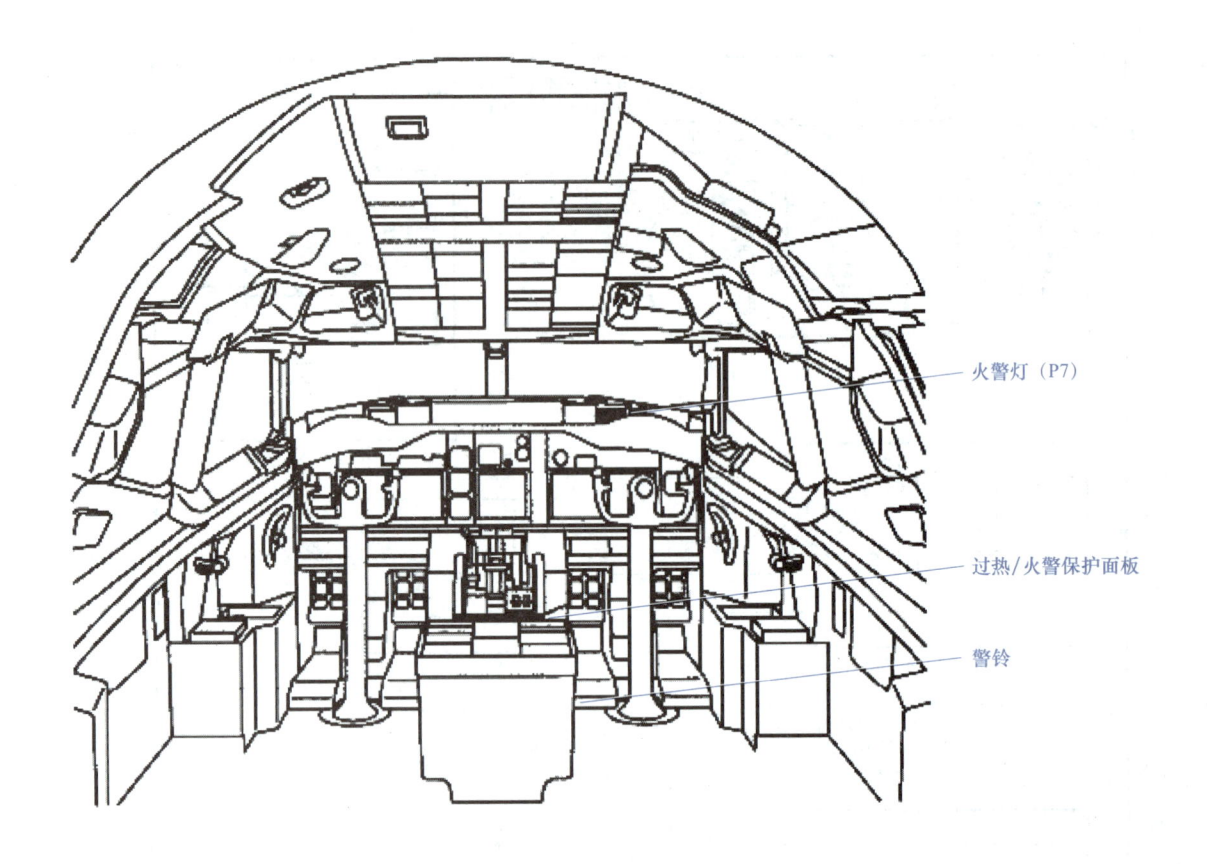

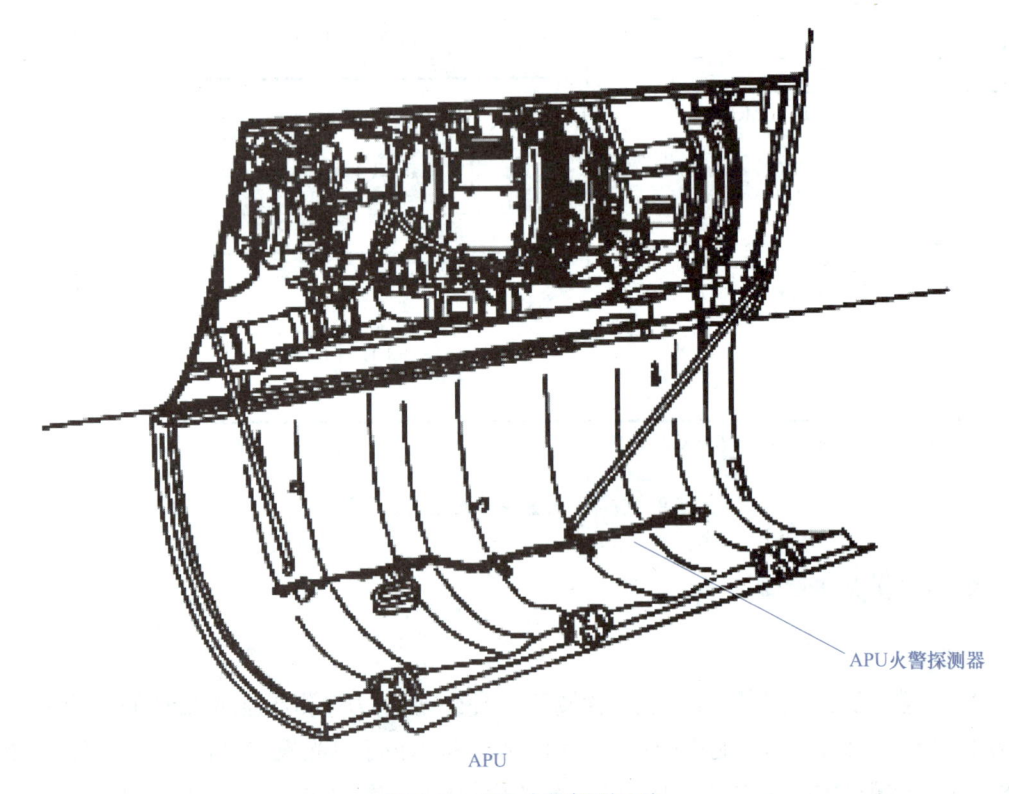

图 5.9 APU 火警探测系统

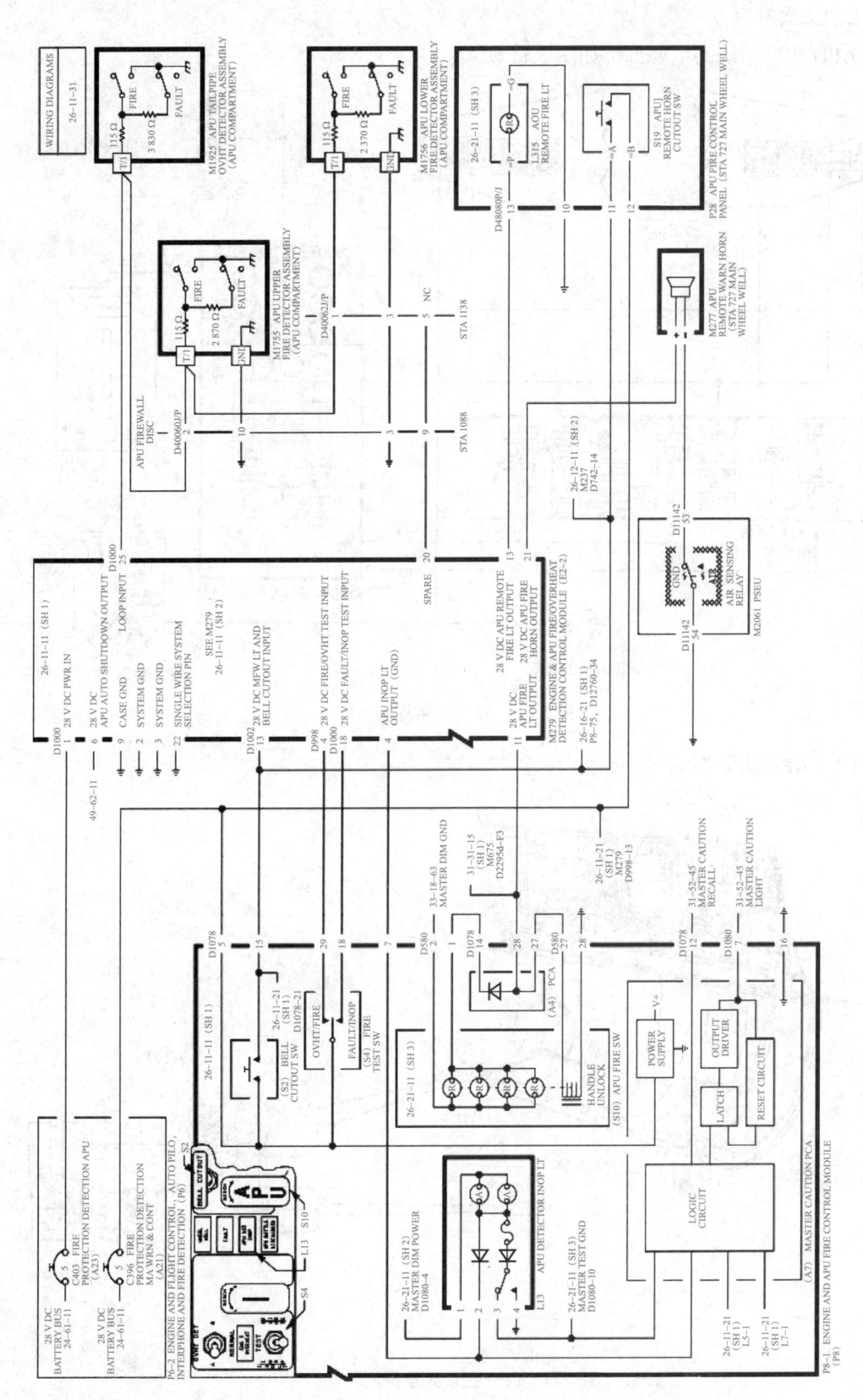

图 5.10 APU 火警探测电路

2. 主要部件

APU 火警系统的主要部件如图 5.11 所示：

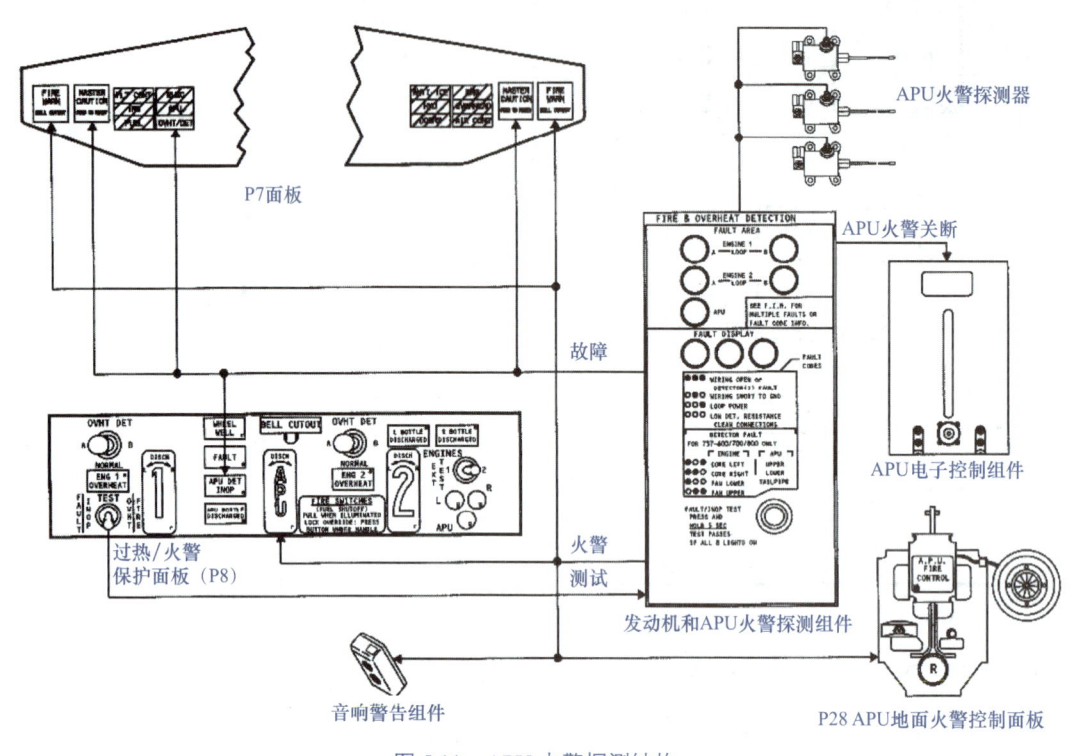

图 5.11　APU 火警探测结构

（1）APU 火警探测器（图 5.12）。

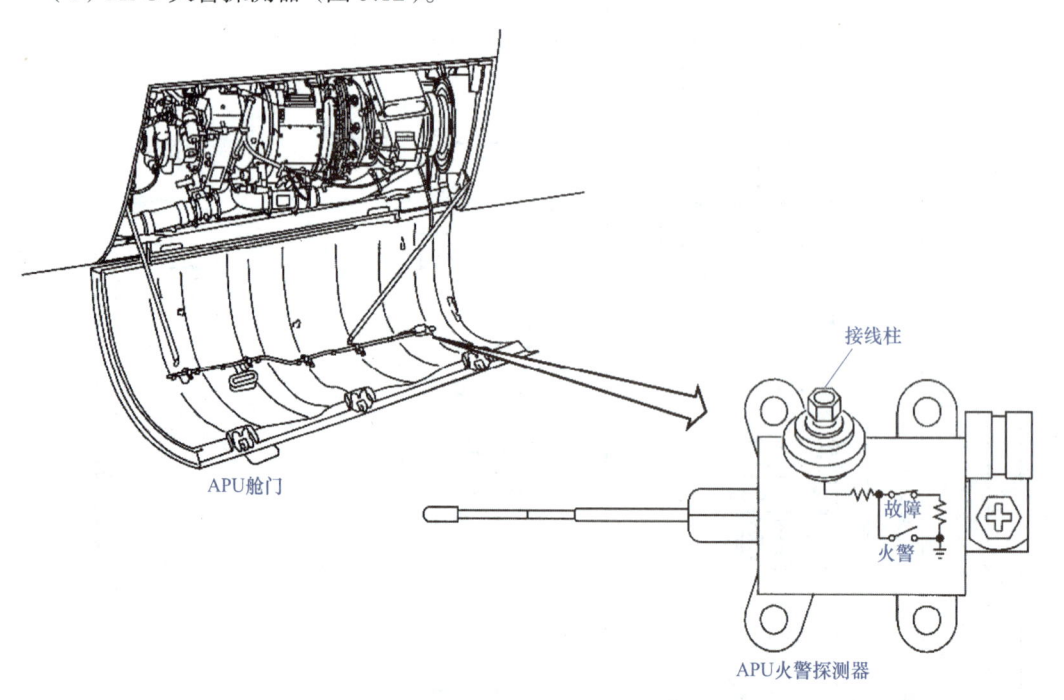

图 5.12　APU 火警探测器

（2）发动机和 APU 火警探测组件。

（3）过热/火警保护面板。

（4）P28 APU 地面火警控制面板（图 5.13）。

（5）APU 电子控制组件。

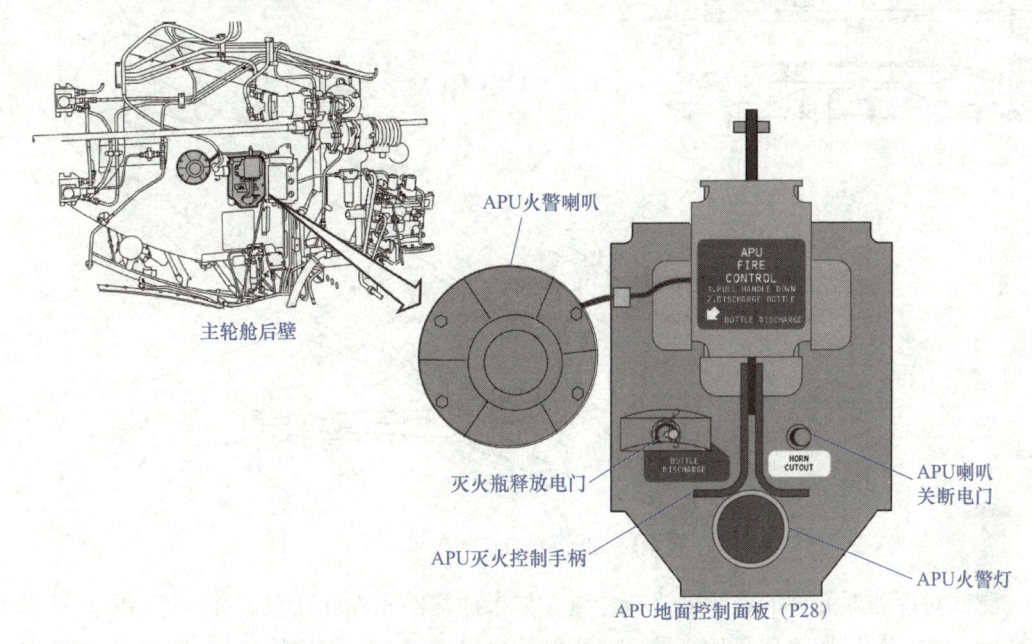

图 5.13　APU 地面控制面板

1.4　机翼机身过热探测

1. 机翼机身过热探测概述

系统使用邻近气动管道的探测器元件。它监测气动分配系统管道的过热状态。当系统探测到过热，驾驶舱内给出警报指示。指示在 P7 遮光板和 P5 空调/引气控制面板。

机翼机身过热探测系统如图 5.14 所示。

机翼机身过热探测系统的主要零部件如下：

（1）机翼机身过热探测器元件；

（2）隔舱过热探测控制组件；

（3）空调面板。

机翼机身过热探测系统使用单环路过热探测器。

左右机翼和机身的探测器环路提供过热和故障信号到隔舱过热探测控制组件。这个组件利用过热和故障信号在驾驶舱的隔舱过热探测组件上给出过热或故障指示。

2. 功能介绍

机翼机身过热时的指示如下：

（1）空调面板上的左右琥珀色机翼机身过热灯点亮。

（2）主告诫和空调指示灯点亮。

按下并保持 P5 面板上的过热测试电门 5 s，开始机翼机身过热探测系统的测试。

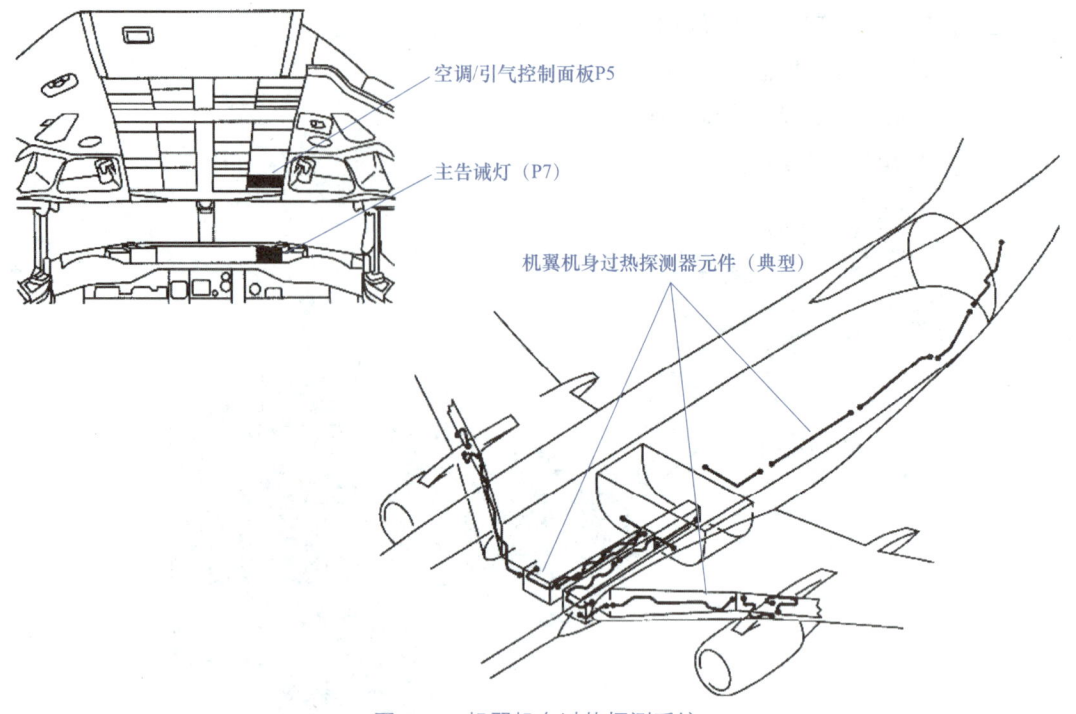

图 5.14 机翼机身过热探测系统

测试对探测器元件的连续性进行检查。如果探测器元件导通性良好，指示同真正发生火警时一样。如果探测器元件不导通，驾驶舱内没有指示，使用舱体过热探测控制器组件隔离故障。短路时同真正发生火警时没有区别。

机翼机身过热探测结构如图 5.15 所示。

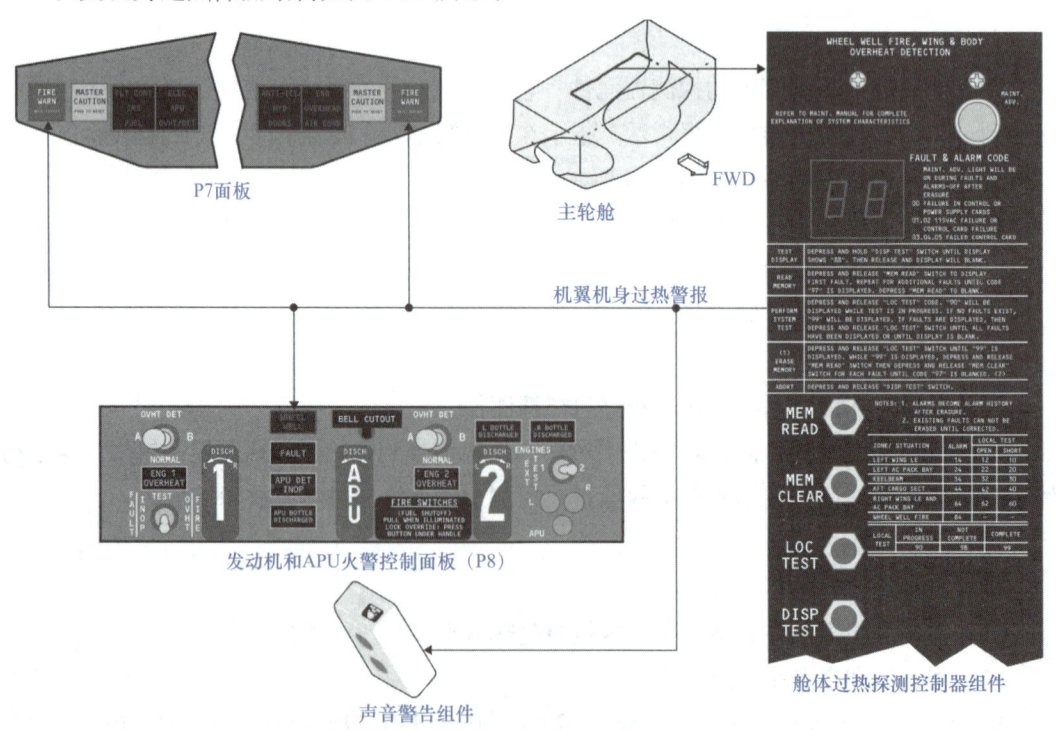

图 5.15 机翼机身过热探测结构

【任务实施】

工卡标题	飞机火警探测元件识别		
机型		机号	B—××××
工作区域	N/A	版本	R1
工时	1 h	开始时间	结束时间
完成签署/日期		检验签署/日期	
参考文件	AMM 26-11-11；SSM 26-11-11； AMM 26-12-11；SSM 26-12-11		
编写/修订		审核	批准
日期		日期	日期

1. 识别发动机、APU 火警探测元件

步骤	中文名称	英文名称
步骤1	发动机火警探测故障灯	
步骤2	火警警铃关断电门	
步骤3	APU 灭火警告电门	
步骤4	发动机过热灯	
步骤5	发动机灭火警告电门	
步骤6	轮舱火警灯	
步骤7	灭火瓶测试电门	

2. 识别机翼机身过热探测元件

步骤	中文名称	英文名称
步骤1	大翼机身过热指示灯	
步骤2	主告诫灯	

任务 2　飞机机身过热灯亮故障检修

【任务导入】

某架 B737NG 飞机执飞落地后，机组反馈航前推出后右翼身过热灯闪亮一下后续正常。航后飞机落地在机身过热探测组件 M237 上自检代码为 64 RIGHT WING LE AND AC PACK BAY – ALARM，请依据手册进行故障检修。

【任务资讯】

2.1 翼身过热探测系统介绍

翼身（机翼机身）过热是由引气管道泄漏引起的。为了防止对飞机造成损伤，翼身过热探测装置告诫飞行人员采取措施，在飞行时一般采取关闭相应的引气。

翼身/轮舱过热探测系统主要分为分布在各处的探测器、过热探测控制组件、驾驶舱监控与指示3部分。

1. 翼身过热探测器

翼身过热探测器分布在各个气源管道周围，包括APU发动机引气、大翼防冰、空调，主轮舱过热探测器分布在左右主轮舱顶板上。

目前翼身过热探测器分为长形探测器和环形探测器两种。长形探测器芯体内嵌入一根导线，环形探测器芯体内嵌入两根导线，其中一根导线两端与管壁相连，并通过固定卡环接地。长形探测器用在大翼、前空调舱、主轮舱、后部机身区域；环形探测器用在中后空调舱、发动机吊架区域。

2. 探测器原理

探测器是一种电阻型感温环线敏感元件。敏感元件的结构主体包括合金管、芯子及导线。在共晶盐中浸过的陶瓷电阻芯子安装在耐热腐蚀的铬镍铁合金管内，导线则嵌在芯子内部。共晶盐陶瓷具有随温度升高而电阻值降低的特性，在正常温度时，芯内导线对地具有高电阻，电流基本为0。而发生过热情况时，芯体电阻会显著下降对地导通而使导线产生电流。过热控制组件一旦接收到电流信号，其内继电器就开始工作，并向驾驶舱提供过热警告。

探测器结构如图5.16所示。

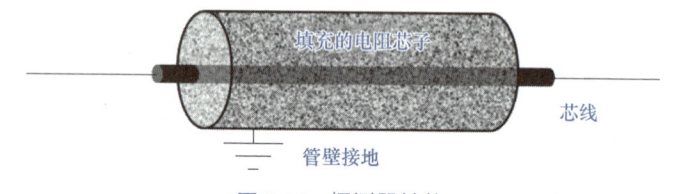

图 5.16 探测器结构

2.2 翼身过热探测电路分析

1. 主要部件

（1）右机翼过热探测元件M1912、M1910、M356、M371、M269、M1763、M1764；

（2）左机翼过热探测元件M276、M275、M347、M147、M348；

（3）舱体过热探测控制器组件E1-4；

（4）电源跳开关C388、C396、C1277。

2. 工作原理

查询波音飞机SSM，找到防火系统26章，翼身过热探测电路在SSM 26-12-11，电路如图5.17所示。

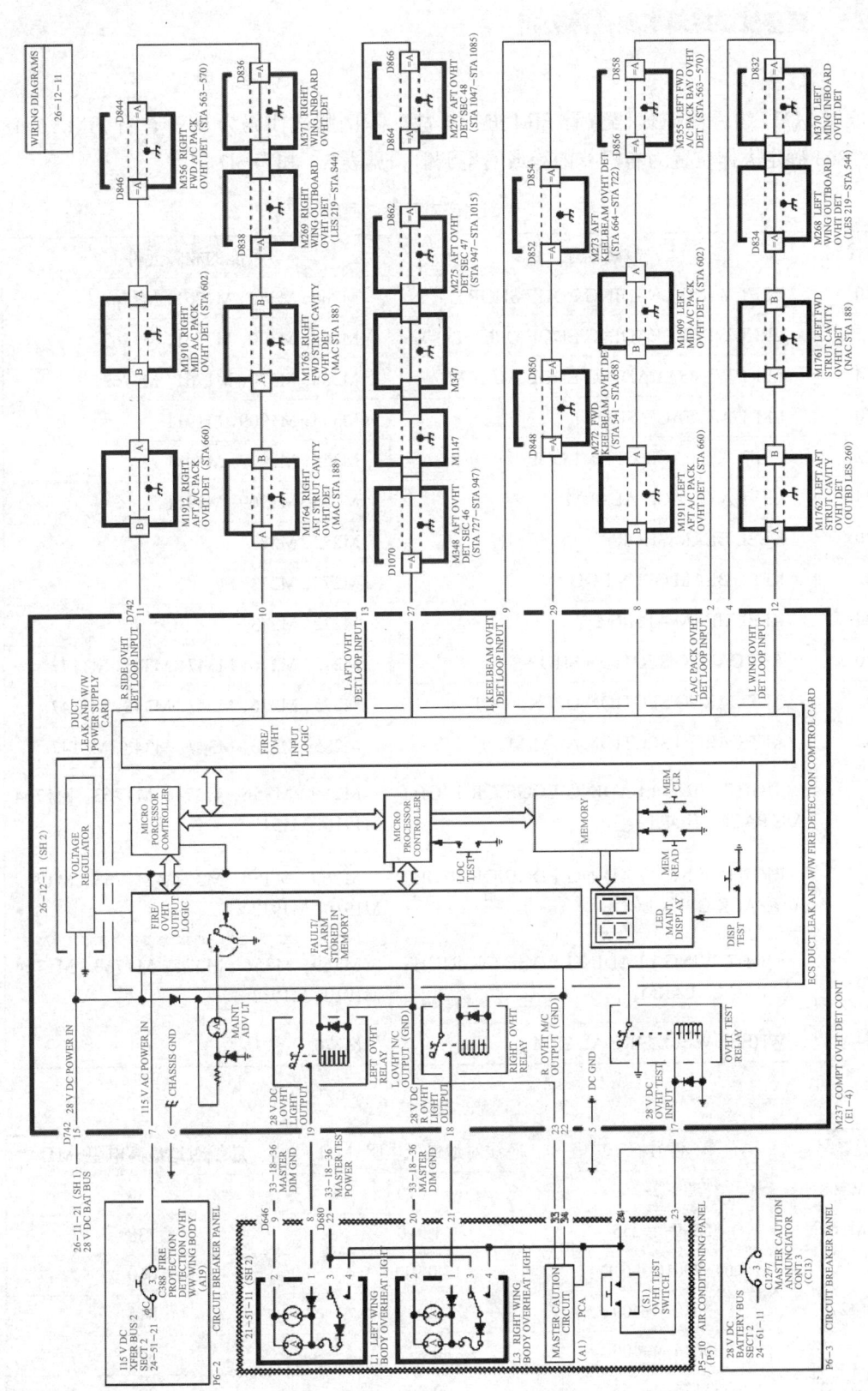

图 5.17 翼身过热探测电路

2.3 翼身过热探测电路故障分析

1. FIM 查询

依据 M237 组件测试代码查看 FIM 进行排故。举例测试代码为 64，查看 FIM 26-18 TASK 803 确定大体位置为右机翼前缘或右空调舱，见表 5.1 和表 5.2。

表 5.1 测试代码对应检测回路

测试代码	故障描述	可能的故障元件
10	LEFT WING LEADING EDGE SHORT	M268, M370, M1761, M1762
12	LEFT WING LEADING EDGE OPEN LOOP	M268, M370, M1761, M1762
14	LEFT WING LEADING EDGE ALARM	M268, M370, M1761, M1762
20	LEFT A/C PACK SHORT	M355, M1909, M1911
22	LEFT A/C PACK OPEN LOOP	M355, M1909, M1911
24	LEFT A/C PACK ALARM	M355, M1909, M1911
30	KEEL BEAM SHORT	M272, M273
32	KEEL BEAM OPEN LOOP	M272, M273
34	KEEL BEAM ALARM	M272, M273
40	AFT CARGO SECTION SHORT	M275, M276, M347, M348, M1147
42	AFT CARGO SECTION OPEN LOOP	M275, M276, M347, M348, M1147
44	AFT CARGO SECTION ALARM	M275, M276, M347, M348, M1147
60	RIGHT WING LEADING EDGE OR RIGHT A/C PACK SHORT	M269, M356, M371, M1763, M1764, M1910, M1912
62	RIGHT WING LEADING EDGE OR RIGHT A/C PACK OPEN LOOP	M269, M356, M371, M1763, M1764, M1910, M1912
64	RIGHT WING LEADING EDGE OR RIGHT A/C PACK ALARM	M269, M356, M371, M1763, M1764, M1910, M1912
84	WHEEL WELL FIRE ALARM	M270

表 5.2 测试电阻值清单

设备号	件号	芯线对地最低电阻 /MΩ	芯线对地最高电阻 /MΩ
M268	35599-2-255	1.010	738
M269	35599-2-255	1.010	738
M270	04-90010-110D	0.91	660
	35610-4-400	0.909	815
	35614-4-400	0.877	843
M272	35626-4-255	0.800	920

续表

设备号	件号	芯线对地最低电阻 /MΩ	芯线对地最高电阻 /MΩ
M273	35555-4-255	1.818	430
M275	35575-2-255	1.333	570
	35599-2-255	1.010	738
M276	35555-4-255	1.818	430
M347	35646-2-255	0.685	1 067
M348	35658-4-255	0.633	1 151
	35678-4-255	0.562	1 291
	35626-4-255	0.793	927
M355	35594-4-255	1.064	703
M356	35594-4-255	1.064	703
M370	35574-4-255	1.351	563
M371	35574-4-255	1.351	563
M1147	35560-2-255	1.667	465
	35646-2-255	0.68	1 067
	35675-2-255	0.571	1 270
M1761	35712-79	1.6	820
M1762	35712-75	0.417	820
M1763	35712-79	1.6	820
M1764	35712-75	0.417	820
M1909	35712-80	0.833	885
M1910	35712-80	0.833	885
M1911	35712-80	0.833	885
M1912	35712-80	0.833	885

2. 故障原因

根据 FIM 提示可能原因如下：

（1）火警探测元件损坏；

（2）M237 火警控制单元；

（3）管道渗漏；

（4）线路。

经过前期排故，检查空调管道渗漏情况，更换 M237 火警控制单元，故障依旧出现。本次故障检修任务重点放在右机翼过热探测线路和检测火警探测元件是否损坏上，如图 5.18 所示。

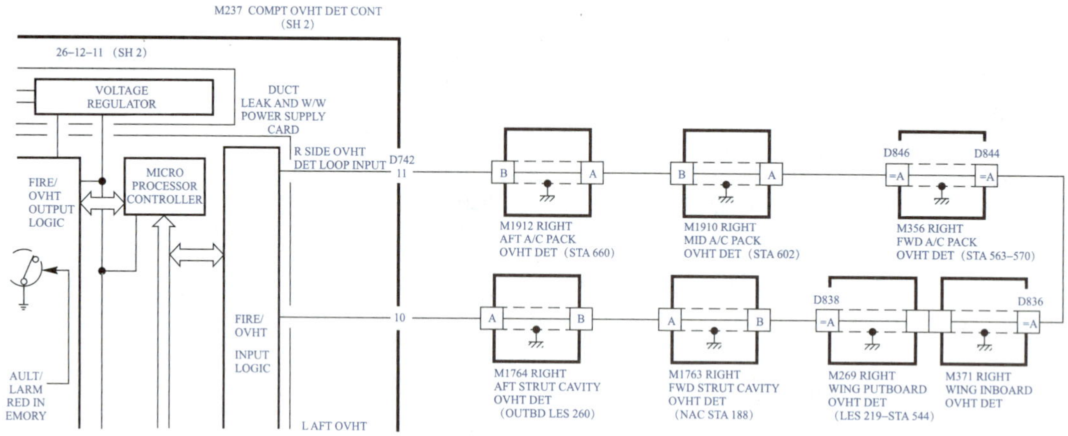

图 5.18　翼身过热探测电路

3. 电阻测量方法

（1）拔出控制组件 M237，测量飞机 E1-4 架 D742 PIN11 和 PIN10 对地阻值，若阻值低于要求的 1 MΩ，说明环路电阻异常，有接地。

（2）脱开 D836 插头，测量 PIN11 对地的电阻、PIN10 对地电阻。如果 PIN11 对地阻值无穷大，PIN10 对地阻值为 1 kΩ，说明故障在 M371、M269、M1763、M1764 之间。

（3）脱开 D838 插头，假如 PIN10 对地阻值无穷大，说明故障在 M371、M269 之间。

（4）分别测量 M371 和 M269，哪个电阻值低于标准值，则进行更换。

注意：测量环路电阻，尽量使用 LCR 表（电子式电能仪表），频率设为 120 Hz。数字万用表仅在通过测量电阻判断故障且没有 LCR 表时临时使用，并且要满足如下要求：

（1）过热探测器温度不在其报警温度以内；

（2）仅允许短时使用，每次测量时间不超过 5 s，否则可能对探测器造成损伤，导致其报警门限值变化。

【任务实施】

工卡标题	机身过热灯亮故障检修			
机型		机号	B—××××	
工作区域	N/A	版本	R1	
工时	开始时间		结束时间	
完成签署/日期		检验签署/日期		
参考文件	FIM 26-18；SSM 26-12-11			
编写/修订		审核		批准
日期		日期		日期

续表

工量具/设备/材料					工作者	检查者
类别	名称	规格型号	单位	数量		
工量具						
设备	地面电源车	PH2511	个	1		
材料						
1. 工作准备							
（1）到工具库房领取仪器； （2）检查仪器情况，外表完好无损，功能正常；计量工具在有效期内； （3）领取耗材，耗材应符合标准； （4）办理好领取手续						
2. 操作步骤							

（1）接通电源，检查以下跳开关是否闭合（图1和图2）。
F/O Electrical System Panel，P6-2

Row Col Number Name
F 19 C00388 FIRE PROTECTION DET OVHT WW WING BODY
F 21 C00396 FIRE PROT DETECTION MA WFN & CONT
F/O Electrical System Panel，P6-3

Row Col Number Name
C 13 C01277 MASTER CAUTION ANNUNCIATOR CONT 3

（2）利用LCR表测量D742插头上的10号和11号插钉检查是否发生电气短路（图3）。

若无短路，则确定故障在M1763、M1764、M269、M371、M356、M1910、M1912这些探测元件内。

（3）测量M1912、M1910、M356、M371、M269、M1763、M1764探测元件相对接地点的绝缘电阻是否在标准范围内。测量时可以寻找方便接近的环路进行断开测量（图3）

1）在探测元件其中一个插头的销钉上安装测试销钉。
2）将LCR表其中一根测试导线连接到测试销钉上。
3）将LCR表另一根测试导线连接到探测元件壳体上。
4）观察LCR表读数。如果探测元件失效，读数超出手册要求的数值，必须更换。（为帮助寻找间歇故障，当观察LCR表时，可以轻敲探测元件。）
5）将LCR表电源置于OFF位。
6）从探测元件上脱开测试导线。
7）没有通过电阻测试的探测元件则报废。
注意：探测元件恢复到环境温度时再做电阻测试，否则可能损伤设备

续表

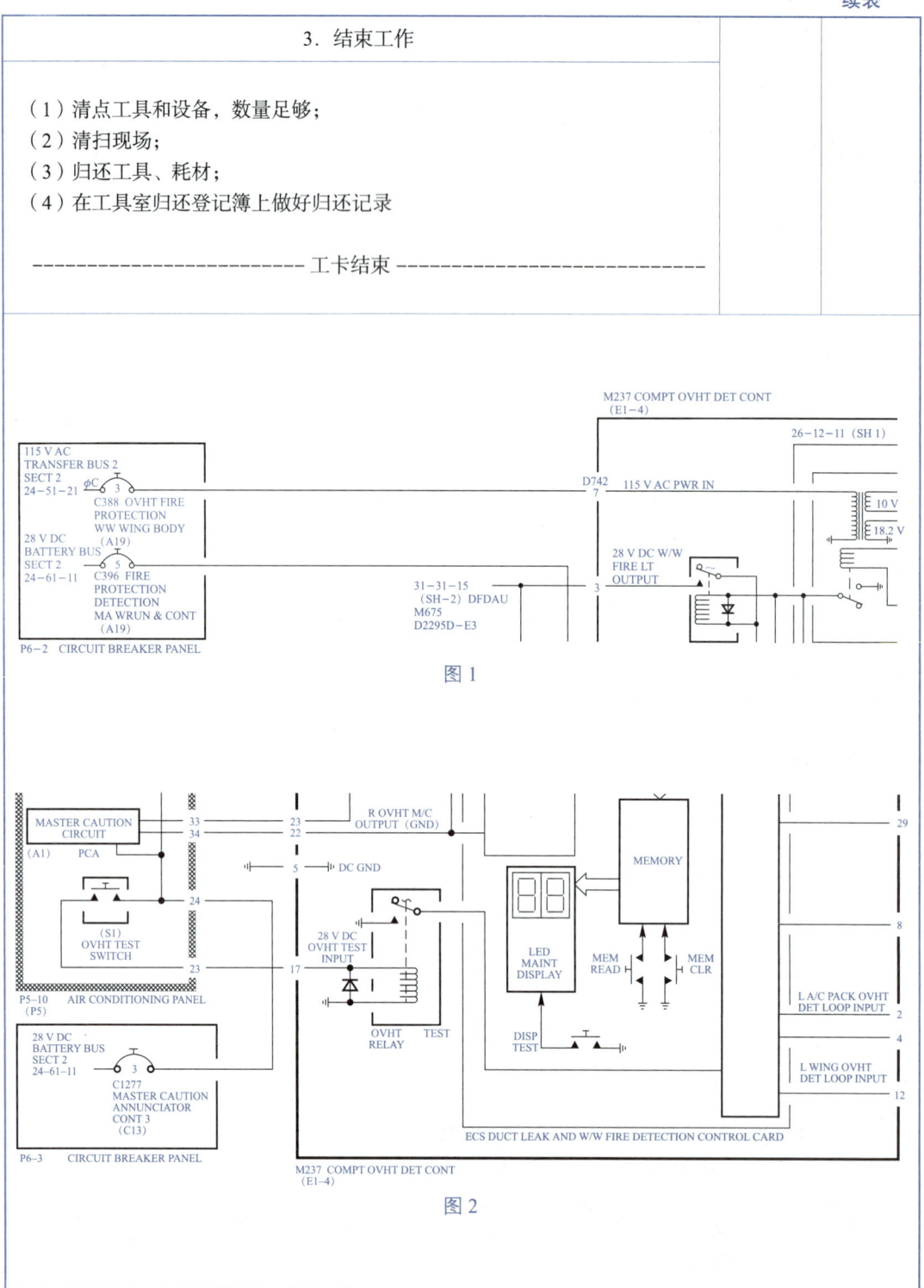

3. 结束工作		
（1）清点工具和设备，数量足够； （2）清扫现场； （3）归还工具、耗材； （4）在工具室归还登记簿上做好归还记录 ———————————— 工卡结束 ————————————		

图 1

图 2

续表

```
HT
INPUT  D742
       ─11─┬──[B  A]──────────[B  A]──────────D846[=A  A]D844──
            │  M1912 RIGHT      M1910 RIGHT      M356 RIGHT
            │  AFT A/C PACK     MID A/C PACK     FWD A/C PACK
            │  OVHT DET (STA 660) OVHT DET (STA 602) OVHT DET (STA 563-570)
            │
       ─10─┴──[A  B]──────────[A  B]────────D838[=A  ]──[  =A]D836──
               M1764 RIGHT      M1763 RIGHT      M269 RIGHT     M371 RIGHT
               AFT STRUT CAVITY FWD STRUT CAVITY WING OUTBOARD  WING INBOARD
               OVHT DET         OVHT DET         OVHT DET       OVHT DET
               (OUTBD LES 260)  (NAC STA 188)    (LES 219-STA 544)
```

图 3

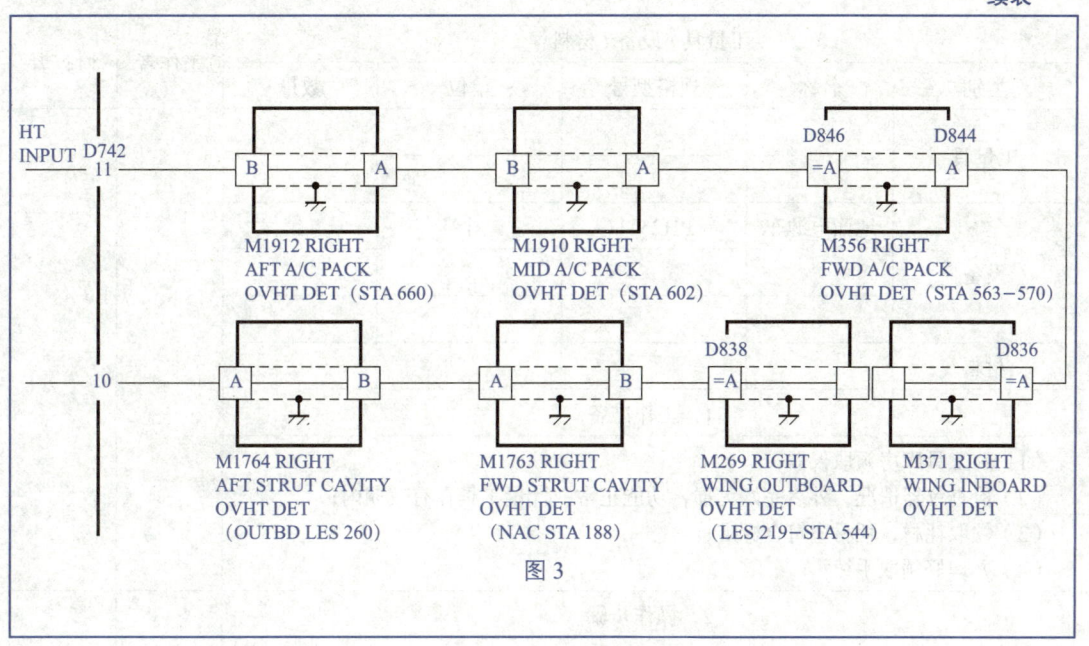

任务 3　更换机翼火警探测元件

【任务导入】

波音飞机翼身过热故障排故过程中，判断为右前机翼吊架过热传感元件（设备号 M1763）故障，故执行更换该元件程序，并进行机翼和机身过热系统测试。

【任务实施】

工卡标题	更换机翼过热传感元件		
机型		机号	B—××××
工作区域	N/A	版本	R1
工时	开始时间		结束时间
完成签署/日期		检验签署/日期	
参考文件	FIM 26-18；SSM 26-12-11		
编写/修订		审核	批准
日期		日期	日期

续表

类别	工量具/设备/材料				工作者	检查者
	名称	规格型号	单位	数量		
工量具						
设备	地面电源车	PH2511	个	1		
材料						

1. 工作准备

（1）到工具库房领取仪器；
（2）检查仪器情况，外表完好无损，功能正常；计量工具在有效期内；
（3）领取耗材，耗材应符合标准；
（4）办理好领取手续

2. 操作步骤

（1）拆卸准备。
1）断开跳开关和安装安全标签：F/O 电气系统面板，P6-2。

行 列 编号 名称
A 19 C00388 FIRE PROTECTION DET OVHT WW WING BODY

2）打开相应的检查口盖和维护盖。

D742 插钉	EQPT 号	探测器	打开/拆卸以便靠近
11，10	M1912	R AFT A/C PACK	ECS ACCESS DOOR，192CR
	M1910	R MID A/C PACK	ECS ACCESS DOOR，192CR
	M356	R FWD A/C PACK	ECS 检查口盖 192CR A/C 气压管
	M371	R WING INBOARD	前机翼到机身整流罩面板 191FR 内侧前缘可拆卸维护盖板 611AB
	M269	R WING OUTBOARD	前机翼到机身整流罩面板 191FR 内侧前缘可拆卸维护盖板 611AB
	M1763	R FWD STRUT	前支柱整流罩 441BT
	M1764	R AFT STRUT	OUTBOARD LEADING EDGE BLOWOUT ACCESS DOOR，621AB

（2）长形传感元件拆卸。
该程序仅用于下列传感器：M269、R WING OUTBOARD；M371、R WING INBOARD；M356、R FWD A/C PACK。
告诫：当安装元件时，不得弯曲元件直到弯曲半径小于 1 in。如果弯曲半径小于 1 in，则会损坏元件。

2. 操作步骤		
1）拧松将元件保持就位的所有安装夹。 2）从所有安装夹上拆卸元件。 3）断开元件一端的接头。 ①从插头拆下 MS20995CY20 熔丝、G02479。 ②断开插头。 ③用盖子盖住电插头敞开端以防损坏。 4）对于机翼和下部后机身传感元件。 进行以下步骤以拆开元件端的插头： ①从插头拆下 MS20995CY20 熔丝、G02479。 ②断开插头。 ③用盖子盖住电插头敞开端以防损坏。 5）小心地固定元件以保持其就位并防止弯曲。 6）断开元件另一端的接头。 ①从插头拆下 MS20995CY20 熔丝、G02479。 ②断开插头。 ③用胶带或盖子覆盖电插头的开端以防止损坏。 （3）环形传感器拆卸。 该程序仅用于下列传感器：M1910、R MID A/C PACK；M1912、R AFT A/C PACK；M1763、R FWD STRUT；M1764、R AFT STRUT。 1）拆卸将每根引线固紧到接线柱的螺母、垫圈和螺栓。 2）从卡箍上拆卸传感器元件。 ①拧松固定卡箍的螺钉，并松开传感器元件。 ②从传感器元件上拆卸索环。 注：安装程序期间，保留索环以便重新使用。 3）断开传感器接线柱。 ①从螺母拆卸 MS20995CY20 熔丝、G02479。 ②拆卸将每个接线柱固定到支架的螺母。 4）从支架拆卸传感器。 （4）长形传感元件安装。 该程序仅用于下列传感器：M269、R WING OUTBOARD；M371、R WING INBOARD；M356、R FWD A/C PACK。 告诫：不得转动、拉动或用卡箍连接传感器元件。不得使允许的纽结、弯曲或压痕变直。 1）准备安装。 ①确保该跳开关是断开的并装有安全标签： F/O 电气系统面板，P6-2。 行　列　编号　名称 A　19　C00388　FIRE PROTECTION DET OVHT WW WING BODY ②确保适用的检查口盖和维护盖板，如轮舱、机翼和后下方机身温度传感元件拆卸。 ③确保按轮舱、机翼和后下方机身温度传感元件顺序拆卸。 2）小心地将元件放置就位。 注：该步骤需要两个人。		

	续表
2. 操作步骤	
3）将元件放入每个安装夹。 4）连接电插头。 （5）环形传感元件安装。 该程序仅用于下列传感器：M1910、R MID A/C PACK；M1912、R AFT A/C PACK；M1763、R FWD STRUT；M1764、R AFT STRUT。 1）清洗支架和传感元件的装配面。 2）定位支架和卡箍内的探测器。 3）用螺母固定每个传感器接线柱。 ①拧紧每个螺母，力矩为 80 lbf·in（9.0 N·m）～100 lbf·in（11.3 N·m）。 ②确保探测器元件接头和支架之间的电阻小于 10 mΩ，执行该任务：电搭接。 ③将熔丝安装到螺母上，执行该任务：熔丝安装。 4）在卡箍内安装传感器元件。 ①在传感器元件上安装索环。 ②定位卡箍内的索环。 ③拧紧螺钉以固紧卡箍。 5）用螺栓、垫圈和螺母将每根导线连接到接线柱。拧紧每个螺母。 6）将防腐剂、A00230 涂到过热环形传感器的接线柱。 （6）安装测试。 1）取下安全标签并闭合该跳开关： F/O 电气系统面板，P6-2。 行　列　编号　名称 A　19　C00388　FIRE PROTECTION DET OVHT WW WING BODY 2）确保元件插头壳体和主结构之间的电搭接低于 0.005 Ω，执行该任务：电搭接。 3）进行该任务：轮舱、机翼和下部后机身过热探测系统操作测试。 4）将飞机恢复到常规状态。 ①安装已拆卸的任何飞机零件，轮舱、机翼和下部后机身过热传感器元件拆卸。 ②关闭相应的检查口盖和维护盖板	
3. 结束工作	
（1）清点工具和设备，数量足够； （2）清扫现场； （3）归还工具、耗材； （4）在工具室归还登记簿上做好归还记录	
------------------------- 工卡结束 -------------------------	

续表

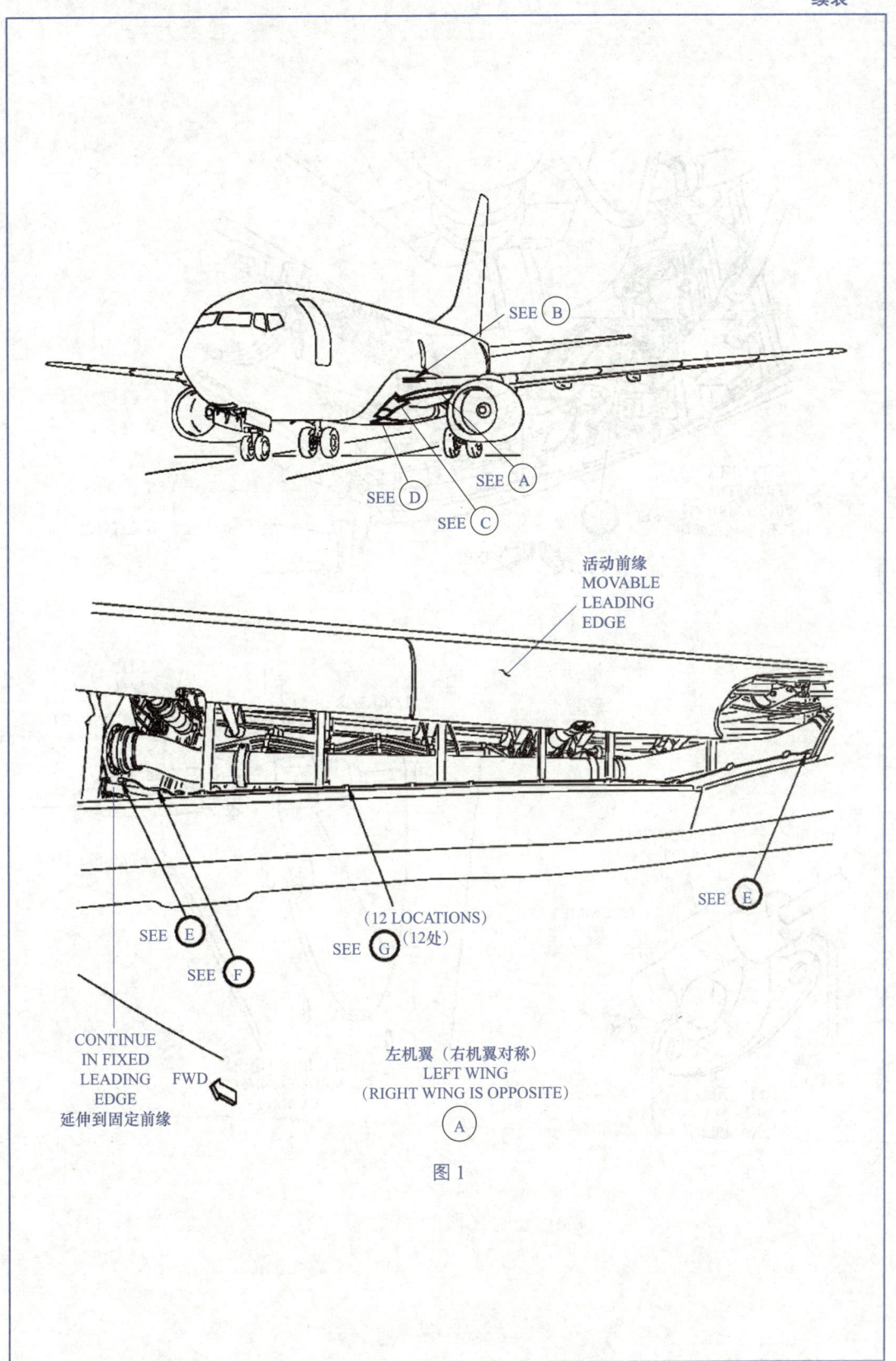

活动前缘
MOVABLE
LEADING
EDGE

SEE B
SEE A
SEE D
SEE C

SEE E
SEE E
SEE F
(12 LOCATIONS)
SEE G (12处)

CONTINUE
IN FIXED
LEADING FWD
EDGE
延伸到固定前缘

左机翼（右机翼对称）
LEFT WING
(RIGHT WING IS OPPOSITE)

A

图 1

127

续表

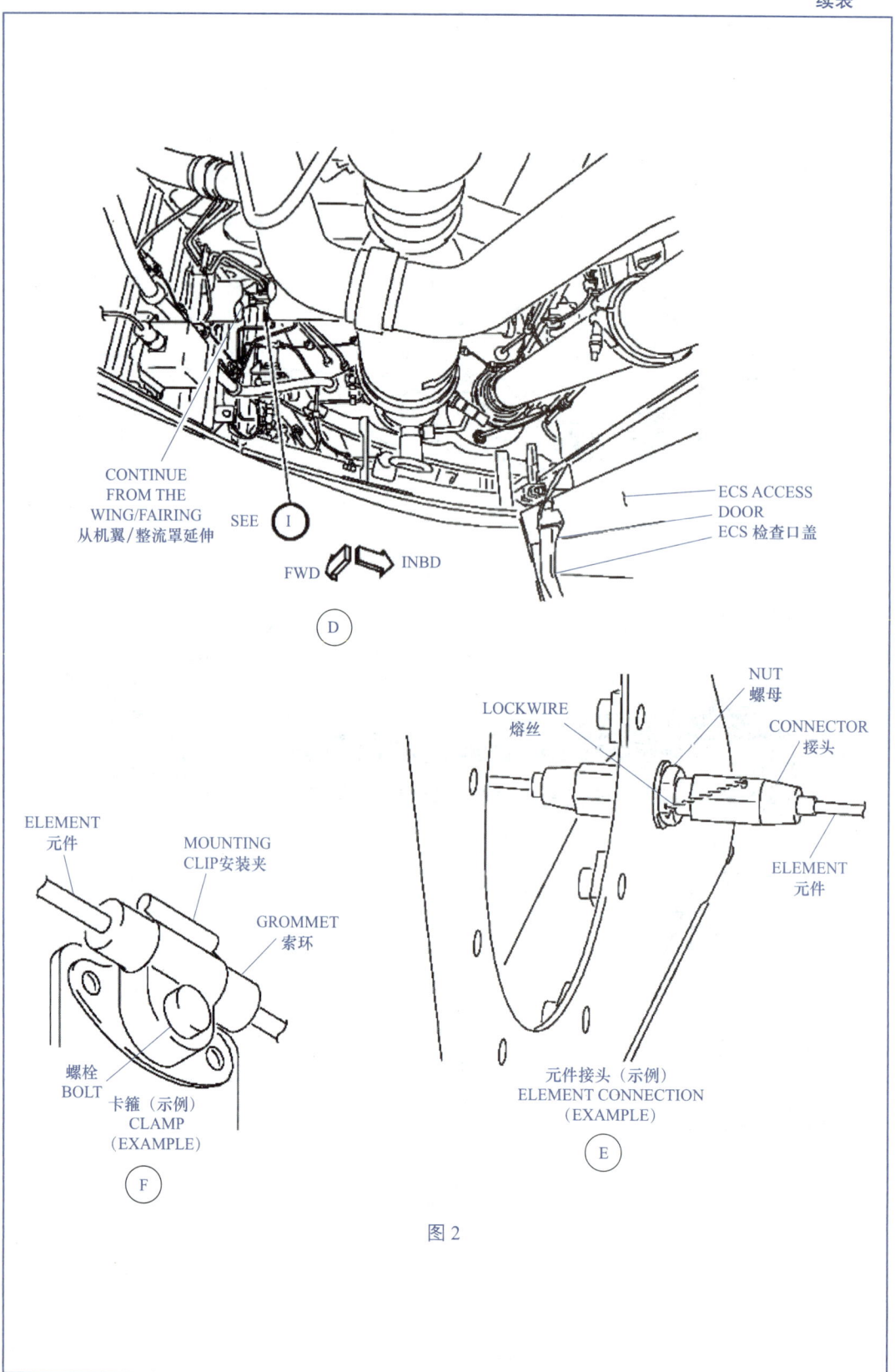

图 2

续表

图3

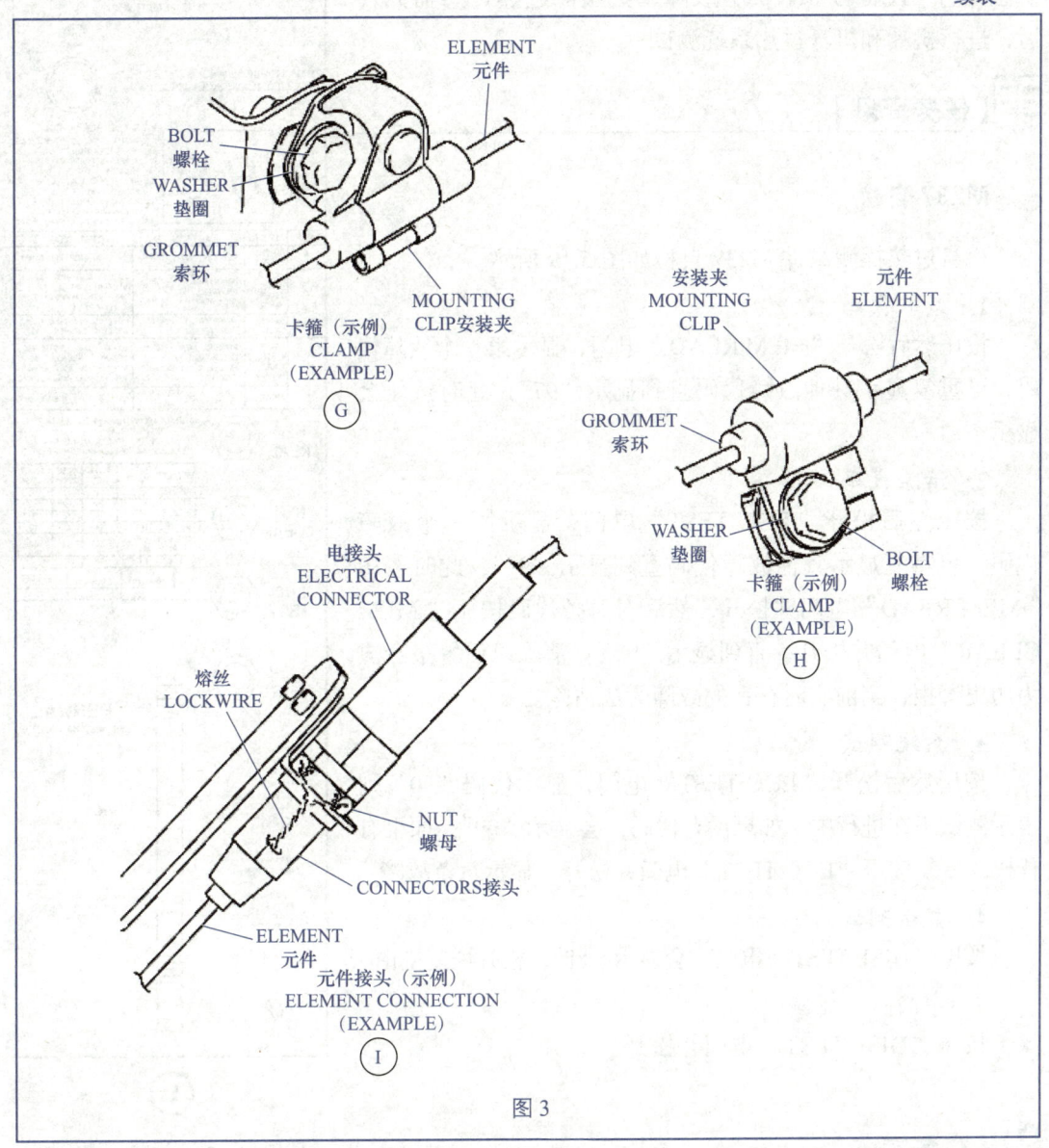

任务4　飞机过热探测系统操作测试

【任务导入】

某架 B737NG 飞机执飞落地后，机组反馈航前推出后右翼身过热灯闪亮一下后续正常。航后飞机落地在机身过热探测组件 M237 上自检代码为 64 RIGHT WING LE AND AC PACK BAY-ALARM。按 FIM 26-18 TASK 802 进行故障隔离，判断为右前机翼吊架过热传感元件（设备号 M1763）故障，更换该过热传感器元件后，进行机翼和机身过热系统测试。

【任务资讯】

M237 自检

机身过热探测组件 M237 自检如图 5.19 所示。

1. 读取代码

按压然后松开"MEM READ"电门，显示第一个故障代码，可重复显示其他故障代码直到显示"97"，此时按压会显示空白。

2. 清除代码

按压然后松开"LOC TEST"电门，显示第一个故障代码，可重复显示其他故障代码直到显示"99"，此时按压"MEM READ"电门并松开，然后对每条代码按压"MEM CLEAR"电门并松开，直到显示"97"。清除以后警报会成为历史警报；当前实时存在的故障无法清除。

3. 系统测试

按压然后松开"LOC TEST"电门，显示代码"90"则表示测试正在进行中。如果没有代码，会显示"99"，如果有代码，重复按压"LOC TEST"电门并松开，显示每条故障。

4. 显示测试

按压"DISP TEST"电门，会显示"88"，松开恢复空白。

5. 中断

按压"DISP TEST"电门并松开。

【任务实施】

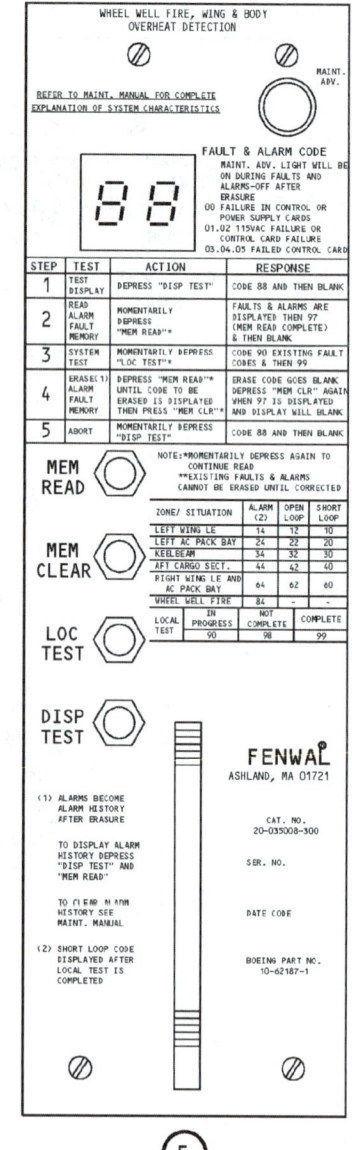

图 5.19　机身过热探测组件

工卡标题		过热探测系统操作测试		
机型		机号	B—××××	
工作区域	N/A	版本	R1	
工时	开始时间		结束时间	
完成签署/日期		检验签署/日期		
参考文件	FIM 26-18；SSM 26-12-11			
编写/修订		审核		批准
日期		日期		日期

续表

| 工量具 / 设备 / 材料 |||||| 工作者 | 检查者 |
类别	名称	规格型号	单位	数量		
工量具						
设备	地面电源车	PH2511	个	1		
材料						

1. 工作准备

（1）到工具库房领取仪器；
（2）检查仪器情况，外表完好无损，功能正常；计量工具在有效期内；
（3）领取耗材，耗材应符合标准；
（4）办理好领取手续

2. 操作步骤

（1）准备操作测试。
1）进行该任务：提供电源。
2）确保闭合这些跳开关。
F/O 电气系统面板，P6-2。

行	列	编号	名称
A	19	C00388	FIRE PROTECTION DET OVHT WW WING BODY
A	21	C00396	FIRE PROT DETECTION MA WRN & CONT

F/O 电气系统面板，P6-3。

行	列	编号	名称
B	12	C00132	MASTER CAUTION ANNUNCIATOR BUS 1
B	13	C00131	MASTER CAUTION ANNUNCIATOR BAT
D	11	C00133	INDICATOR MASTER DIM DIM/TST CONT
D	12	C00310	INDICATOR MASTER DIM BAT
D	13	C00311	INDICATOR MASTER DIM BUS 1
D	14	C00312	INDICATOR MASTER DIM BUS 2
E	11	C00313	INDICATOR MASTER DIM SECT 1
E	12	C00314	INDICATOR MASTER DIM SECT 2
E	13	C00315	INDICATOR MASTER DIM SECT 3
E	14	C00316	INDICATOR MASTER DIM SECT 4
F	11	C00317	INDICATOR MASTER DIM SECT 5
F	12	C00318	INDICATOR MASTER DIM SECT 6
F	13	C01179	INDICATOR MASTER DIM SECT 7
F	14	C01180	INDICATOR MASTER DIM SECT 8

3）断开这些跳开关并且挂上安全标签。
F/O 电气系统面板，P6-2。

行	列	编号	名称
A	22	C00407	FIRE PROTECTION DETECTION ENG 2
A	23	C00403	FIRE PROTECTION DETECTION APU
A	24	C00405	FIRE PROTECTION DETECTION ENG 1

	续表
2. 操作步骤	
（2）过热探测系统操作测试（图1和图2）。 1）将发动机和APU火警控制面板上的TEST电门移到并保持在OVHT/FIRE位置。 ①确保发动机和APU火警控制面板上的WHEEL WELL灯亮。 ②确保飞行员遮光板、P7上的机长和副驾驶FIRE WARN灯亮。 ③确保声响警告组件M315内的驾驶舱火警警铃响起。 2）松开发动机和APU火警控制面板上的TEST电门。 ①确保发动机和APU火警控制面板上的WHEEL WELL灯熄灭。 ②确保飞行员遮光板上的机长和副驾驶FIRE WARN灯熄灭。 ③确保声响警告组件M315内的驾驶舱火警警铃停止。 3）按压并保持空调面板P5-10上的OVHT TEST电门至少5 s。 ①确保空调面板P5-10上的这些灯点亮： a．左侧WING-BODY OVERHEAT灯。 b．右侧WING-BODY OVERHEAT灯。 ②确保飞行员遮光板、P7上这些灯亮： a．AIR COND灯。 b．正副驾驶MASTER CAUTION灯。 4）松开空调面板P5-10上的OVHT TEST电门。 ①确保空调面板P5-10上的这些灯熄灭： a．左侧WING-BODY OVERHEAT灯。 b．右WING-BODY OVERHEAT灯。 ②在飞行员遮光板，P7上，确保这些灯熄灭： a．AIR COND灯。 b．正副驾驶MASTER CAUTION灯。 （3）M237组件测试（图3）。 1）按压并松开隔舱过热探测组件上的DISP TEST电门。 确保代码88点亮，然后熄灭。 2）按压并松开隔舱过热探测组件上的LOC TEST电门。 测试进行时确保代码90点亮，然后代码99点亮，表示没有故障。 3）按压并松开隔舱过热探测组件上的MEM READ电门。 确保代码97点亮表示测试完成。 4）按压并松开隔舱过热探测组件上的MEM CLEAR电门。 ①确保代码97熄灭。 ②确保MAINT ADV灯一直熄灭	
3. 结束工作	
（1）清点工具和设备，数量足够； （2）清扫现场； （3）归还工具、耗材； （4）在工具室归还登记簿上做好归还记录	
------------------------------ 工卡结束 ------------------------------	

续表

FLIGHT COMPARTMENT
驾驶舱

FIRST OFFICER'S WARNING LIGHTS (P7)
(CAPTAIN'S FIRE WARN AND MASTER
CAUTION LIGHTS ARE OPPOSITE)
(机长火警警告和主告诫灯对称)
Ⓑ

BLEED AIR CONTROL
MODULE 引气控制组件 (P5)
Ⓐ

FIRE CONTROL PANEL (P8-1)
Ⓒ 火警控制面板 (P8-1)

火警控制面板
FIRE CONTROL PANEL (P8-1)

1▷ 副驾驶 FIRST OFFICER'S

图 1

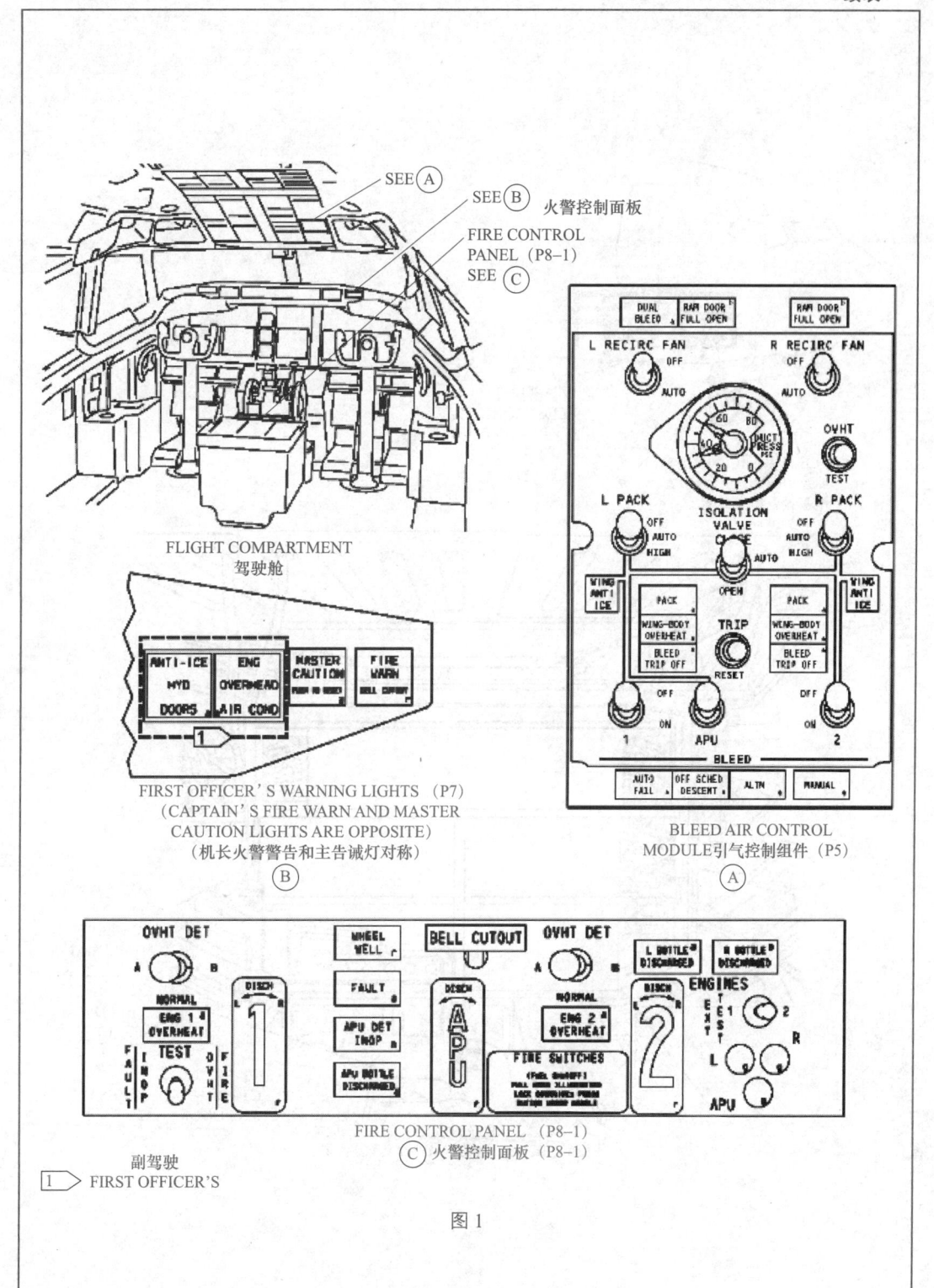

133

续表

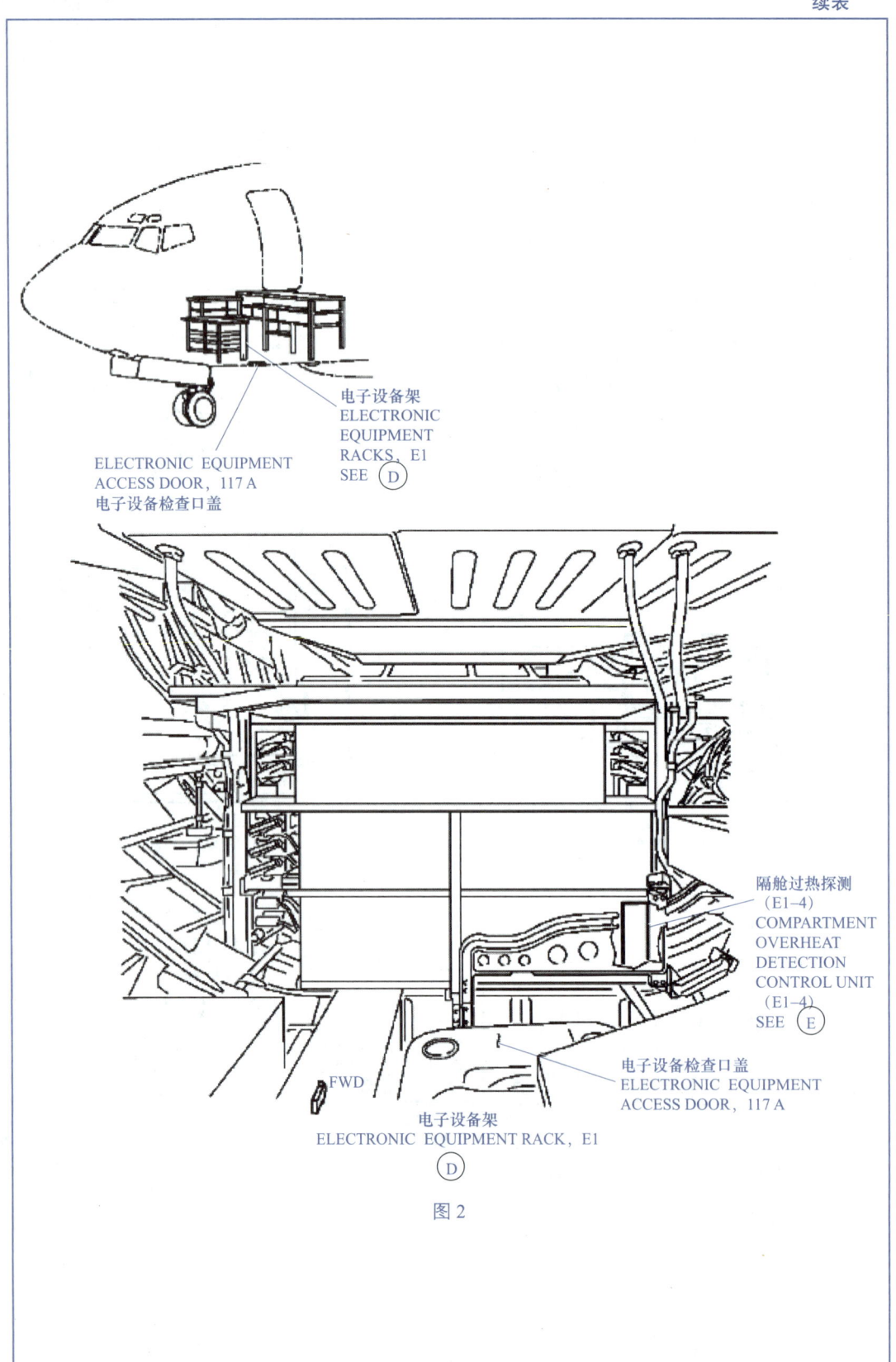

电子设备架
ELECTRONIC EQUIPMENT RACKS, E1
SEE Ⓓ

ELECTRONIC EQUIPMENT ACCESS DOOR, 117A
电子设备检查口盖

隔舱过热探测（E1-4）
COMPARTMENT OVERHEAT DETECTION CONTROL UNIT (E1-4)
SEE Ⓔ

FWD

电子设备检查口盖
ELECTRONIC EQUIPMENT ACCESS DOOR, 117A

电子设备架
ELECTRONIC EQUIPMENT RACK, E1
Ⓓ

图 2

续表

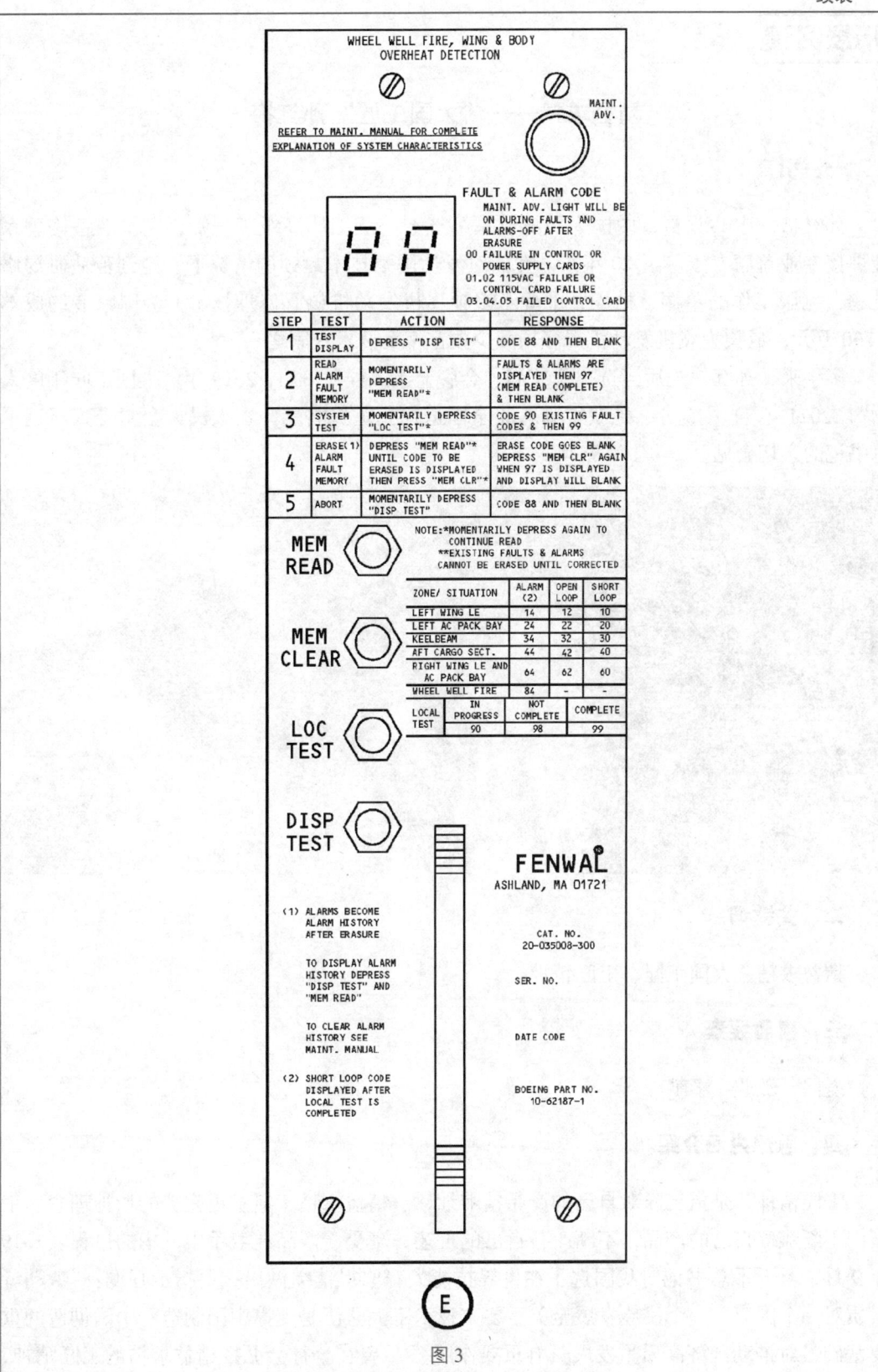

WHEEL WELL FIRE, WING & BODY OVERHEAT DETECTION

REFER TO MAINT. MANUAL FOR COMPLETE EXPLANATION OF SYSTEM CHARACTERISTICS

MAINT. ADV.

FAULT & ALARM CODE
MAINT. ADV. LIGHT WILL BE ON DURING FAULTS AND ALARMS-OFF AFTER ERASURE
00 FAILURE IN CONTROL OR POWER SUPPLY CARDS
01.02 115VAC FAILURE OR CONTROL CARD FAILURE
03.04.05 FAILED CONTROL CARD

STEP	TEST	ACTION	RESPONSE
1	TEST DISPLAY	DEPRESS "DISP TEST"	CODE 88 AND THEN BLANK
2	READ ALARM FAULT MEMORY	MOMENTARILY DEPRESS "MEM READ"*	FAULTS & ALARMS ARE DISPLAYED THEN 97 (MEM READ COMPLETE) & THEN BLANK
3	SYSTEM TEST	MOMENTARILY DEPRESS "LOC TEST"*	CODE 90 EXISTING FAULT CODES & THEN 99
4	ERASE(1) ALARM FAULT MEMORY	DEPRESS "MEM READ"* UNTIL CODE TO BE ERASED IS DISPLAYED THEN PRESS "MEM CLR"*	ERASE CODE GOES BLANK DEPRESS "MEM CLR" AGAIN WHEN 97 IS DISPLAYED AND DISPLAY WILL BLANK
5	ABORT	MOMENTARILY DEPRESS "DISP TEST"	CODE 88 AND THEN BLANK

MEM READ

NOTE:*MOMENTARILY DEPRESS AGAIN TO CONTINUE READ
**EXISTING FAULTS & ALARMS CANNOT BE ERASED UNTIL CORRECTED

ZONE/ SITUATION	ALARM (2)	OPEN LOOP	SHORT LOOP
LEFT WING LE	14	12	10
LEFT AC PACK BAY	24	22	20
KEELBEAM	34	32	30
AFT CARGO SECT.	44	42	40
RIGHT WING LE AND AC PACK BAY	64	62	60
WHEEL WELL FIRE	84	-	-
LOCAL TEST	IN PROGRESS 90	NOT COMPLETE 98	COMPLETE 99

MEM CLEAR

LOC TEST

DISP TEST

FENWAL
ASHLAND, MA 01721

(1) ALARMS BECOME ALARM HISTORY AFTER ERASURE

TO DISPLAY ALARM HISTORY DEPRESS "DISP TEST" AND "MEM READ"

TO CLEAR ALARM HISTORY SEE MAINT. MANUAL

(2) SHORT LOOP CODE DISPLAYED AFTER LOCAL TEST IS COMPLETED

CAT. NO.
20-035008-300

SER. NO.

DATE CODE

BOEING PART NO.
10-62187-1

E

图 3

拓展阅读

精益求精——"大国工匠"孙红梅

一、引言

孙红梅，中共党员，中国人民解放军第五七一三工厂高级工程师，空军装备修理系统焊接专业首席专家。近20年来，在面对发达国家技术封锁的情况下，她刻苦钻研焊修难题，克服工作的单调、枯燥，掌握了多项飞机发动机核心修理技术，为国家节约成本1700万元，成长为飞机发动机焊修领域少数首席女技术专家之一。

多年来，孙红梅先后当选空军首届"金牌蓝天工匠"，获评2019年"大国工匠年度人物"。2021年11月5日，她获得第八届全国道德模范提名奖，在人民大会堂受到习近平总书记的亲切会见。

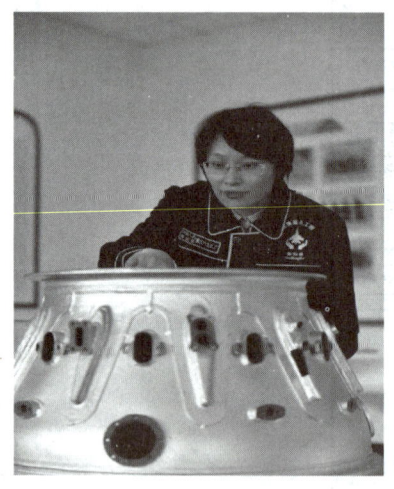

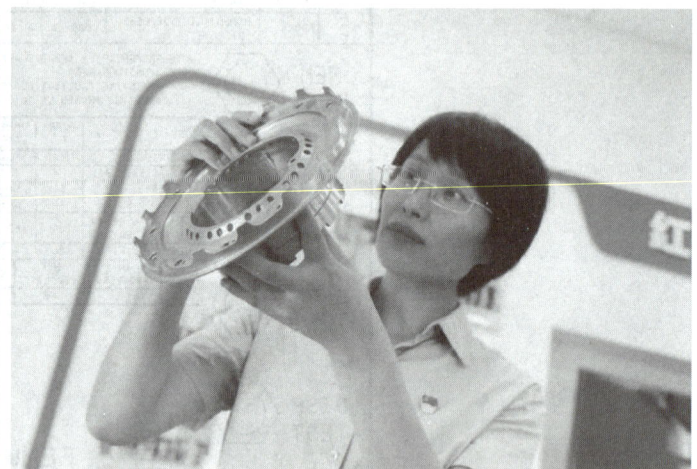

二、关键词

精益求精、大国工匠、工匠精神。

三、素质要素

爱国、敬业、奉献。

四、思想内涵介绍

工匠精神，是指工匠对自己的产品精雕细琢、精益求精、追求更完美的精神理念。工匠们不断雕琢自己的产品，不断改善自己的工艺，享受着产品在双手中升华的过程。2019年9月，习近平总书记对我国选手在世界技能大赛取得佳绩做出重要指示强调："劳动者素质对一个国家、一个民族发展至关重要。技术工人队伍是支撑中国制造、中国创造的重要基础，对推动经济高质量发展具有重要作用。""要在全社会弘扬精益求精的工匠精神，激励广大青年走技能成才、技能报国之路。"这就要求我们倡导精益求精的工匠精神，为弘扬工匠精神营造良好的社会氛围。

精益求精是工匠精神的内涵。其本质是品质追求，是质量上的完美、技术上的极致，彰显的是一种永不满足的职业文明和创新精神。2013年，一批某型号军用飞机发动机机匣损坏，国内没有成功修复的先例。眼看30架飞机就要"趴窝"，孙红梅主动请缨。打开机匣一检查，发动机机匣内部构造就像俄罗斯套娃，一层又一层，故障点多发生在腔内视线盲区。如何从外部准确找到故障位置，如何精准定位"解剖"，如何焊接漏点，又如何保证焊接变形不超过技术要求？那段时间，孙红梅走路睡觉，满脑子都是机匣构造，体重不知不觉掉了10斤。最终，孙红梅设计出一个精巧的"手术方案"：首先在机匣外壳上切割出一个小"窗口"，利用镜面反射查找故障点，用自制的焊接定位夹具定位，然后采用仰焊将漏气部位修复，最后将"窗口"补片焊牢。最终的操作平面只有180 mm^2，相当于半个手掌；整个过程中，她严格控制参数，修复后的变形量仅有0.003 mm，相当于一根头发丝的1/25！这仅仅是孙红梅修理保障的600余台军用航空发动机之一。"她从不做90分，争的都是100分、更高分。"这是同事们对孙红梅的评价。

孙红梅说："干我们这行，容不得半点差错。航空发动机出了毛病，就可能机毁人亡。干，就干到极致！"

焊花翻飞，照见22载航修路。从小小学徒工到一级技术专家，孙红梅展现的精湛技艺、精进精神、精忠追求，正是"大国工匠"的最好代言。

梅花香自苦寒来，匠心唯有在基层一线中淬炼，匠心只能在矢志不渝中铸就。正如孙红梅所言，只要全身心投入，山沟里也有大世界，小岗位也有大作为。

从这位首席身上，我们看到了可贵的工匠精神，从不满足于一点成就，在漫长的岁月里精益求精、不断加强探索。精益求精的工匠精神是深深埋藏在中华儿女心中的种子，它随着华夏的代代延续而得以传承。这种精神早在古代就流淌在人们血液中，更是我们这个时代所需要的。让精益求精成为一种工作境界，在精益求精、追求卓越中提升创造力，努力在高质量发展上勇立潮头、彰显担当。

项目 06 波音飞机风挡加温系统故障检测与维修

学习目标

知识目标：
1. 认识飞机防冰排雨系统主要部件的安装位置及外部构造，并理解它们的作用。
2. 理解飞机防冰排雨系统的作用和工作原理。
3. 熟悉飞机线路导通性测试方法、绝缘性测试方法。
4. 熟悉数字万用表的使用方法。
5. 熟悉防冰排雨系统测试流程。

能力目标：
1. 能够准确依据手册找到防冰排雨系统指定部件。
2. 能够依据手册对防冰排雨元件进行拆装。
3. 能够用数字万用表、LCR 表对防冰排雨元件进行测试。

素质目标：
1. 具备规范的操作意识和安全意识。
2. 具有爱岗敬业、诚实守信、遵章守纪的良好职业道德。
3. 具备团队协作精神、人际沟通能力和社会交往能力。
4. 具备"敬仰航空、敬重装备、敬畏生命"的职业素养。

任务1　找出飞机防冰排雨系统部件

【任务导入】

现有一架波音飞机在执行航班任务时，空中出现风挡加温系统故障，风挡不能加温。经过紧急处理，故障没有排除。为排除故障，避免类似故障再次出现，现对飞机的防冰排雨系统进行全面排查。在排查前，首先认识飞机的防冰排雨系统部件，飞机防冰排雨系统主要包括机翼热防冰、进气整流罩防冰、探测器防冰、驾驶舱风挡防冰等系统。

【任务资讯】

1.1 防冰和排雨概述

防冰和排雨系统用于防止机翼前缘、发动机进气整流罩、大气数据探测器、驾驶舱窗户、排水和排污系统管道结冰。

防冰和排雨系统如图 6.1 所示。

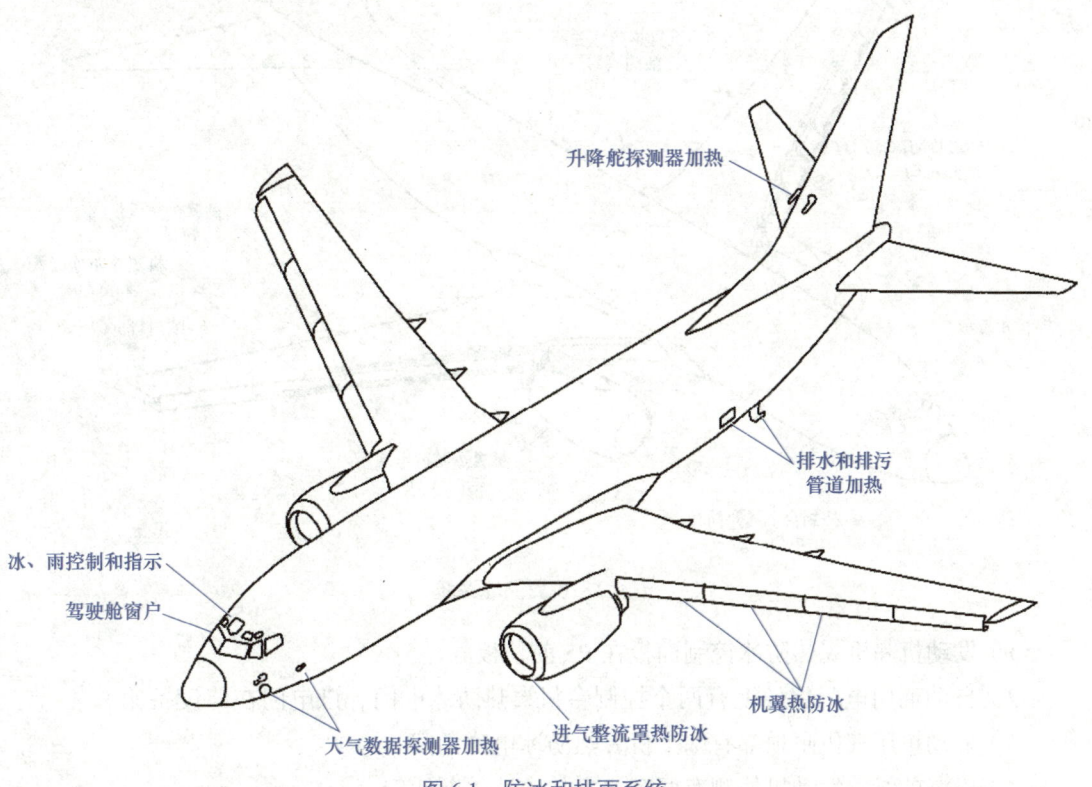

图 6.1 防冰和排雨系统

1.2 机翼热防冰系统

1. 目的

机翼热防冰系统用于防止机翼前缘结冰。

2. 概况介绍

机翼热防冰系统用气源系统的热空气加热机翼的 3 个前缘内侧缝翼。

P5 前顶板的电门控制机翼热防冰系统的工作。

机翼热防冰系统能在空中和地面工作。

当系统工作时，活门打开，从气源管道来的热空气进入机翼前缘。加热的空气流进 3 个前缘内侧缝翼喷射管。空气喷入缝翼空穴，然后通过缝翼底部的小孔排到外侧。

3. 部件介绍

（1）机翼防冰系统部件位置如图 6.2 所示。

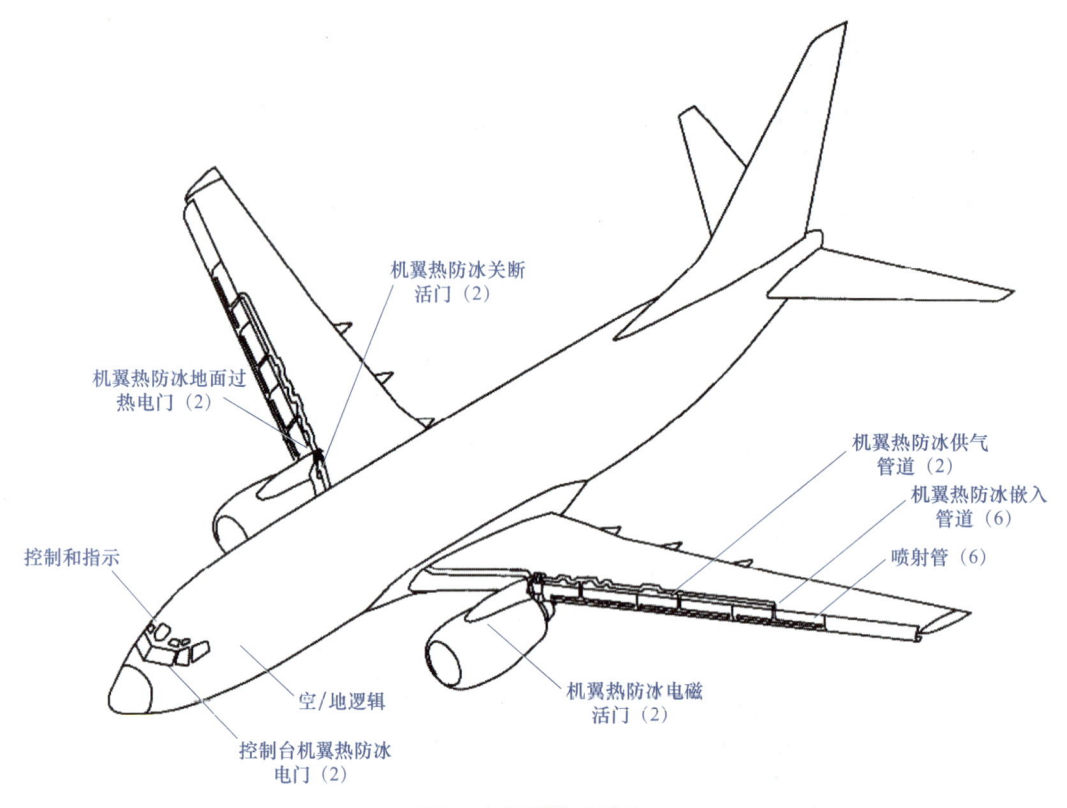

图 6.2　机翼防冰系统

1）发动机和机翼热防冰控制面板在 P5 前顶板。

2）自动油门电门组件上有两个控制台机翼热防冰电门，该电门在前设备舱。

3）发动机压气机匣顶部有两个机翼热防冰电磁活门。

4）机翼前缘、发动机外侧有两个机翼热防冰关断活门。

5）两个机翼热防冰地面过热电门在机翼前缘的机翼热防冰管道上，在机翼热防冰活门的下游。

6）机翼热防冰供气管道在前机翼梁上。

7）机翼前缘上有 6 个机翼热防冰嵌入管道。每个机翼有 3 个机翼热防冰喷射管。

（2）机翼热防冰部件。

1）防冰面板。机翼热防冰电门在接通位时，机翼热防冰活门打开。蓝色活门打开灯监视活门和电门位置（图 6.3）。灯指示情况如下：

①灯灭——电门在关位及活门关闭；

②灯暗亮——电门在接通位及活门打开；

③灯明亮——电门和活门位置不一致或活门在转换过程中。

防冰面板（P5）

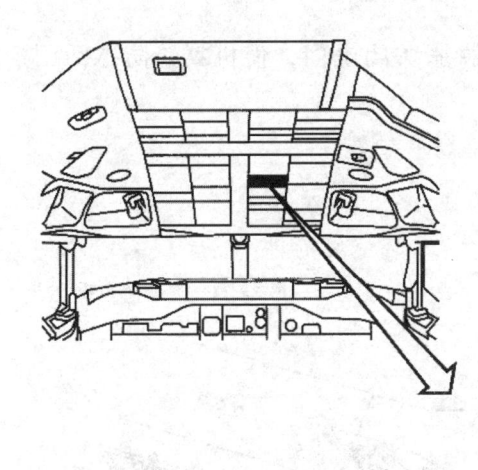

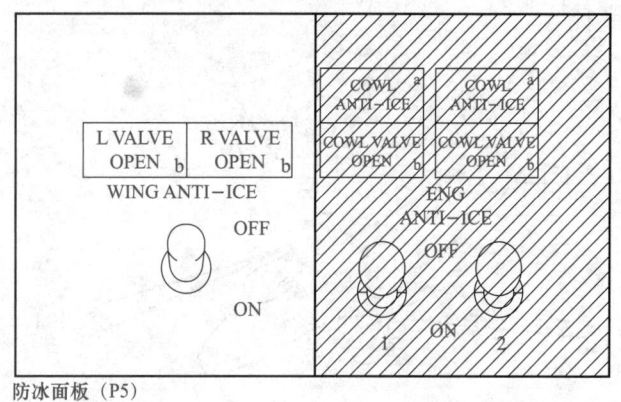

图6.3 防冰面板

2）机翼热防冰关断活门。

①目的。机翼热防冰关断活门控制气流从气源总管流进防冰供气管道。

②位置。如图6.4所示，一个活门位于机翼前缘、发动机外侧。活门是电动机驱动的蝶形活门，使用115 V交流电源，活门有一个人工超控/位置指示杆。

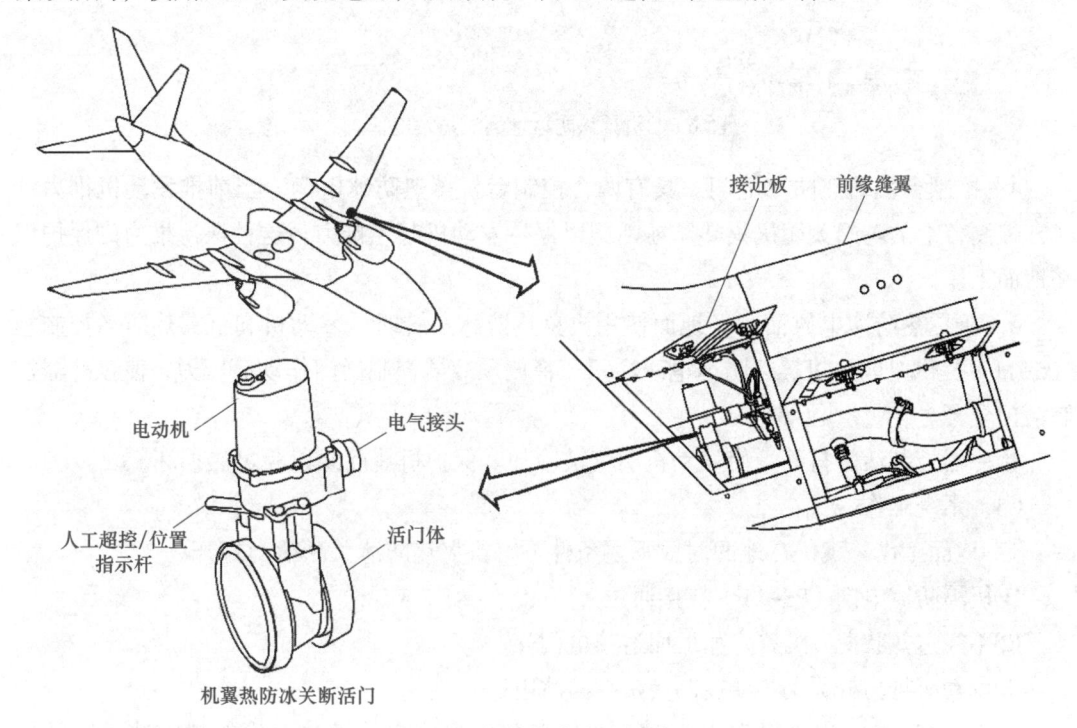

图6.4 机翼热防冰关断活门

3）机翼热防冰地面过热电门（图6.5）。

①目的。机翼热防冰地面过热电门保护机翼前缘以免过热损坏。这种保护仅工作于地面和机翼热防冰系统打开时。

②位置。机翼热防冰供气管道、机翼热防冰关断活门下游有两个机翼热防冰地面过

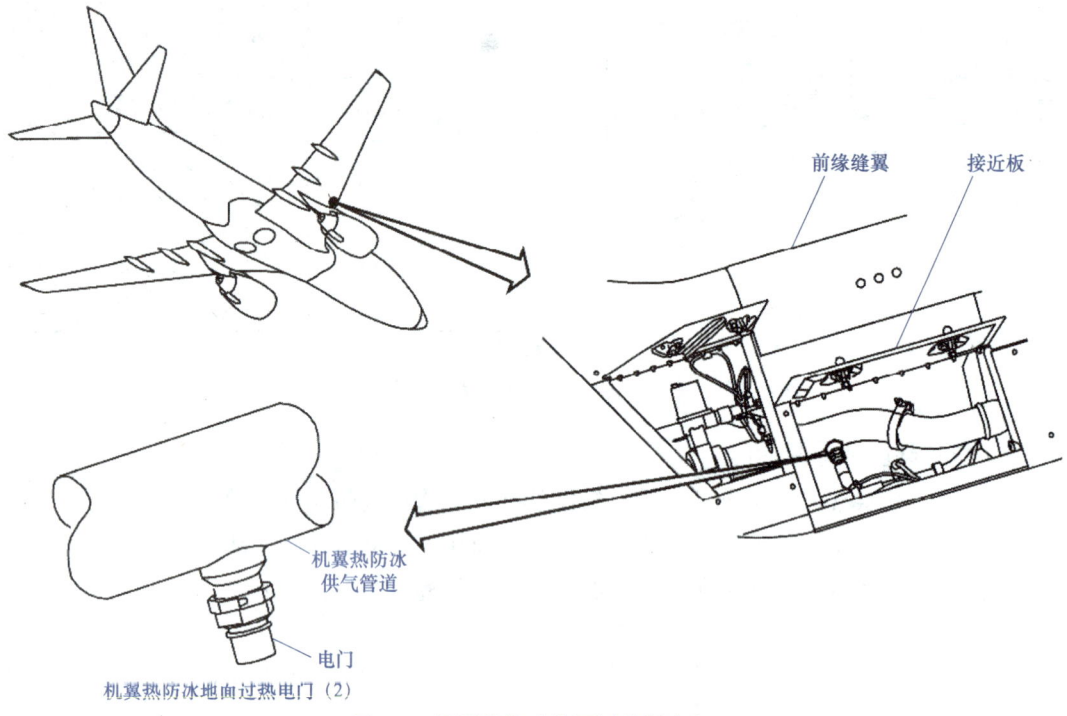

热电门。当地面温度为 257 ℉（125 ℃）时，热膨胀关闭电门，使机翼热防冰活门关闭。

图 6.5　机翼热防冰地面过热活电门

4）控制台机翼热防冰电门。具有两个控制台机翼热防冰电门，当前推发动机推力杆时，控制台上的电门关闭机翼热防冰活门以保持发动机起飞推力。这种保持推力的保护仅在地面工作。

5）机翼热防冰电磁活门。地面使用机翼热防冰系统时，发动机和机翼热防冰控制板（P5-11）提供电能给机翼热防冰电磁活门。释放预冷器控制活门作动筒压力，使预冷器控制活门全开。

预冷器控制活门打开，使发动机引气被冷却。保护机翼前缘以免过热损坏。

（3）系统工作。

1）地面工作。飞机在地面时，下述条件下，机翼热防冰关断活门打开：

①机翼防冰电门（P5-11）在接通位；

②不在过热状况（机翼防冰地面过热电门）；

③发动机推力杆无前推（控制台机翼防冰电门）。

2）空中工作。当飞机在空中时，机翼热防冰电门在接通位，机翼热防冰关断活门打开。

1.3　进气整流罩防冰系统

1. 目的

进气整流罩防冰系统阻止发动机进气整流罩结冰。

2. 概况介绍

每个发动机有一个进气整流罩防冰系统。

系统可在空中和地面工作。P5 前顶板上有一个电门，控制每一个进气整流罩防冰系统的工作。

系统在开位时，进气整流罩热防冰活门打开。从发动机引气总管来的热空气流经活门进入空的进气整流罩。热空气提高进气整流罩的温度。然后经过整流罩底部的排气口流到外部。进气整流罩热防冰空气源于发动机引气总管，上流至压力调节器和关断活门。

进气整流罩热防冰压力电门监视进气整流罩热防冰活门管道下游压力。

发动机进气整流罩防冰系统如图 6.6 所示。

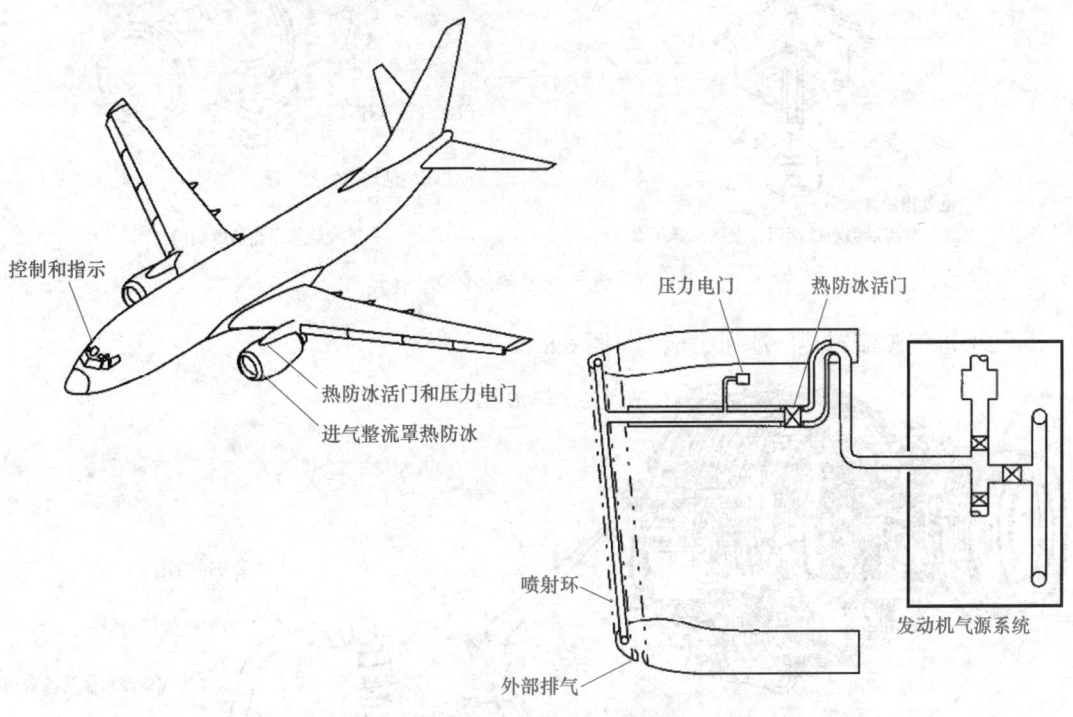

图 6.6　发动机进气整流罩防冰系统

3. 部件介绍

（1）进气整流罩热防冰活门（图 6.7）。

1）目的。进气整流罩热防冰活门控制流入发动机进气整流罩的空气。

2）位置。进气整流罩热防冰活门在发动机风扇机匣右侧。

进气整流罩热防冰活门是一个由电气控制气源操纵的蝶形活门。有弹簧荷载使它到关闭位。

进气整流罩热防冰活门有一个人工超控轴环。如果活门失效，能人工将活门锁到全开或全关位。

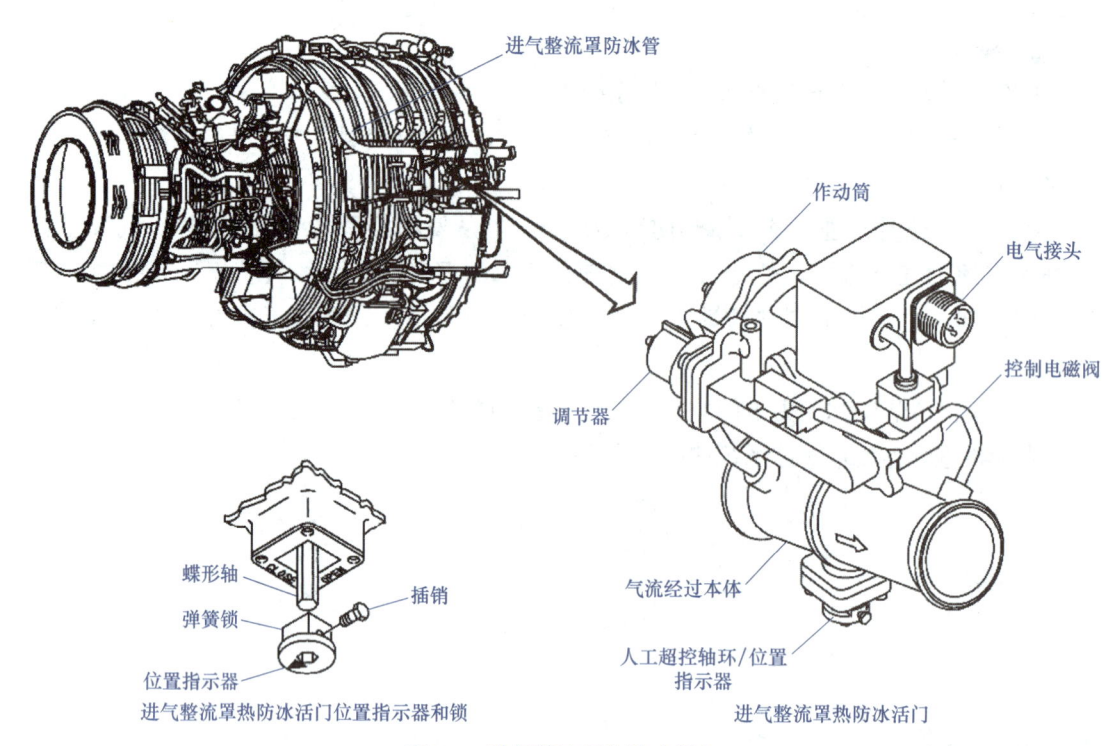

图 6.7 进气整流罩热防冰活门

（2）进气整流罩热防冰压力电门（图 6.8）。

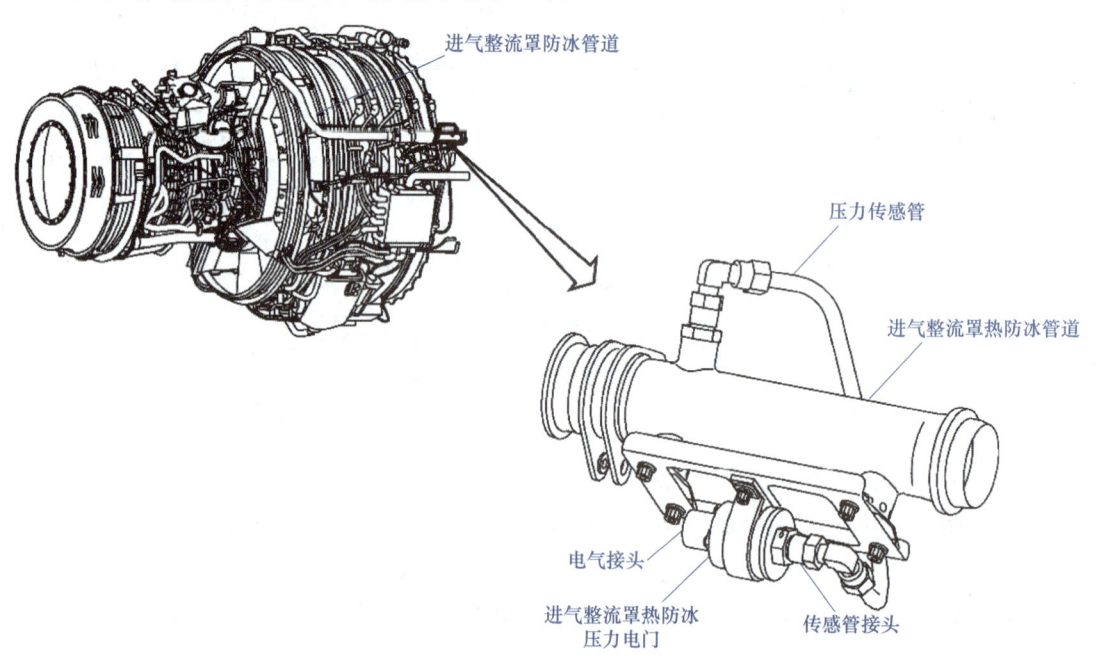

图 6.8 进气整流罩热防冰压力电门

1）目的。进气整流罩热防冰压力电门监视进气整流罩热防冰活门下游进气整流罩热防冰管道压力。

2）位置。进气整流罩热防冰压力电门在进气整流罩热防冰活门下游、进气整流罩热防冰管道上。

当传感管口压力大于 65 Psi（1 Psi=6 895 Pa）时，电门关闭。位于 P5 前顶板的指示灯亮。

3）控制。地面或空中时，当电门在接通位时，整流罩热防冰活门打开。蓝色整流罩活门打开灯显示活门和电门位置。灯指示情况如下：

①灯灭——电门在断关位及活门关闭；

②灯暗亮——电门在接通位及活门打开；

③灯明亮——电门和活门位置不一致或者活门在转换过程中。

当活门下游的管道压力太高时，指示如下：

①琥珀色整流罩防冰指示灯亮；

②主告诫和防冰指示灯亮。

图 6.9 所示为防冰面板。

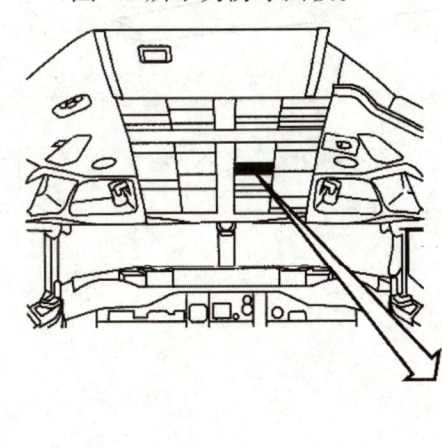

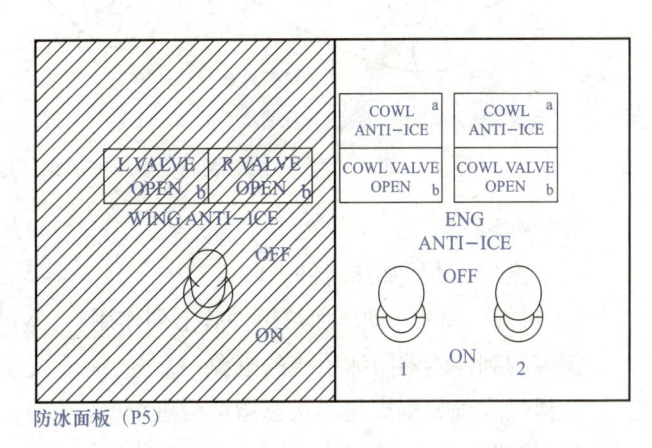

图 6.9 防冰面板

1.4 探测器防冰系统

1. 目的

探测器防冰系统阻止大气数据探测器结冰。

2. 概况介绍

用 P5 前顶板上的窗户/动压加热组件控制探测器加热（图 6.10）。

探测器集成加热器，用电加热。

探测器防冰系统对以下探测器加热：

（1）迎角探测器；

（2）大气总温探测器；

（3）动压管探测器。

静态系统传感端口不是探测器加热系统的一部分。这些端口遍布机身，不需要加热。

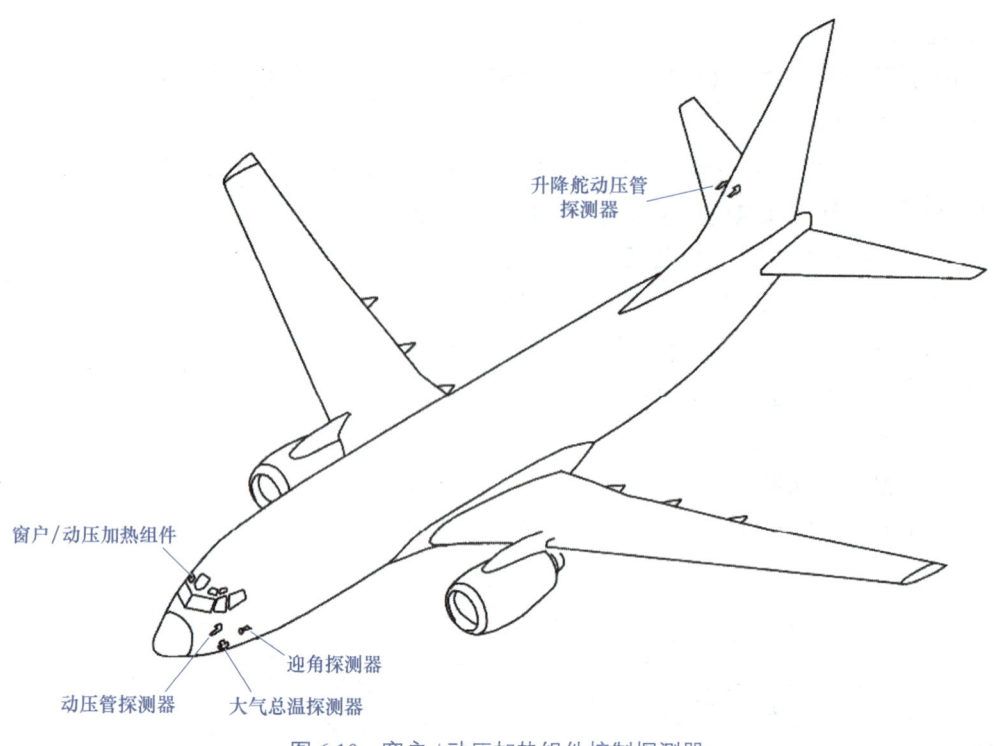

图 6.10　窗户/动压加热组件控制探测器

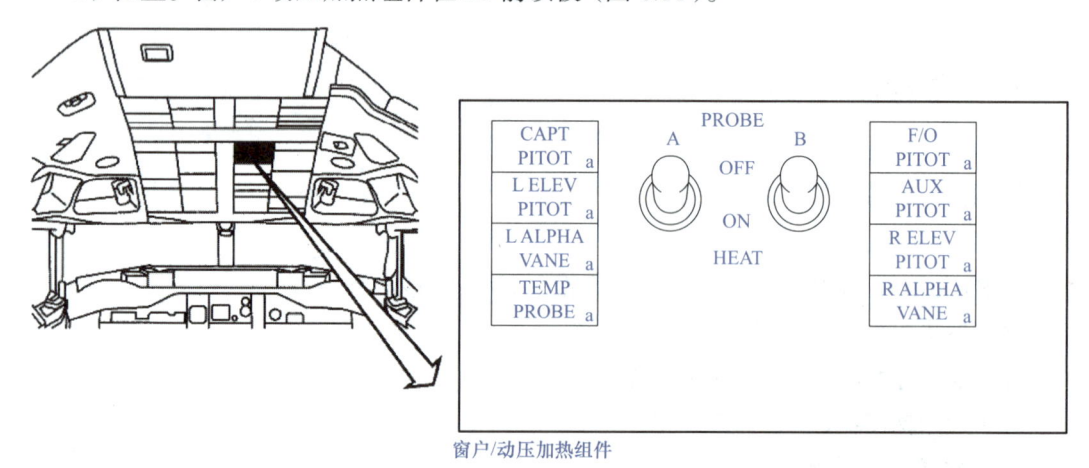

3. 部件介绍

（1）窗户/动压加热组件。

1）目的。窗户/动压加热组件有下列作用：

①控制到探测器防冰系统的电源；

②提供大气数据探测器状态指示给机组。

2）位置。窗户/动压加热组件在 P5 前顶板（图 6.11）。

图 6.11　窗户/动压加热组件

（2）大气数据控制器加热系统。

大气数据探测器加热系统有 A 和 B 两个。

这些触发电门使机组打开探测器加热 A 系统和探测加热 B 系统。

探测器加热 A 系统和探测器加热 B 系统各有一组系统指示灯。当探测器加热器没有输入电流时，灯亮。每一个探测器使用 115 V 交流加热器。电流探测线路使用 28 V 直流电源。

将控制电门置于接通位，探测器加热。115 V 交流电流经电流探测线路到探测器加热器。

1.5 驾驶舱风挡防冰系统

1. 目的

驾驶舱风挡防冰系统能提高窗户抗冲击强度，防止驾驶舱窗户结冰。

2. 概况介绍

驾驶舱风挡防冰系统用电加热驾驶舱窗户。

驾驶舱风挡防冰系统的控制和指示位于 P5 头顶板上。

风挡加热控制组件是驾驶舱风挡防冰系统的一部分（图 6.12）。

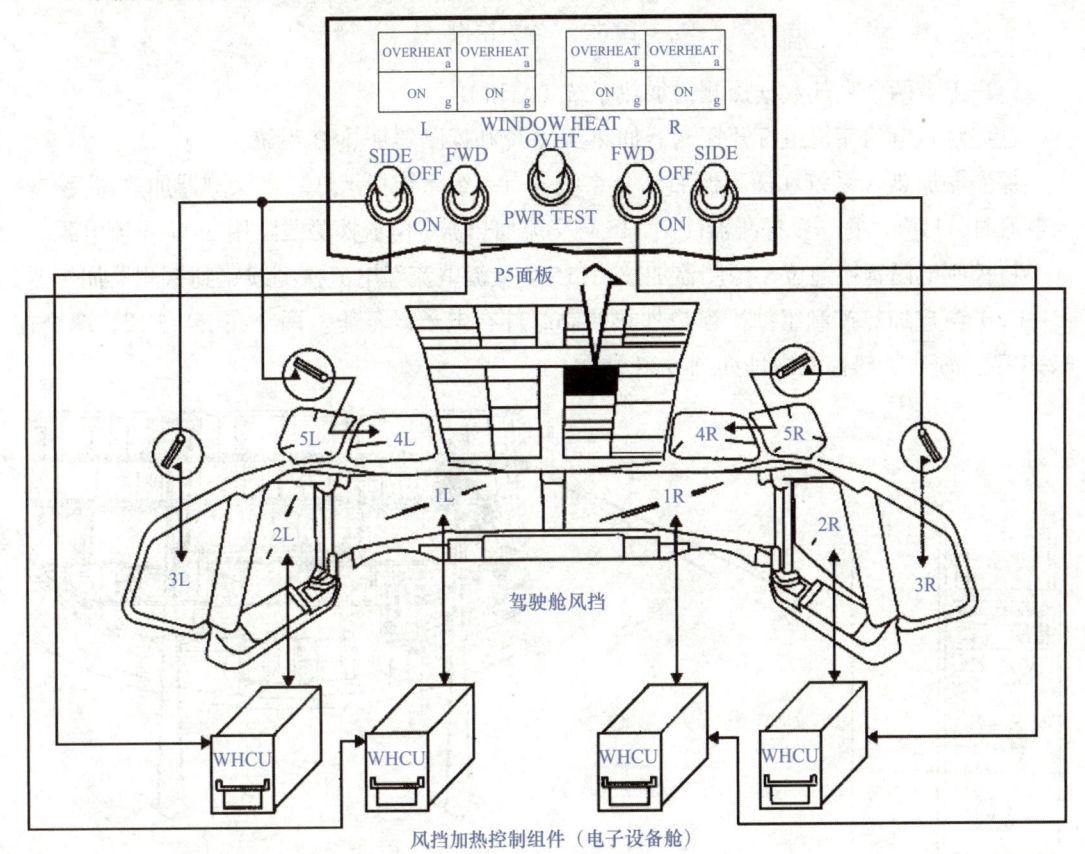

图 6.12 风挡加热控制组件

3. 部件介绍

（1）窗户加热传导涂层和传感器。1 号窗户和 2 号窗户有电阻型温度传感器，反馈温度到加热控制组件。

每一个窗户有主传感器和备用传感器两个传感器：

温度加热控制组件仅用一个传感器。如果主传感器失效，用备用传感器。防止因为一个传感器失效而拆卸窗户。

另一个窗户不用窗户加热控制组件，没有传感器。热电门控制窗户加热电能给窗户。

窗户结构如图 6.13 所示。

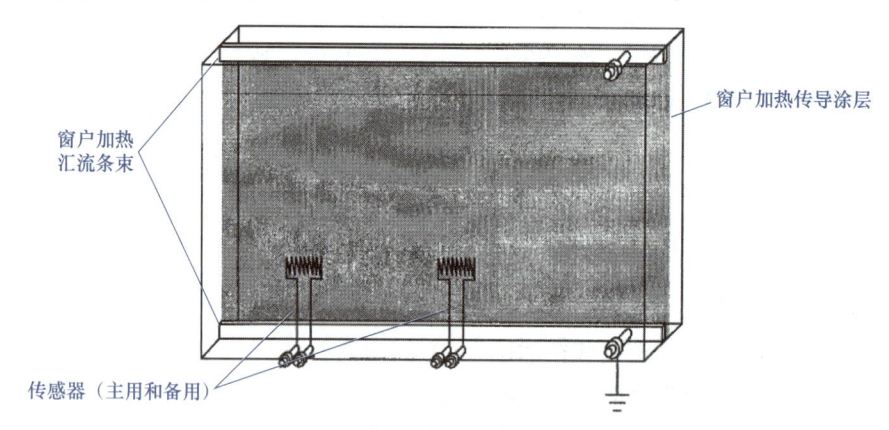

图 6.13　窗户结构

窗户上有两个大气数据探测器加热系统（A 和 B。）

这些触发电门使机组打开探测器加热 A 系统和探测器加热 B 系统。

探测器加热 A 系统和探测器加热 B 系统各有一组系统指示灯。当探测器加热器没有输入电流时，灯亮。每一个探测器使用 115 V 交流加热器。电流探测线路用 28 V 直流电源。

将控制电门置接通位，探测器加热。115 V 交流电流经电流探测线路到探测器加热器。

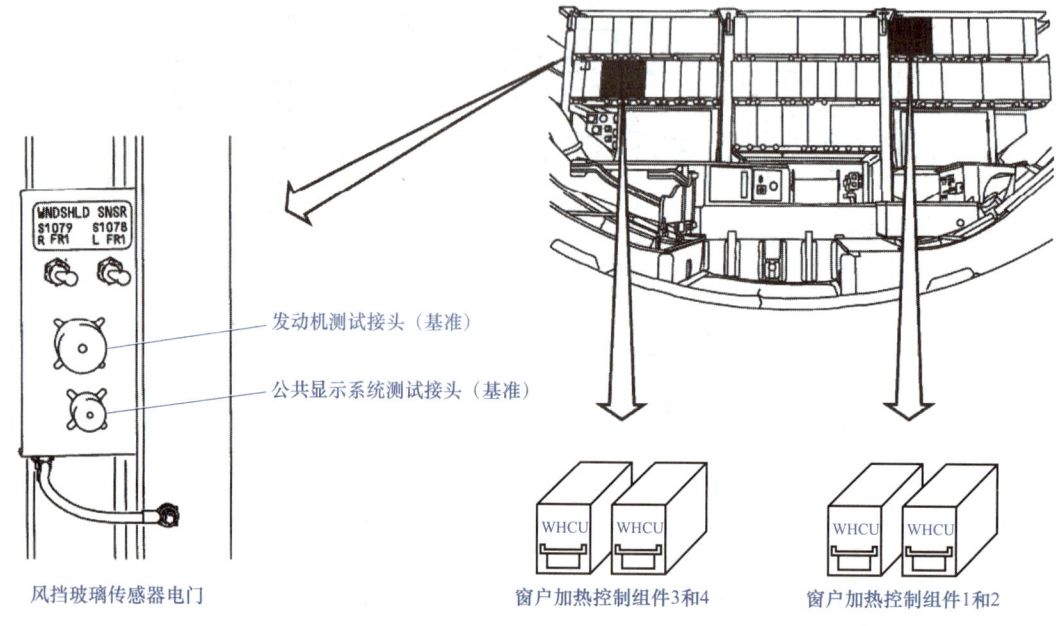

（2）窗户加热控制组件。窗户加热控制组件在电子设备舱。两个在 E4-2 架，两个在 E2-1 架。窗户加热控制组件如图 6.14 所示。

图 6.14　窗户加热控制组件

窗户加热控制组件有前端自检，可隔离系统故障到航线可更换件水平。

1.6 风挡玻璃刮水器系统

1. 目的

使用风挡玻璃刮水器系统去除右 1 号和左 1 号驾驶舱窗户的雨、薄冰、雪。

2. 概况介绍

机组能用 P5 前顶板上的刮水器控制电门控制系统。系统包括两个风挡玻璃刮水器和驱动组件。

3. 位置

刮水器控制电门在 P5 前顶板。

两个风挡玻璃刮水器组件在右 1 号和左 1 号驾驶舱窗户上。

两个风挡玻璃刮水器驱动组件在右 1 号和左 1 号驾驶舱窗户槛上。

风挡玻璃刮水器系统如图 6.15 所示。

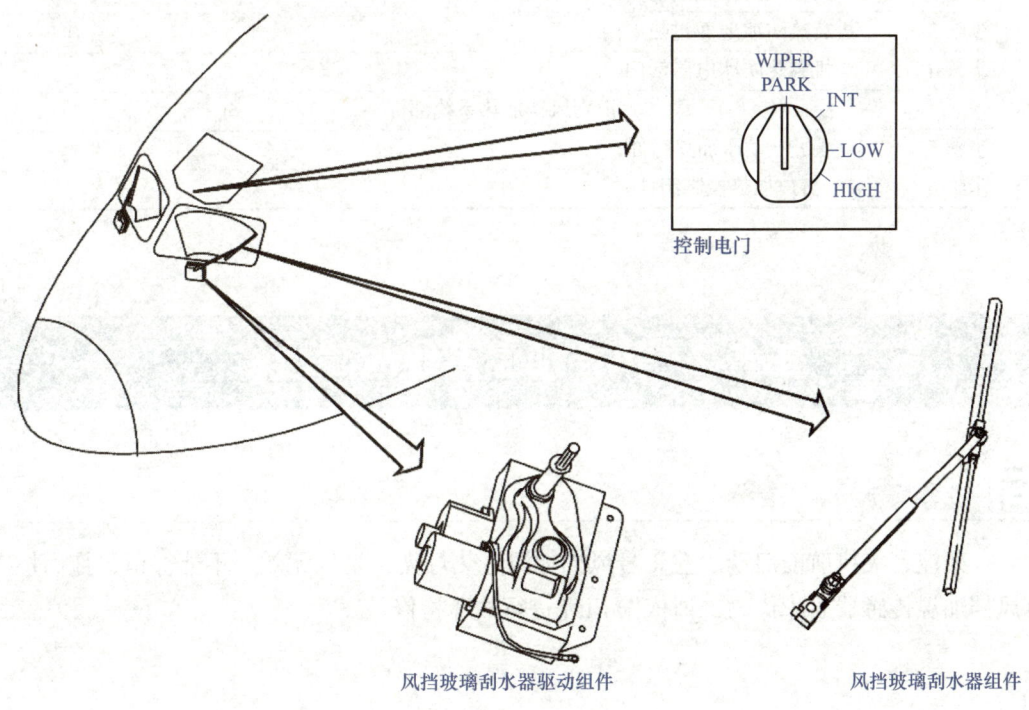

图 6.15 风挡玻璃刮水器系统

【任务实施】

工卡标题	飞机防冰排雨系统部件识别			
机型		机号		B—××××
工作区域	N/A		版本	R1
工时	1 h	开始时间	结束时间	
完成签署/日期		检验签署/日期		
参考文件	SSM 24-40-01；SSM 24-40-02			
编写/修订		审核		批准
日期		日期		日期
1. 识别机翼热防冰部件				
步骤	中文名称		英文名称	
步骤1	防冰面板			
步骤2	机翼热防冰关断活门			
步骤3	机翼热防冰地面过热电门			
步骤4	机翼热防冰电磁活门			
2. 识别风挡加热系统部件				
步骤5	窗户/动压加热组件			
步骤6	窗户加热控制组件			

任务2 风挡加温系统故障检修

【任务导入】

一架波音飞机航前启动后左1号风挡加温过热灯亮，复位无效，不能保留，拖回检查有风挡加温传感器故障代码，请依据 FIM 进行故障检修。

【任务资讯】

2.1 风挡加温系统组成和工作原理

1. 组成

风挡加温系统主要由 WHCU、风挡和加温控制面板、前风挡温度传感器转换电门组成。风挡加温控制组件用来监视风挡温度，提供 ON 和 OVERHEAT 系统控制和指示内部电路转换、系统测试，以及依据设定程序输出相应的电压给风挡加温。风挡和加温控制面板用于系统控制和指示。风挡加温系统电路如图 6.16 所示。

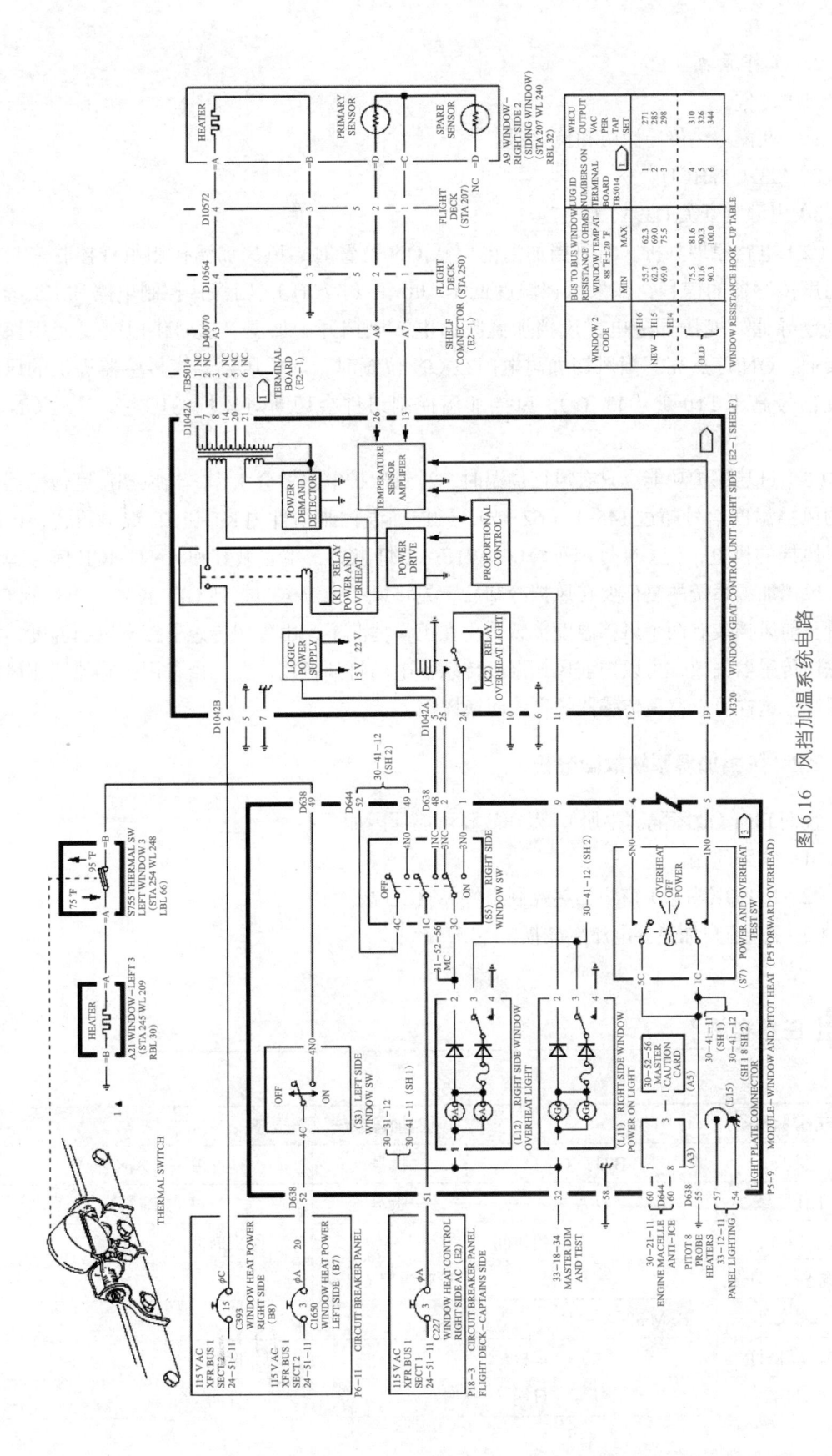

图 6.16 风挡加温系统电路

2. 工作原理

（1）部件。

1）A9 窗户热传导涂层和传感器。

2）M320 WHCU。

3）电源跳开关 C393、C227。

（2）电路原理分析。当风挡加温电门在 ON 位置时，风挡加温控制组件接收来自风挡温度传感器的信号，如果风挡温度低于 100 ℉（37 ℃），则保持控制电路和 K1 继电器处于导通，变压器通电，风挡加温膜通电，风挡开始加温。这时供电需要使用探测器接通，ON 灯点亮。当风挡加温电门在 ON 位置时，如果风挡温度传感器提供的风挡温度信号高于 110 ℉（43 ℃），风挡加温控制组件会切断对风挡的供电，这时 ON 灯会熄灭。

（3）过热保护功能。只有风挡加温时，过热保护电路才会工作。当风挡温度传感器提供的风挡温度信号超过 145 ℉（62 ℃），风挡加温控制组件内 K1 和 K2 继电器转换，断开对风挡的供电，使 ON 灯熄灭，OVERHEAT 灯点亮，主告诫灯和 ANTI-ICE 信号牌点亮。风挡加温系统的复位要在风挡冷却后，先将风挡加温电门打到 OFF 位置，再打到 ON 位置。前风挡装有两个风挡温度传感器，在正常情况下，由主用传感器探测风挡温度，如果主用传感器失效，可以把前风挡温度传感器电门打到备用位置，由备用传感器探测风挡的温度。这样可以避免传感器的失效而换风挡。

2.2 风挡加温系统故障分析

查询 FIM（故障隔离手册），得知故障可能原因如下：

（1）线路问题。

（2）M320（右边）窗户加热控制组件 WHCU 故障。

（3）A9 窗户加热导电涂层破损。

【任务实施】

工卡标题		风挡加温系统故障检修		
机型	B737NG		机号	B—××××
工作区域	N/A		版本	R1
工时		开始时间		结束时间
完成签署/日期			检验签署/日期	
参考文件	SSM 30-41-11			
编写/修订		审核		批准
日期		日期		日期

续表

工量具/设备/材料					工作者	检查者
类别	名称	规格型号	单位	数量		
工量具						
设备	地面电源车		台	1		
	数字万用表		个	1		
材料						

1. 工作准备

（1）到工具库房领取仪器；
（2）检查仪器情况，外表完好无损，功能正常；计量工具在有效期内；
（3）领取耗材，耗材应符合标准；
（4）办理好领取手续

2. 操作步骤

（1）检查图1中的C227、C393跳开关是否闭合。

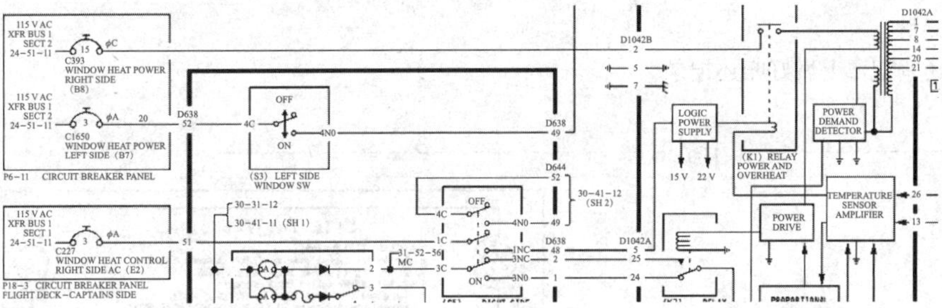

图1

（2）按压WHCU上的BIT VERIFY电门（图2）。
1）将PROBE HEAT A和B电门置于ON位置。
2）确保无红色灯亮起且绿色BIT TEST OK灯亮起小于10 s并保持亮起达15 s。
（3）将WINDOW HEAT电源电门置于关闭位置（图3和图4）。
1）确保OVERHEAT灯、MASTER CAUTION灯和ANTI-ICE灯灭。
2）打开跳开关C227、C393。
（4）执行下列程序。
1）从接线板上拆卸窗接头接线柱D40070P。
2）测量插头接线柱和接地线之间的电阻，参考图5。
3）确定与接头接线柱上测量到的电阻相符合的接线板分接头。

153

续表

2. 操作步骤

窗加热	插头接线柱	窗代码	电阻	接线板分接头	WHCU	WDM
左前 1	D40070PF	H13 H12 H11	31.4～35.1 Ω 35.1～38.8 Ω 38.8～42.6 Ω 42.6～47.3 Ω 47.3～52.0 Ω	TB5010-1 -2 -3 -4 -5	M321	30-41-11
右侧 2	D40070PA3	H16 H15 H14	55.7～62.3 Ω 62.3～69.0 Ω 69.0～75.5 Ω 75.5～81.6 Ω 81.6～90.3 Ω	TB5014-1 -2 -3 -4 -5	M320	30-41-11

4）将插头接线柱连接到适用的接线板分接头。
5）如果窗的电阻超过表内的限制，则求助故障隔离手册（FIM）

3. 结束工作

（1）清点工具和设备，数量足够；
（2）清扫现场；
（3）归还工具、耗材；
（4）在工具室归还登记簿上做好归还记录

-------------------------- 工卡结束 --------------------------

组件 UNIT	电子设备号 ELECTRICAL EQUIPMENT No.	窗 WINDOW	
1	M320	R SIDE	右侧
2	M321	L FWD	
3	M322	L SIDE	左侧
4	M323	R FWD	

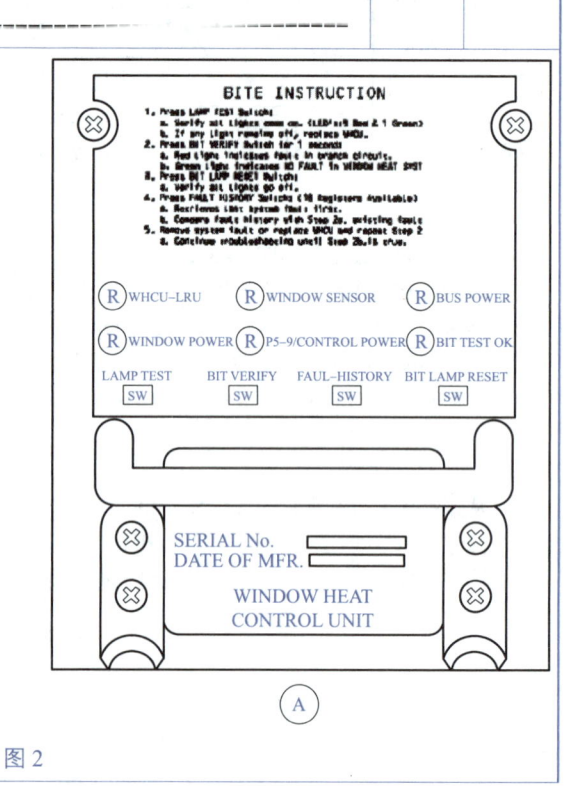

图 2

续表

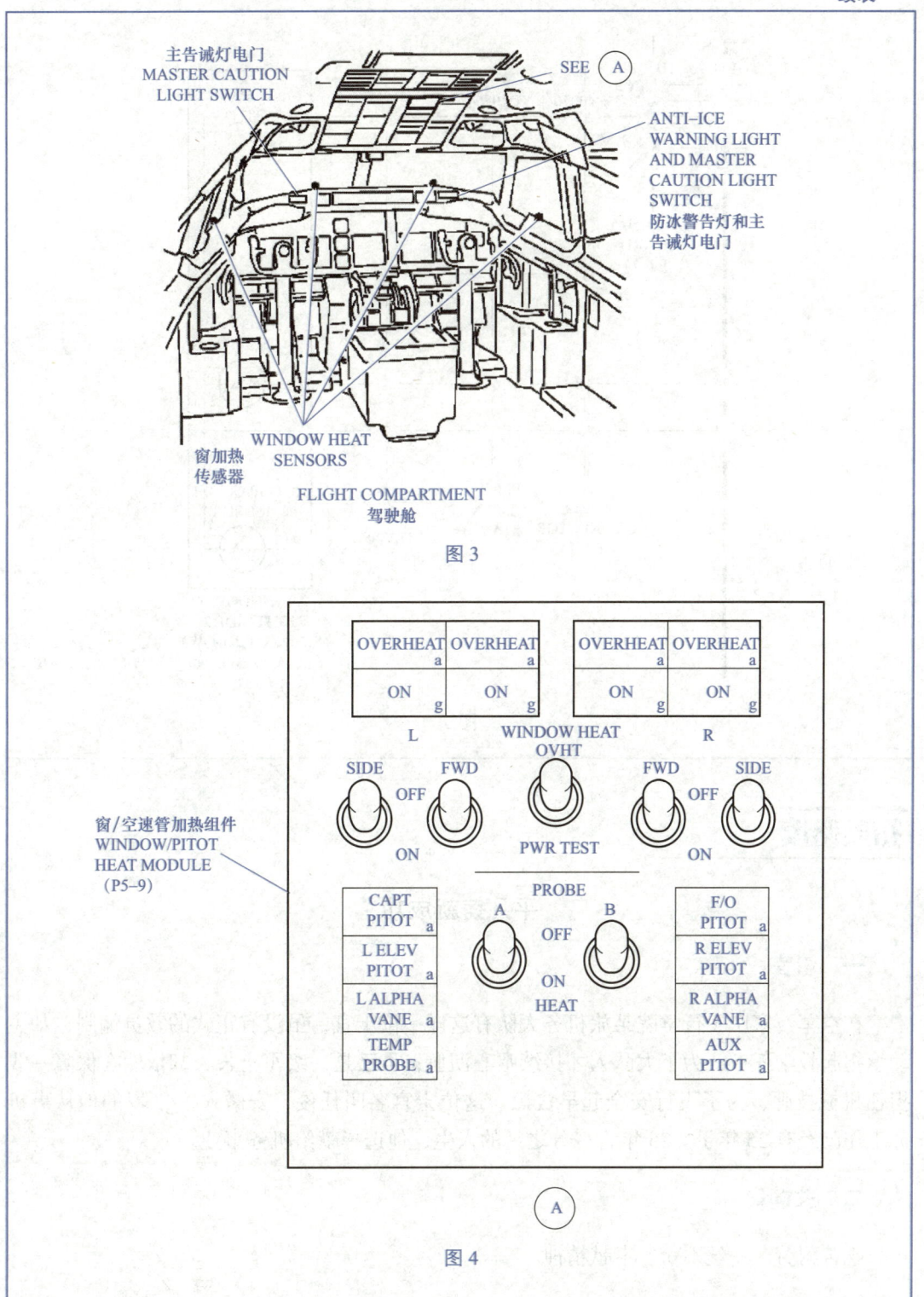

主告诫灯电门
MASTER CAUTION LIGHT SWITCH

SEE A

ANTI-ICE WARNING LIGHT AND MASTER CAUTION LIGHT SWITCH
防冰警告灯和主告诫灯电门

WINDOW HEAT SENSORS
窗加热传感器

FLIGHT COMPARTMENT
驾驶舱

图 3

窗/空速管加热组件
WINDOW/PITOT HEAT MODULE
(P5-9)

OVERHEAT a	OVERHEAT a		OVERHEAT a	OVERHEAT a
ON g	ON g		ON g	ON g

L　　　　　WINDOW HEAT OVHT　　　　　R

SIDE　FWD　　　　　FWD　SIDE
　　OFF　　　　　　OFF
　　ON　　PWR TEST　　ON

PROBE
　A　　　B
　　OFF
　　ON
　　HEAT

CAPT PITOT a		F/O PITOT a
L ELEV PITOT a		R ELEV PITOT a
L ALPHA VANE a		R ALPHA VANE a
TEMP PROBE a		AUX PITOT a

A

图 4

155

续表

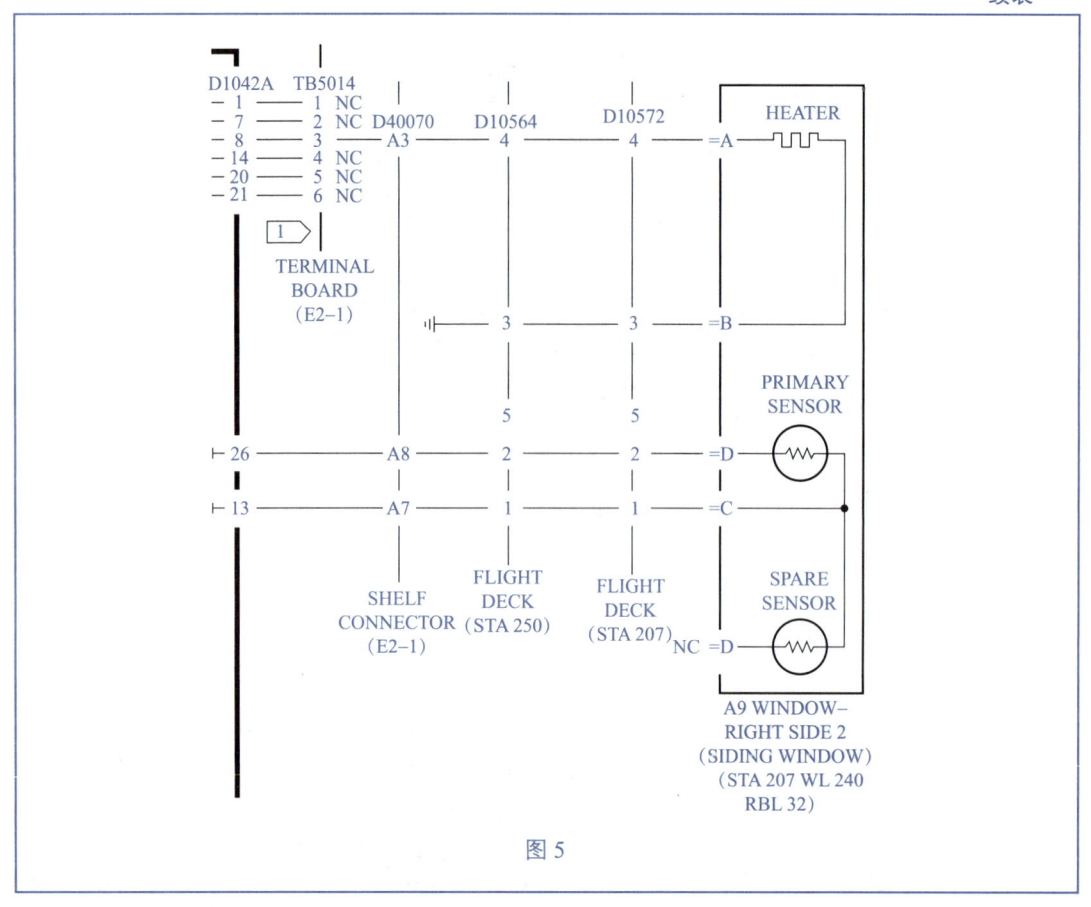

图 5

拓展阅读

平凡铸就成功

一、引言

在空军石家庄飞行学院某旅机务大队有这样一位士官,虽没有正式的教员编制,却主动承担起教学任务,为了大队人才接续呕心沥血;虽已是一级军士长,却依然在保障一线担任机械技师,为了飞行安全起早贪黑。这位士官名叫任俊,安徽人,42 岁的他从事机务工作已经有 25 年了。25 年,三分之一的人生,他选择献给机务事业。

二、关键词

吃苦耐劳、一丝不苟、奉献精神。

三、素质要素

祖国利益高于一切;党的事业大于一切;忠诚使命重于一切。

四、思想内涵介绍

初次见到任俊时，他正在给刚分配下来的机务学兵们上课，从飞机构造到重要机件构成功用，任俊讲得一丝不苟，丝毫没有拖泥带水。"第一次见到传说中的一级军士长，心目中的'兵王'，听他授课，很是受用。"学兵陈广难掩激动之情。谁都没有想到，中等个头，黝黑的脸庞，平时并不善言辞的任俊放下解刀、扳手，拿起板尺、粉笔，走上三尺讲台，却能侃侃而谈，把晦涩难懂的原理性问题讲得深入浅出。"我只是把课本上的知识结合这么多年来在外场保障的经验，用口语化的方式讲述出来，没有什么特殊的技巧。"任俊面对大家的疑惑这样解释道。

该旅机务大队作为一支已连续20年荣获"空军优质安全机务大队"的优秀团队，人才的接续培养是基础和关键。从2020年开始，大队开始举办理论"深化班"，包括学兵上岗、机械、机载及军械专业专项培训班，滚动抽调人员脱产学习，以提高一线人员的能力素质。

千军易得，一将难求。筹备"深化班"简单，教员谁来当？"深化班"的教员必须具备丰富的外场维护经验、出众的骨干能力、很高的业务水平。正当领导发愁的时候，机械技师任俊主动提出担任教员一职。

"作为一线骨干，我有责任也有能力担任教员一职，维护保障了这么多年，总得为机务事业做点什么。"任俊坚定且自信地说道。

自信源于实力，翻开任俊的履历，映入眼帘的是这样一组数据：从军25载，先后荣立二等功2次，三等功5次，所在机组荣立集体三等功6次；2001年被原北空评为"十佳机务人员标兵"；2003年、2004年先后被学院、原北空、空军评为优秀士官和优秀共产党员；2007年3月又被原四总部评为全军优秀士官人才一等奖；2014年被空军评为"优秀机务人员"，受到时任空军首长的亲切接见。

从机械技师转身为兼职教员，摆在面前的不再是如何排除故障，而是怎样把课讲好，为此，要强的任俊没有少下功夫。

每天晚上备课到深夜是家常便饭，为了方便教学，不会制作PPT的他自购书籍学习，现在制作PPT已是行如流水。他常常因为课本上一些存在争议的问题虚心请教各专业主任，翻阅相关材料以求解惑，在外场"不让故障过夜"的他在教学上坚持"不让不懂的问题过夜"。

正是因为他和大家的这份努力和付出，"深化班"培养模式得到上级首长的肯定和表扬，更是为大队各项战训任务储备了人才力量，厚实了能力基础。走上讲台能教学，走向机场能保障。除了教学能力备受大队领导赞赏，任俊的维护保障能力在战友们眼中也是数一数二的。

2011年12月，已是寒冬，冷风刺骨的机场，气温降到了零下十几摄氏度。在一次飞行后准备的检查过程中，任俊检查发现飞机十三框附近液压管路有轻微渗漏，这种故障尽管细小不影响飞行但排除起来非常麻烦，要想排除故障必须要钻到狭窄的进气道里去操作。当时就有人小声对他说："师傅，漏点油不会影响飞行的，再说这么冷的天，穿这么厚的衣服怎么钻进气道排故啊!"面对劝说,他脸色铁青,"战鹰就是我们的生命,怎么能为了图省事就让飞机带故障上天,就算是脱光了衣服爬进去,都必须排除故障!"说完便毅然脱下了厚厚的工作服,只穿了单衣换上单薄的专用工作服就钻进飞机进气道内,故障一排就是一个多小时,排除后当他艰难地从进气道慢慢爬出来时已全身冰凉,脸冻得发紫,说不出一句话来!

在某次部队组织入夏换季检查中,某型飞机座舱左后方底部方向舵摇臂上有一小段细如牛毛的丝状黑色痕迹进入任俊的视线。"是我没有看清楚还是没有擦拭干净?还是操纵摇臂裂纹了?"他的双眼几乎贴上了摇臂,借着手电筒的灯光仔细查看,再用洗涤油反复清洗擦拭数十遍后,他肯定地说:"是裂纹!是裂纹!"在向领导反映情况后,当时很多人都不相信这种地方也会发生裂纹故障,但倔强的他坚持自己的意见,"绝对是,我敢立军令状!"。后来经过探伤检查确认,的确是裂纹!"这种危险性故障如不及时发现,后果将不堪设想!任俊的能力毋庸置疑!"该旅机务大队大队长孙晓光赞许道。

战友们常说,飞机如果不过任俊的手,他总是会不放心,而正是他的不放心,让飞行员们很放心。提到任俊,该旅飞行教员徐昊总会竖着大拇指说:"任俊维护的飞机,那没得说,飞得放心!"

就是这样,本着"宁肯自己辛苦千万遍,不让飞行员担一丝险"的精神,在担任机械技师的20多年里,任俊先后维护过4种机型,7架飞机,安全保障飞行累计9 000多个起落、2 500多小时,发现重大故障隐患30多起,从未发生过人为责任问题,始终保持飞机的完好率、出勤率100%的记录,被飞行人员亲切地称为"最放心的机械师"。

项目 07 波音飞机仪表指示系统故障检测与维修

学习目标

知识目标：

1. 理解电子飞行仪表指示系统功能、布局概述、系统显示备份原则。
2. 理解 PFD（主飞行显示）、ND（导航显示）模式转换与控制关系。
3. 理解发动机指示与机组警告系统/飞机电子中央监控系统（EICAS/ECAM）的基本组成和功能。
4. 理解 EFIS（电子飞行仪表系统）基本组成、功能、参数显示。
5. 理解仪表电路的工作原理。

能力目标：

1. 能够准确依据手册找到仪表指示系统部件。
2. 能够依据 WDM、SSM 查找故障部位的电路图。
3. 能够依据 FIM（故障隔离手册）查找仪表故障隔离程序并结合其他手册进行故障排除。
4. 能够用数字万用表测量电压并进行线路导通性测试。
5. 能够依据 AMM 找到指定部件的拆装、测试程序。

素质目标：

1. 具备规范的操作意识和安全意识。
2. 具有爱岗敬业、诚实守信、遵章守纪的良好职业道德。
3. 具备团队协作精神、人际沟通能力和社会交往能力。
4. 具备"敬仰航空、敬重装备、敬畏生命"的职业素养。

任务 1　找出飞机仪表指示系统部件

【任务导入】

现有一架波音飞机需要对仪表指示系统进行检查，首先认识仪表指示系统的主要部件。飞机仪表指示系统主要包括显示电子组件（DEU）、主飞行显示、导航显示、主发动机显示、EFIS 控制面板、显示选择面板、亮度控制面板、发动机显示控制面板等。

【任务资讯】

1.1 通用显示系统概述

通用显示系统（CDS）在驾驶舱中的 6 个显示组件上，以不同格式显示性能、导航和发动机的参数（图 7.1）。

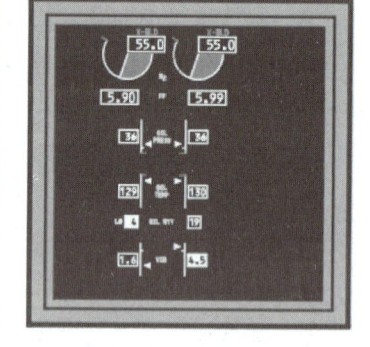

图 7.1 通用显示系统

1. 作用

通用显示系统的作用是为机组提供导航和发动机信息。

2. 外部接口

CDS 的计算机是显示电子组件（DEU），很多电子和飞机系统与 DEU 相接。DEU 从飞机相关系统收集数据，并将这些数据转变成视频信号，从同轴电缆送出。同轴连接器将信号分开，并将其送到六个显示组件上。两个 DEU 给所有六个显示组件提供数据。

3. 部件

通用显示系统的部件如图 7.2 所示，具体如下：

（1）2 个显示选择面板；

（2）1 个发动机显示控制面板；

（3）2个EFIS控制面板；

（4）2个显示源选择器；

（5）2个显示电子组件；

（6）4个同轴连接器；

（7）6个相同的显示组件（DU）；

（8）2个亮度控制面板；

（9）2个远距光传感器（RLS）。

4. 显示

在显示组件上的显示方式如下：

（1）主飞行显示；

（2）导航显示；

（3）发动机显示。

5. 测试

可以在飞行管理系统的控制显示组件上做测试。

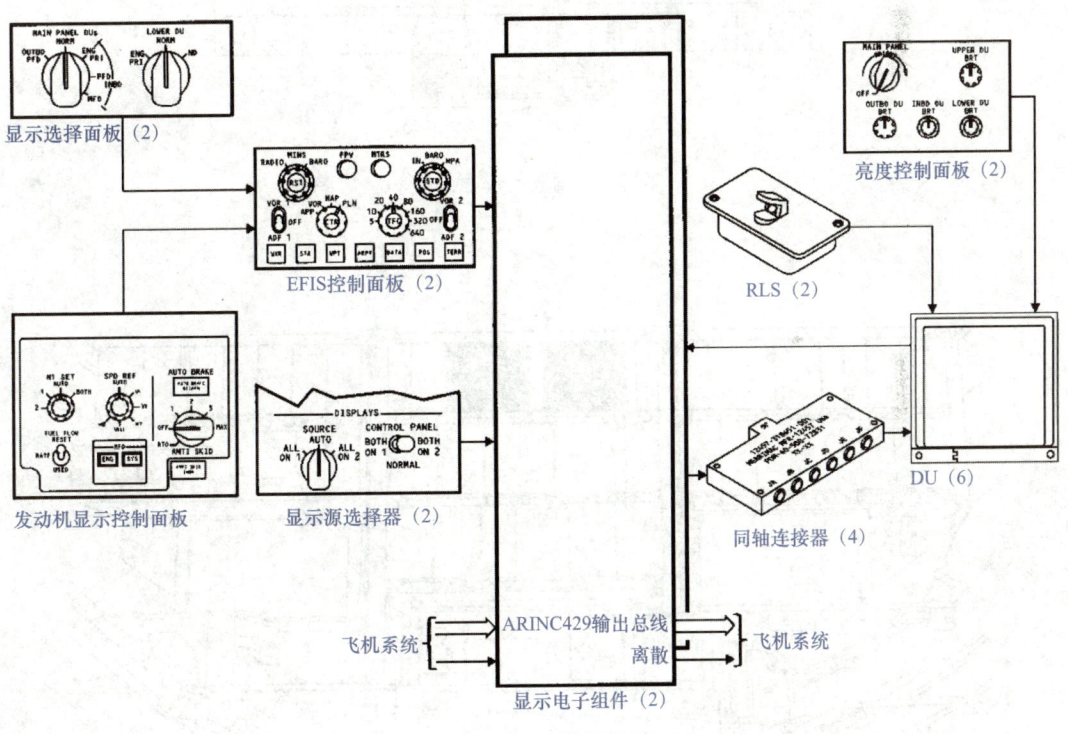

图 7.2 CDU 结构框图

6. 位置

（1）驾驶舱部件位置，如图 7.3 所示。

（2）EE 舱部件位置，如图 7.4 所示。

显示电子组件在 E3-1 架上。

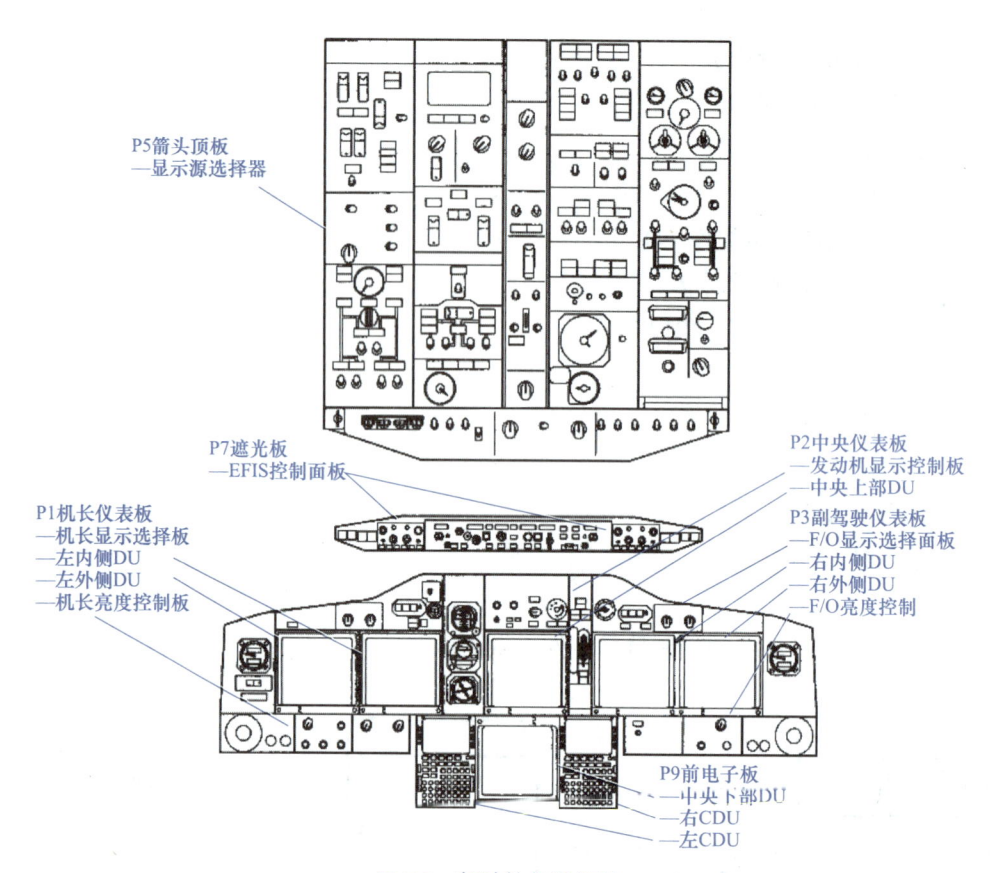

图 7.3 驾驶舱仪表部件

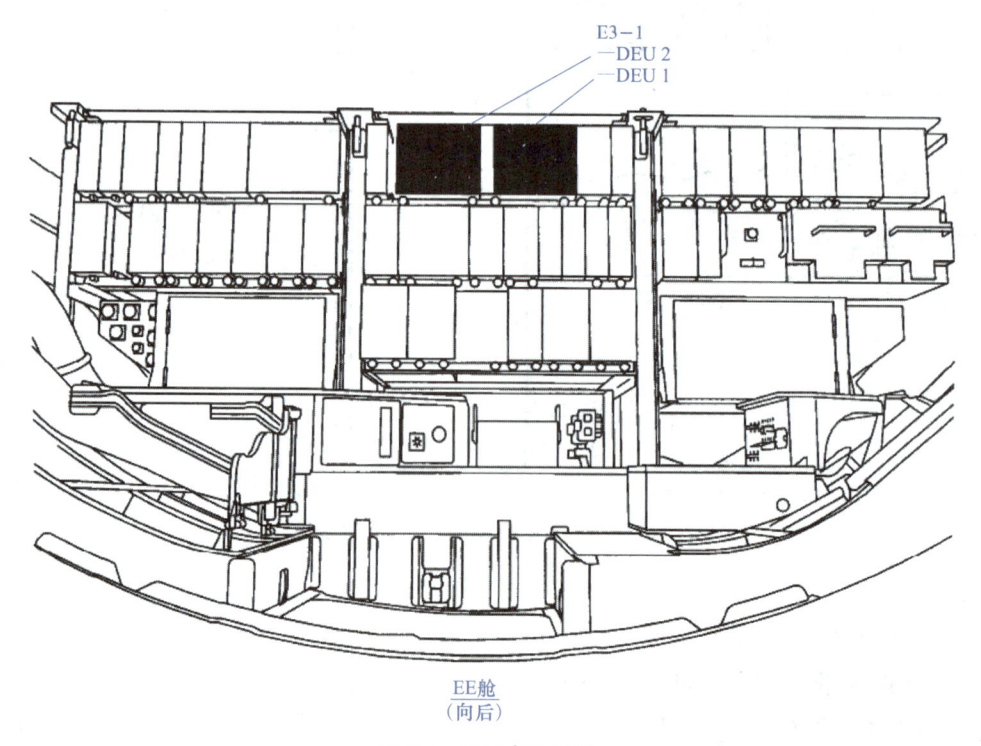

图 7.4 显示电子组件

1.2 CDS 部件

1. 显示组件

通用显示系统使用 6 个相同的、扁平的、液晶显示组件（图 7.5）。显示组件显示下列各类信息：

（1）主要飞行信息；

（2）导航信息；

（3）发动机信息。

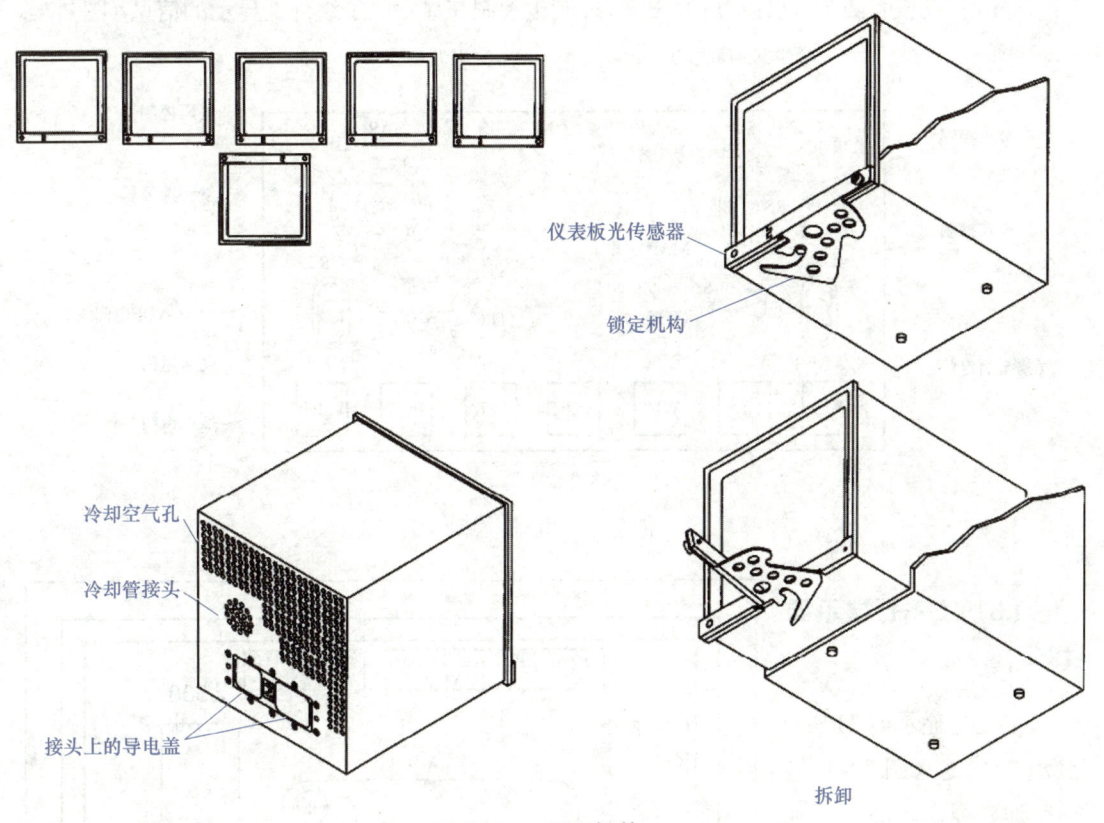

图 7.5 显示组件

2. 亮度控制

在机长和副驾驶显示器下部有两个亮度控制板（图 7.6）。可在该板人工设置显示的亮度。

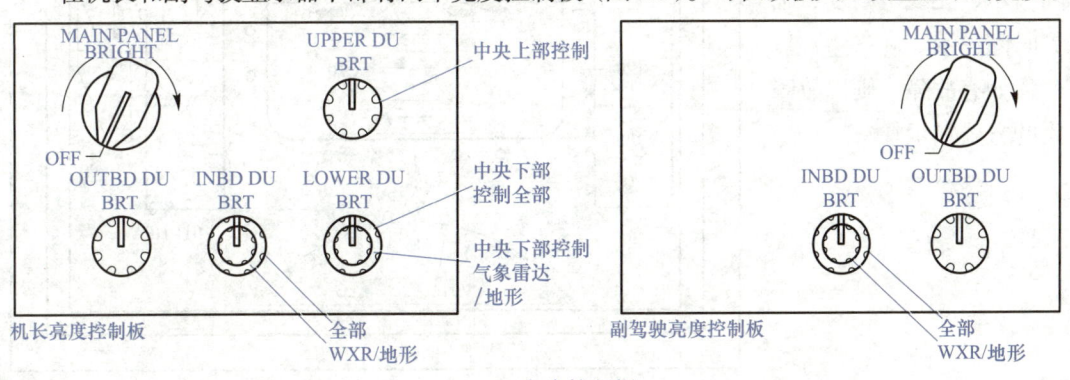

图 7.6 亮度控制板

3. 显示电子组件

通用显示系统有两个显示电子组件。DEU 可完成下列功能：

（1）从飞机系统中收集数据；

（2）将数据变成视频信号；

（3）为其他飞机系统提供数据。

DEU 监控输入的存在、状态和有效性，并与其他 DEU 交互比较输入。

4. EFIS 控制板

EFIS 控制板有两个，可以互换。EFIS 控制板控制在显示电子组件上显示的信息（图 7.7）。

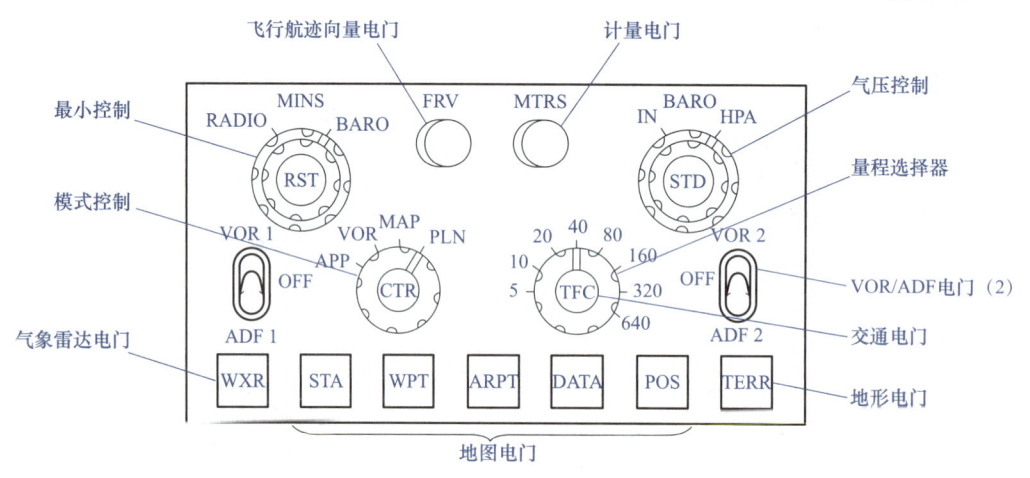

图 7.7 EFIS 控制板

1.3 主飞行显示器（PFD）

主飞行显示器（PFD）显示的内容（图 7.8）包括空速、姿态、高度、航向、垂直速度、飞行模式、飞行指引仪指令、着陆指示、无线电高度、临界时间提示。

如有故障，则以故障旗的方式显示。

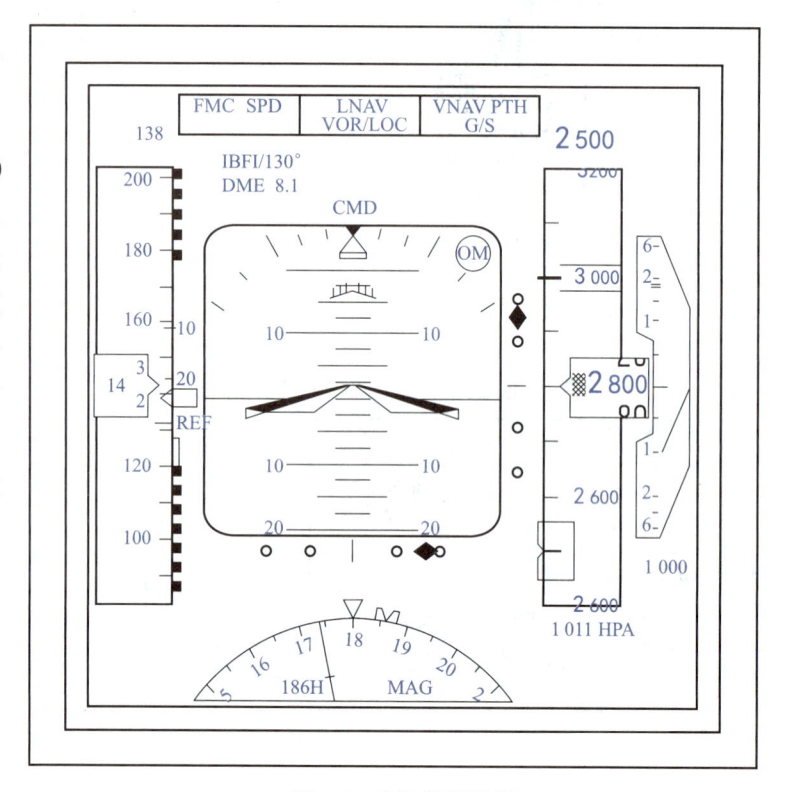

图 7.8 主飞行显示器

1.4 导航显示器（ND）

7个导航显示方式（图7.9）：计划方式、扩展的和集中的地图方式、扩展的和集中的VOR方式、扩展的和集中的APP（进近）方式。

显示在ND上的某些内容有航向、航迹、地速、真空速、风、航路、气象雷达、TCAS数据、加强的GPWS数据、VOR/ADF指针、VOR偏差、LOC和G/S偏差。

对某些故障状态，ND显示故障旗。

1.5 发动机指示

发动机指示显示在主发动机显示和辅助发动机显示上，下列是主要显示内容（图7.10、图7.11）：自动油门限制信息、推动方式和TAT；N1；EGT；燃油流量；N2；燃油流量/已用燃油和燃油量；机组警告信息；滑油压力、温度和油量；发动机振动。

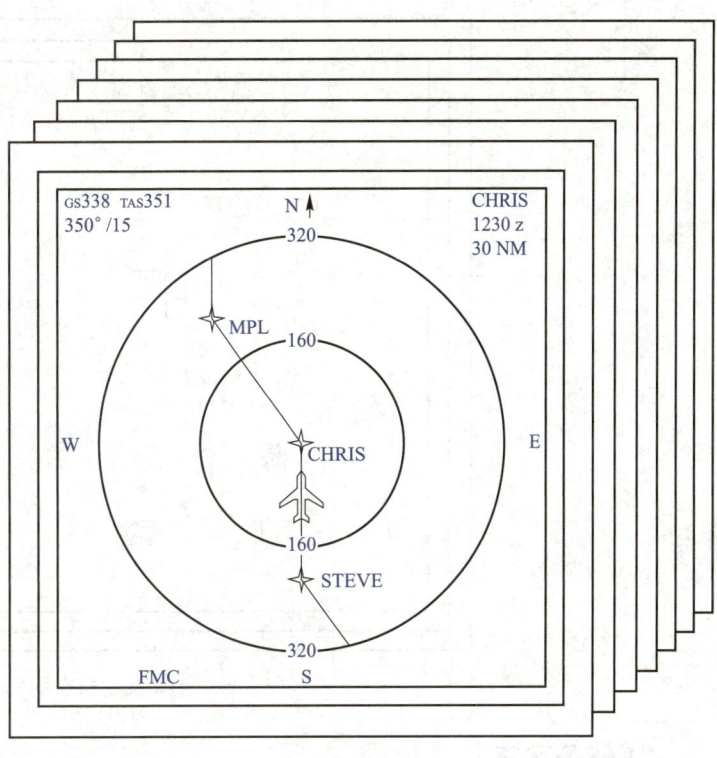

图 7.9　导航显示

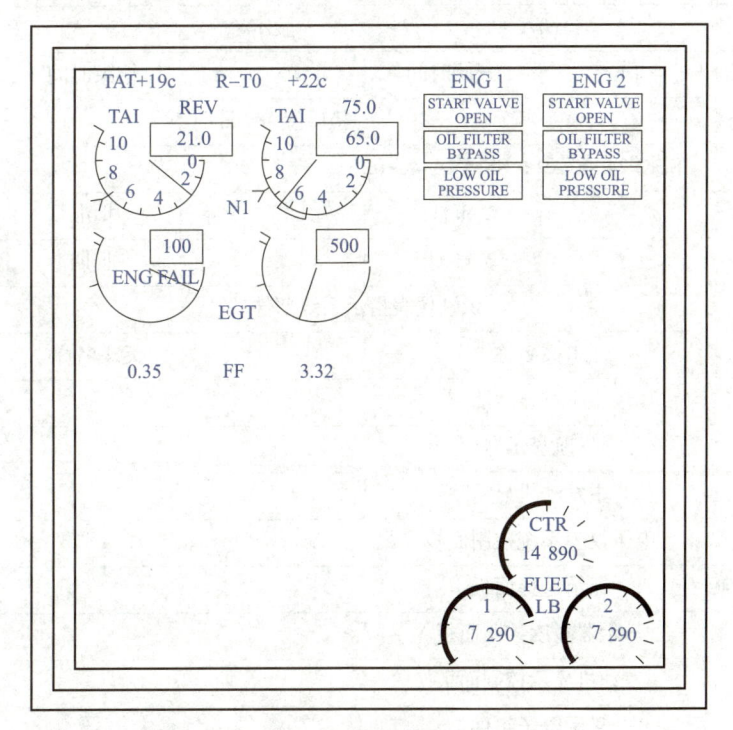

图 7.10　主发动机显示

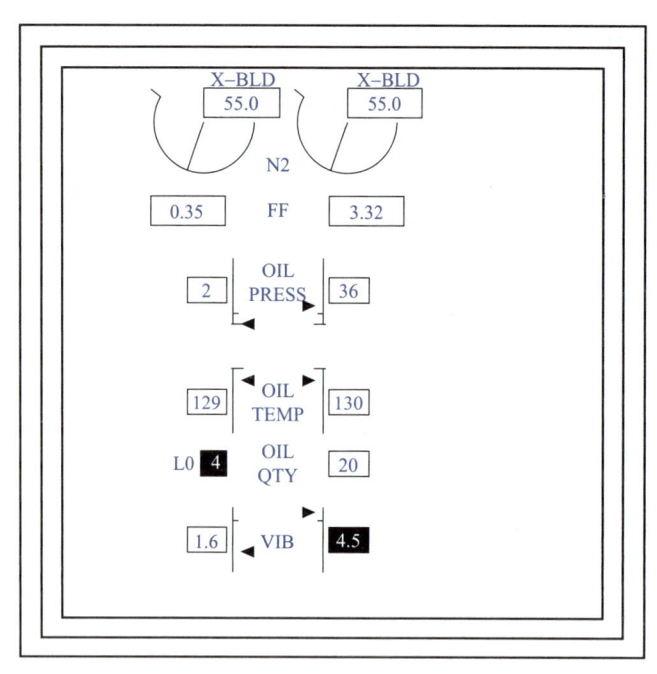

图 7.11 辅助发动机显示

【任务实施】

工卡标题	飞机仪表指示系统部件识别				
机型			机号		B—××××
工作区域	N/A		版本		R1
工时	1 h	开始时间		结束时间	
完成签署/日期			检验签署/日期		
参考文件	SSM 24-40-01；SSM 24-40-02				
编写/修订		审核		批准	
日期		日期		日期	
识别仪表指示系统部件					
步骤	中文名称			英文名称	
步骤1	主飞行显示器				
步骤2	导航显示器				
步骤3	主发动机显示				
步骤4	电子仪表系统控制面板				
步骤5	显示选择面板				
步骤6	显示器亮度控制面板				
步骤7	发动机显示控制面板				
步骤8	显示电子组件				

任务 2　大气数据故障检修

【任务导入】

现有一架波音飞机在执行航班任务时，飞行机组反映机长和副驾位空速指示有偏差，经过紧急处理，故障没有排除。为排除故障，避免类似故障再次出现，现对飞机的大气数据系统进行全面排查，重点排查系统内部的插头、导线连接是否正常。

【任务资讯】

2.1 夹接工具

1. 夹接工具 M22520/1-01 使用前准备

M22520/1-01 夹接工具共有 8 个夹接挡位，适用于 AWG 12 至 AWG 26 号线的夹接，使用 M22520/1-01 之前必须检查夹接工具的外观完好性和校验日期在有效期内，手握夹接工具手柄定位器（又称塔头）向上（图 7.12），检查夹接工具上定位器的件号是 M22520-（　），不同类型的插钉/插孔选择不同件号的定位器，通过选择定位器上的旋钮可以选择夹接插钉的钉/孔号，按压夹接工具的手柄操作夹接工具必须完成一个夹接循环，待夹接工具的模块达到夹接力矩时防倒转棘轮释放，使夹接工具复位。

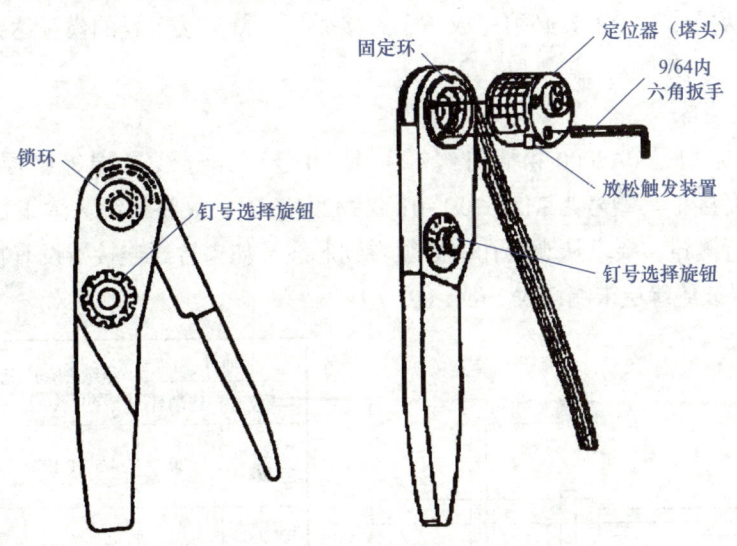

图 7.12　M22520/1-01 夹接工具介绍

定位器（又称塔头）拆除程序：将夹接工具处于打开位，夹接工具平放在桌面上并将定位器朝上，所有的定位器都有 2 个内六角固定螺钉，使用 9/64 内六角扳手将定位器上的 2 个固定螺钉拧松，将定位器从夹接工具的固定环上取下来。

定位器安装程序：将夹接工具处于打开位，夹接工具平放在桌面上并安装定位器卡环朝上，选择与插钉/插孔适应的定位器安装在定位器卡环上，使用 9/64 内六角扳手将定位器上的 2 个固定螺钉拧紧，将定位器从夹接工具的固定环上取下来，旋转定位器上的钉号选择旋钮，确保所有钉号位置移动顺畅，按压夹接工具的手柄操作夹接工具必须完成一个夹接循环，待夹接工具的模块达到夹接力矩时防倒转棘轮释放，使夹接工具复位。

2. 夹接工具 M22520/2-01 使用前准备

M22520/2-01 夹接工具共有 8 个夹接挡位，适用于 AWG 20 至 AWG 32 号线的夹接，使用 M22520/2-01 之前必须检查夹接工具的外观完好性和校验日期在有效期内，通过更换夹接工具上的定位器进行更多类型插钉/插孔的夹接，将定位器扭转 90° 向外拔出定位器后即可很容易地更换定位器，每种类型的定位器对应一种类型的插钉/插孔。

定位器拆除程序（图 7.13）：按压夹接工具手柄达到力矩值时，防倒转棘轮复位自动将夹接工具处于打开位，夹接工具平放在桌面上并将定位器朝上，向里推定位器旋转 90° 即可取下定位器。

定位器安装程序：通过导线和电缆的钉号选择合适的夹接插钉/插孔，将定位器插入锁盘扭转 90°，取下夹接钉号选择盘上的保险卡子，选择合适的夹接挡位到 SEL.NO 指示线上并到位，按压夹接工具的手柄操作夹接工具必须完成一个夹接循环，待夹接工具的模块达到夹接力矩时防倒转棘轮释放，使夹接工具复位。

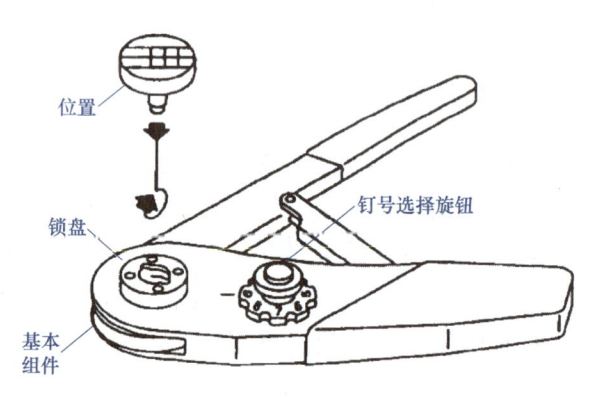

图 7.13 M22520/2-01 夹接工具定位器的安装介绍

3. 绝缘层去除

根据插钉类型是 PA2000 和插钉终端号是 20 号可知导线末端绝缘层去除长度为 4.5 mm，确定夹接工具型号为 M22520/1-01 或 M22520/2-01。将绝缘去除工作完成的导线放入夹接筒进行测量，要求从观察孔中必须看到芯线，如果普通连接器没有特殊要求，夹接筒末端距离导线绝缘层末端最大 1 mm（图 7.14）。

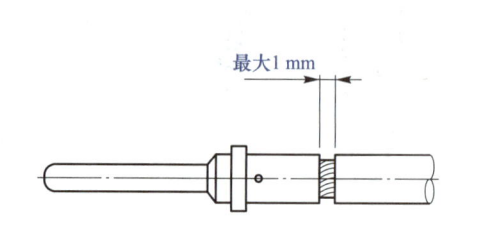

插钉		绝缘去除长度
类型	终端号	/mm (in)
PA2000 SA2000	20	4.5 (0.177)
PX2005 SX2005	20	5 (0.197)

图 7.14 绝缘去除长度

2.2 连接器布局

在空客系列民用航空器上安装的航空用插头/插座按照形状分为圆形插头/插座和方形插头/插座；圆形插头/插座内部插钉/插孔的标识方法有两种：一种是数字位置标识（图7.15），是连续标识，在每到X0位置使用（）进行标注[如（20）]便于查找；另一种是字母位置标识（图7.16），是断续标识，供应商在制造时将磨损后容易与其他标识相混淆的字符去掉。在方形插头/插座内部插钉/插孔的标识方法有3种：第一种是数字位置标识（图7.17）；第二种是字母位置标识（图7.18）；第三种是数字和字母混排位置标识（图7.19、图7.20）。

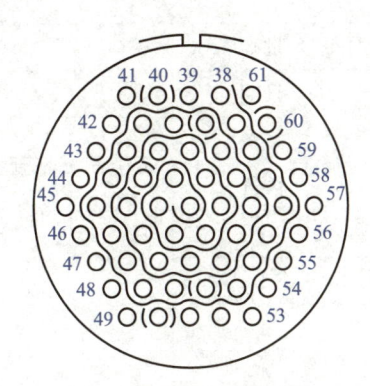

图7.15 数字位置标识

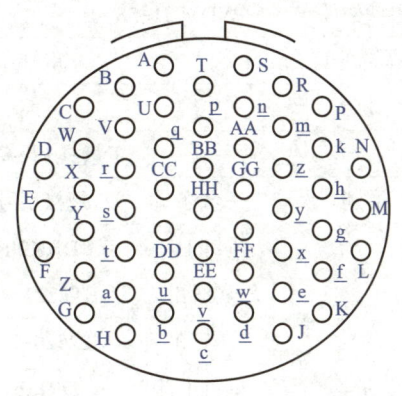

图7.16 字母位置标识

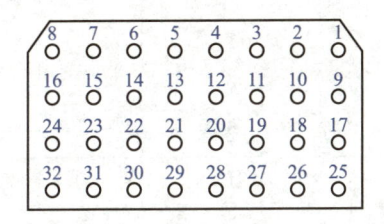

图7.17 数字位置标识

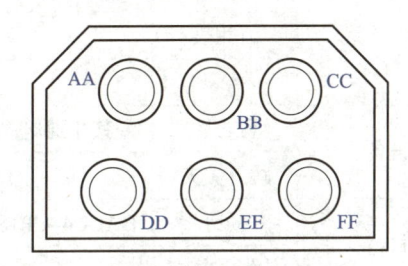

图7.18 字母位置标识

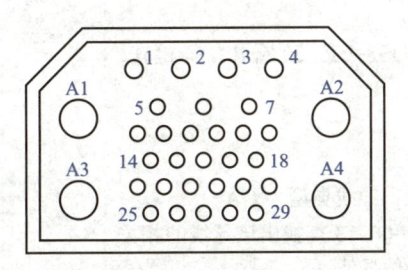

图7.19 数字和字母混排位置标识（1）

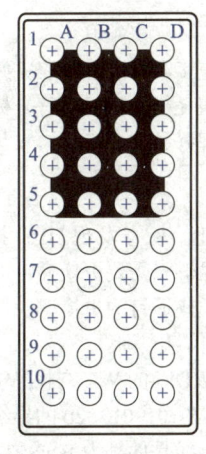

图7.20 数字和字母混排位置标识（2）

【任务实施】

工卡标题			更换电插头	
机型	B737-300	机号		N9055U
工作区域		版本		R1
工时	90 min	开始时间	结束时间	
完成签署/日期		检验签署/日期		
参考文件	WDM 21-58-01			
编写/修订		审核	批准	
日期		日期	日期	

工量具/设备/材料					工作者	检查者
类别	名称	规格型号	单位	数量		
工量具	进钉工具	DAK20	把	1		
	剥线钳	ST2222-40	把	1		
	压钉钳	M22520-2-01	把	1		
	退钉工具	DRK20	把	1		
	剪钳		把	1		
	万用表		个	1		
	摇表		个	1		
设备	警告牌	禁止通电	个	1		
	跳开关夹		个	2		
材料	插钉	BACC47CP1S	根	1		
	扎带、扎绳					

1. 工作准备

（1）到工具库房领取工具；
（2）检查工具情况，外表完好无损，功能正常；
（3）领取耗材，耗材应符合标准；
（4）办理好领取手续

2. 操作步骤

（1）概述。检查发现 D160 插头的 4 号钉与导线 W138-075-20 断开，经检查，导线长度足够只需要更换插钉。
（2）电插座插钉的更换。
1）导线信息查询。
①根据 WDM 的 WL 查找 W138-075-20 的相关信息：导线类型为 GA。
②根据 W0101-013-20 的导线类型 GA 在 SWPM 20-00-13 查找出该导线的相关信息。该导线是件号为 BMS13-60Type1 Class1 的单导体导线。
③在 SWPM 20-00-15 中查找出该导线的剥线工具为 ST2222-40。

2. 操作步骤
2）插座及插钉信息查询。 ①根据 WDM 的 EQ 查找出 D160 的相关信息，该插座件号为 BACC45FT14A7S。 ②根据该插座件号在 SWPM 首页的对照索引中查找相关章节号为 20-61-11。 ③进入 SWPM 20-61-11 2.C 项的查找出该插座的进钉构型 14-7，使用的是公插钉。 ④进入 SWPM 20-61-11 4.C 项查找出该插钉件号 BACC47CP2A。 ⑤进入 SWPM 20-61-11 6.C 项查找出该插头的退钉工具为 M81969-19 或其他可选择的工具。 ⑥进入 SWPM 20-61-11 7.A 项查找出导线的剥线长度为（0.25±0.02）inch。 ⑦进入 SWPM 20-61-11 8.A 项查找出该压接工具为 M22520/1-01 及压头为 M22520/1-02 或其他可选择的工具。 ⑧进入 SWPM 20-61-11 11.A 项查找出该插头的进钉工具为 M81969/17-04 或其他可选择的工具。 3）更换电插座插钉。 ①根据获得的退钉工具进行插钉的拆卸。 ②根据获得的剥线工具完成导线绝缘层的剥除。 ③根据获得的压钉工具完成插钉的压接。 ④根据获得的进钉工具进行插钉的安装。 （3）导线捆扎与检验。 1）在 SWPM20-10-11 4.A 项的 P16 查找出扎绳件号，然后参照 4.C 项的使用扎绳进行导线束的包扎。 2）使用三用表和摇表进行线路的导通性和绝缘性检查，确保正常。
3. 结束工作
（1）清点工具和设备，数量足够； （2）清扫现场； （3）归还工具、耗材； （4）在工具室归还登记簿上做好归还记录
------------------------ 工卡结束 ------------------------

拓展阅读

中国人的 3 次"大飞机梦想"

一、引言

1970 年，中国国家主管部门向上海飞机制造厂下达运-10 研制任务，1972 年审查通过飞机总体设计方案，1975 年完成全部设计图纸，1980 年 9 月运-10 首次试飞成功。1982 年起，运-10 研制基本停顿。1986 年，运-10 飞机研制计划彻底终止。

1992 年，中国航空总公司（中航总）与麦道公司签订了合作生产 40 架 MD90 的合同

（业内称干线飞机项目）。这已不再是"组装飞机"，而是美国出知识产权，中国出设备和人工，合作制造飞机了。无论是对麦道还是对中航总，都是具有很大挑战性的。

2022年5月14日，中国商飞公司交付的首架C919大飞机首次飞行试验圆满完成。2022年7月25日，6架国产大型客机C919飞机圆满完成全部试飞任务。2022年8月1日，中国商飞宣布，国产大飞机C919完成取证试飞。

二、关键词

大飞机梦、自主创新、航空报国、万众一心。

三、素质要素

航空报国，航空强国；
锐意创新，制造强国；
坚持不懈，圆梦蓝天。

四、思想内涵介绍

如果从1970年我国自主研制的运-10飞机立项算起，中国人的"大飞机梦"已经延续了半个多世纪。运-10的研制由上海市和三机部联合领导，由640所和上海飞机制造厂具体负责。1973年6月，国务院、中央军委联合发布国发〔1973〕77号文件，明确大型客机的研制工作由上海市统一领导，并负责组织实施，技术业务由三机部负责归口领导。确定以三机部、航空研究院、空军来沪的600多名设计人员为基础在上海组建大型客机设计院（640所），具体负责运-10的研制工作。

运-10的研制也打上了鲜明的时代烙印，在具体工作中，突出了那个时代极为流行的三个"三结合"，即"设计、制造、使用三结合""领导干部、工程技术人员、工人三结合""产、学、研三结合"，实施研制、生产并行工程。在运-10项目上，确定了"自力更生、自主创新、'洋'为中用，发展国防科学技术"的路线。

中国的民机工业，历尽坎坷。早在20世纪70年代就开始了大型民机的研制，20世纪80年代运-10试飞成功，意味着我们已经进入"国际干线飞机俱乐部"（美、欧、苏、中）。但十分遗憾的是，由于市场和资金两大问题没有落实，运-10中途下马。既然已经进了"国际干线飞机俱乐部"，轻言退出谁也不甘心。

20世纪80年代中期，在上海市的组织下，上海航空公司（上航）走上了中美合作组装MD80飞机的路子。当然，业内对脱离自行研制干线飞机的路线有很多意见，但既然自己造的大飞机不易打开销路，中美合作生产可以说是一条现实的路子。另外，美方之所以愿意与上航公司合作，也是看中了它有研制干线飞机的基础。以"市场换技术"，不失为缩小与国际水平差距的一种策略，况且来自全国的优秀人才也能通过项目的实施实现队伍的稳定和技术水平的提高。

从20世纪80年代中期到90年代中期，上航共组装了35架MD82/MD83飞机，其中30架卖给国内航空公司。上航在这个合作项目中是有效益的，同时技术、管理水平也有了很大提高。这一点，连美方也是承认的。1994年《航空航天报》载，返销美国的4架MD83"质量在美引起轰动"。美航空当局指出，长滩生产的客机每架平均试飞8小时，排除故障20多个才能合格；而中国上航公司总装的MD83平均试飞5小时，排除4个故障就能合格532项检查项目，上航总装的一次检查合格率为95%，麦道只有51%，与麦道的合作，使上航公司基本形成了150座级客机的组装和生产试飞能力，初步形成了符合FAA适航要求的质量保证体系。

1992年，中航总与麦道公司签订了合作生产40架MD90的合同（业内称干线飞机项目）。这已不再是"组装飞机"，而是美国出知识产权，中国出设备和人工，合作制造飞机了。无论是对麦道还是对中航总，都具有很大挑战性。

对我们来说，上干线项目是"三步走"战略的一颗棋子，而对麦道来说，是争取打开中国大市场竞争策略的一部分。当时国际干线飞机市场是三足鼎立（波音、麦道、空客），麦道最弱。中国市场潜力巨大，一向是国际航空工业界必争之地。麦道把自己的未来"押"在和中航总合作上。今天看，麦道公司似乎是想模仿德国大众通过工业合作来占领中国市场的办法，但最终麦道被波音兼并，这一竞争策略被证明是不成功的。

干线客机市场长期被国外企业垄断，C919是少有的新来者、真正意义上的竞争者。"我们一定要有自己的大飞机"，从立项到总装下线再到首飞、取证试飞，C919用十几年的稳步前行让世界看到中国大飞机事业的远大目标和最新成果。如今，梦想成为现实，22个省份、200多家企业、近20万人和几代航空人共同托举、接续奋斗的意义更加彰显。

自主设计制造大飞机是一项极为复杂的系统工程，凝结着几代航空人矢志创新的心血。也许会有人质疑，C919的核心零部件有不少依赖国际协作，能算是国产吗？实际上，总体集成是大飞机制造的核心技术之一。光各种各样的接口，C919飞机上就有几百万个；关系到液压、航电等多系统之间的关联，绝不是简单地进行拼接。2 000多份机翼图纸，机头、机身、机翼、翼吊发动机等一体化设计，近200项专利申请……拥有完全自主知识产权的C919，全部设计均由中国人自己的团队自主完成，标志着中国航空工业的飞跃。

C919的意义还在于通过其设计制造带动国内航空工业的整体进步。在C919的设计研制过程中，我国掌握了民机产业5大类、20个专业、6 000多项民用飞机技术，新技术、新材料、新工艺得以实现群体性突破，进而带动我国整个工业产业链的发展和进步。一条规模庞大、体系完整的航空产业链、价值链、创新链，显著改善了我国民用航空工业发展的面貌。在此基础上初步形成的一支勇于攻关、敢打硬仗的人才队伍和参与项目的数十万产业工人，都是未来中国航空工业发展的宝贵财富。

中国商飞公司浦东总装基地的草坪上竖立着一个银色流线型雕塑，雕塑基座上有4个大字——"永不放弃"。背靠巨大的航空市场，以坚持不懈的奋斗精神和锐意创新的拼劲、闯劲做支撑，随着关键核心技术研发不断突破、配套产业逐步跟上，相信在不远的未来，越来越多令人自豪的国产大飞机将翱翔于天际，稳稳托举起建设航空强国的梦想。

项目 08 波音飞机自动驾驶仪故障检测与维修

学习目标

知识目标：
1. 理解自动飞行系统的组成和基本功能。
2. 理解自动驾驶仪的基本原理。
3. 理解偏航阻尼系统的组成和工作原理。
4. 理解飞行指引的符号种类。
5. 理解荷兰滚的原理。

能力目标：
1. 能够准确依据手册找到指定部件。
2. 能够用数字万用表测量电压并进行线路导通性测试。
3. 能够依据手册排除偏航阻尼接不通故障。
4. 能够依据手册对自动飞行系统进行测试。

素质目标：
1. 具备规范的操作意识和安全意识。
2. 具有爱岗敬业、诚实守信、遵章守纪的良好职业道德。
3. 具备团队协作精神、人际沟通能力和社会交往能力。
4. 具备"敬仰航空、敬重装备、敬畏生命"的职业素养。

任务 1　找出飞机偏航阻尼系统部件

【任务导入】

现有一架波音飞机在执行航班任务时，出现偏航阻尼器可短时接通、随即断开的故障。进行故障排除，初步判定故障原因为方向舵 PCU 或相关的线路有问题。在排故前，先认识飞机偏航阻尼系统的部件，主要包括 SMYD 1、偏航阻尼器衔接电门、偏航阻尼器警告灯、偏航阻尼指示器、主方向舵 PCU、偏航阻尼部件等。

【任务资讯】

1.1 偏航阻尼系统的功用

偏航阻尼系统属于增稳系统的一部分,用于保持飞机沿着偏航(垂直)轴的稳定性。在飞行过程中,偏航阻尼器给出指令使方向舵与飞行的偏航力矩成比例并在与其相反的方向移动。这样可以将有害的偏航运动限制在最小范围内,并使飞行更加平稳。

荷兰滚和大气紊流任意一个情况的出现都会导致飞机产生有害的偏航运动。

1.2 荷兰滚(Dutch Roll)

荷兰滚是后掠机翼飞机特有的一种偏航和横滚的复合运动。偏航轴方向的扰动会导致横滚轴的运动,这是由机翼上反角效应引起的。在后掠机翼飞机中,这种效应有两个原因:首先飞机偏航时,在前的机翼会比在后的机翼有更大的迎角,从而产生更大的升力,两个机翼存在升力差就会导致横滚,这种情况将会因为在前的机翼的升力中心力臂增大而加剧;其次由于横滚产生的侧滑会促使下沉的一侧机翼再次抬升。由于上面一系列动作酷似在荷兰冰上速滑的动作,故取名荷兰滚。如果对这种现象不加以控制和阻尼,最终将导致飞机失控。

1.3 偏航阻尼系统的组成

偏航阻尼系统属于自动飞行系统,偏航阻尼作动方向舵用于减少由荷兰滚或气流紊乱引起的飞机偏航运动。该系统工作于飞行各个阶段,通常在地面起飞前衔接。

主偏航阻尼系统的部件包括失速管理偏航阻尼器(SMYD)、偏航阻尼器衔接电门、偏航阻尼器警告灯、偏航阻尼指示器、主方向舵 PCU、偏航阻尼部件。

1. 失速管理偏航阻尼器

失速管理偏航阻尼器使用来自 ADIRU(大气数据惯导组件)的惯性数据和来自飞机传感器的其他数据来探测由荷兰滚和紊流造成的不期望的飞机偏航运动。SMYD 向主方向舵 PCU 发送指令以移动方向舵来减少不期望的偏航。

(1)具体说明。SMYD 质量 10 磅(约 4.54 kg),功耗为 10 W。它在其组件的前面板有下列这些特点:

1)标准的波音 BITE(内置测试)模块;

2)在标牌上有 BITE 指令说明;

3)BITE 显示器;

4)BITE 键盘。

(2)显示器。SMYD BITE 模块有一个两行的琥珀色的显示器。每行有 8 个字母字符。显示器显示有关故障类型、维护信息码和故障细节之类的信息。对 SMYD 1,BITE 与失速管理功能及主偏航阻尼功能相联并为这些功能提供故障数据。

(3)键盘。使用键盘来操作 SMYD BITE。键盘有下列这些键(图 8.1):

1）ON/OFF 键：用于接通 BITE。

2）MENU（菜单）键：用于进到主菜单和前一菜单。

3）向上箭头键：用于在一个菜单中上页的选择。

4）向下箭头键：用于在一个菜单中下页的选择。

5）YES 键：用于回答问题。

6）NO 键：用于回答问题。

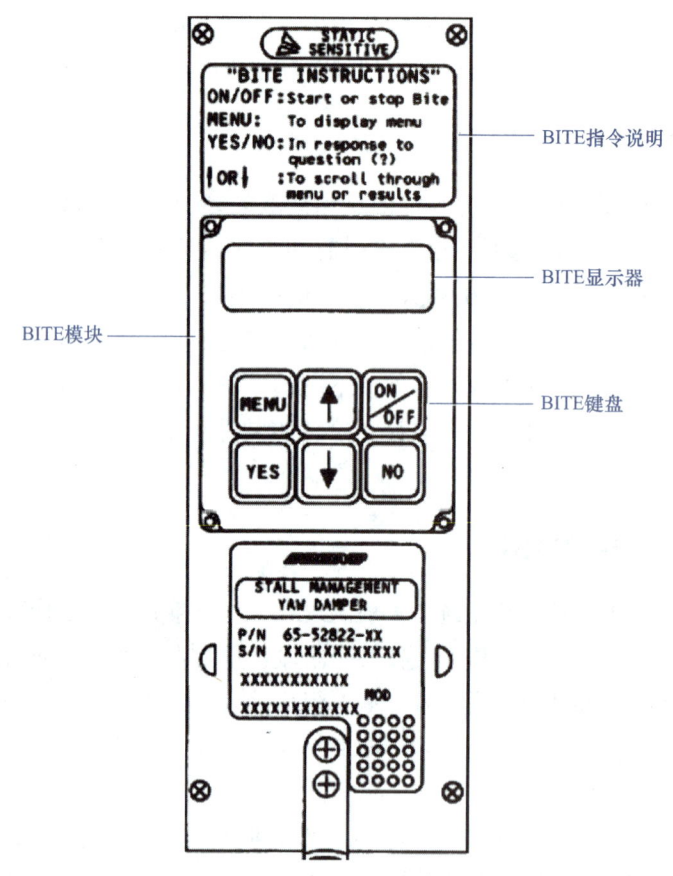

图 8.1　失速管理偏航阻尼器

（4）功能。

1）概述。失速管理偏航阻尼器（SMYD）使用来自飞机传感器的模拟和数字输入计算偏航阻尼指令。SMYD 1 通过主方向舵 PCU 提供主偏航阻尼，如图 8.2 所示。

2）衔接联锁。SMYD 向方向舵 PCU 上的偏航阻尼器电磁活门供应 28 V DC 电压。当电磁线圈通电后，在压力的作用下，它向 EHSV（电动液压伺服活门）传送液压液。EHSV 向偏航阻尼器作动筒施加液压以移动方向舵。

3）偏航阻尼。SMYD CPU 具有用于偏航阻尼的控制程序软件。向 SMYD 1 传送输入用于主偏航阻尼的软件计算的传感器有 MCP、ADIRUS（惯性和大气数据）、左 AOA 传感器、FMC、主方向舵 PCU 上的 LVDT（直线位移传感器）、后缘襟翼收上限制电门、SMYD 2。

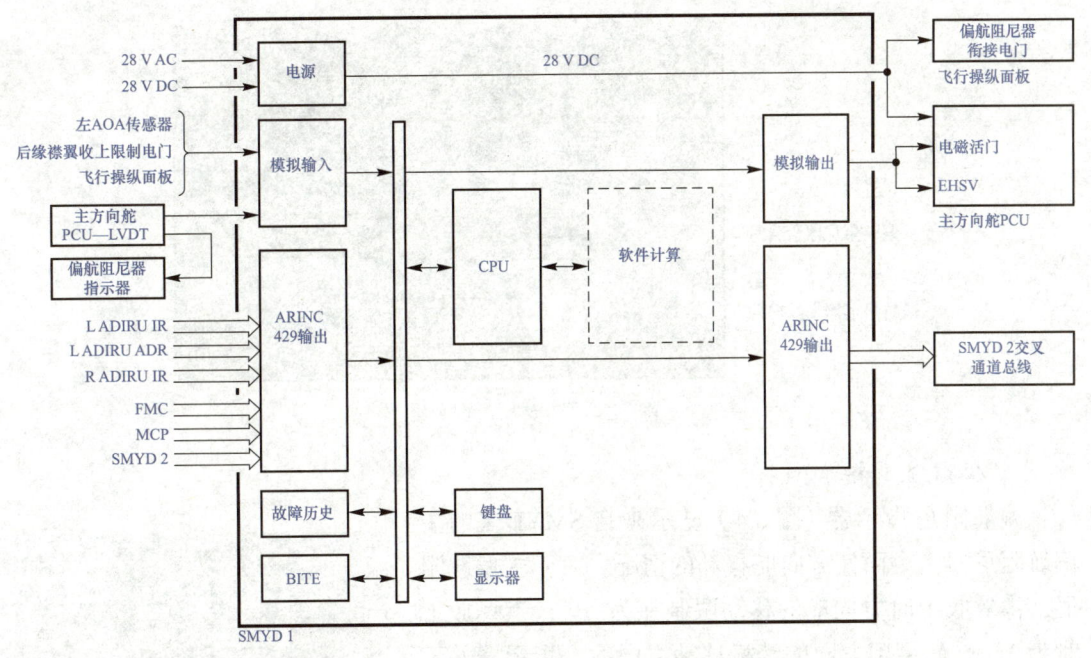

图 8.2　SMYD 概况

当偏航阻尼器是衔接的，SMYD 1 如果感受到飞机有不期望的偏航运动，将向电动液压伺服活门提供一个信号。EHSV 向偏航阻尼器作动筒供应与 SMYD 1 偏航阻尼器指令成比例的液压。电流和极性确定了方向舵移动的量和方向。偏航阻尼器作动筒向方向舵 PCU 主控制活门给出机械的输入以移动方向舵。偏航阻尼器的输入机械地与方向舵踏板的输入相叠加。对于主偏航阻尼，方向舵行程的限制有襟翼收上时 2°，襟翼放下时 3°。

主方向舵 PCU 上的 LVDT 向 SMYD 1 传送偏航阻尼器作动筒位置数据。SMYD 使用该数据来比较其指令值和实际的方向舵的移动。

MCP 向 SMYD 发送数据以显示是否任何一个自动驾驶仪都是衔接的。

对于主偏航阻尼，SMYD 2 监视 SMYD 1 的偏航阻尼的计算。这些计算在 SMYD 1 指令方向舵移动之前必须一致。如果两个 SMYD 的计算一致，则主偏航阻尼器断开。

4）BITE。SMYD 具有 BITE 测试和持续的 BITE 功能。它在故障历史中存储偏航阻尼和失速管理功能的故障。使用键盘与 BITE 通信，显示器显示测试结果并提示输入。

2. 偏航阻尼器衔接电门和偏航阻尼器警告灯

偏航阻尼衔接电门和偏航阻尼器警告灯如图 8.3 所示。

若要衔接主偏航阻尼器系统（YDS），将飞行操纵面板上的偏航阻尼器衔接电门置于 ON 位。衔接主偏航阻尼器系统的必要条件有液压系统 B 通道、飞行操纵 B 通道。

如果 SMYD 1 没有探测到任何偏航阻尼器故障，2 s 后，偏航阻尼器警告灯将熄灭以表示偏航阻尼器工作正常。这个电门由 SMYD 供电的电磁线圈保持在 ON 位。只有 SMYD 1 起主偏航阻尼的作用。

将电门置于 OFF 位以断开 YDS。SMYD 1 从主方向舵 PCU 上的电磁活门中去掉电源并且在延迟 2 s 后偏航阻尼器警告灯亮。任何时候系统断开，警告灯都亮。

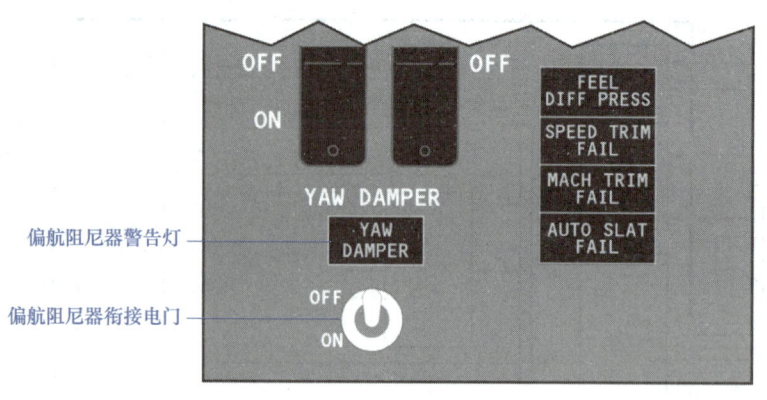

图8.3 飞行操纵面板

3. 偏航阻尼指示器

偏航阻尼指示器（图8.4）显示来自 SMYD 1 的主偏航阻尼器指令而使方向舵移动的情况。对于主偏航阻尼，襟翼收上时方向舵的移动限制在为2°，襟翼放下时为3°。如果用方向舵踏板移动方向舵，指示器并不指示方向舵的移动。

4. 主方向舵 PCU

在垂直安定面内有两个方向舵 PCU：一个主用；一个备用。这些 PCU 是液压作动筒，它们响应驾驶员方向舵踏板的输入而使方向舵移动。主方向舵 PCU 仅在正常工作时使用。备用方向舵 PCU 仅在备用工作时使用。

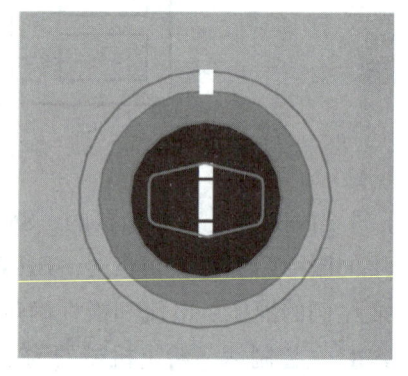

图8.4 偏航阻尼指示器

主偏航阻尼器使用主方向舵 PCU 来移动方向舵以减小偏航。对于偏航阻尼器系统，在主方向舵 PCU 上的4个部件为偏航阻尼器电磁活门、偏航阻尼器电动液压伺服活门、偏航阻尼器 LVDT、偏航阻尼器作动筒。

（1）电磁活门（图8.5）。在主方向舵 PCU 上的偏航阻尼器电磁活门使偏航阻尼器系统增压。当衔接偏航阻尼器系统后，电磁活门向控制主方向舵 PCU 上的偏航阻尼器作动筒的电动液压伺服活门传送液压源。这将使方向舵移动起偏航阻尼作用。

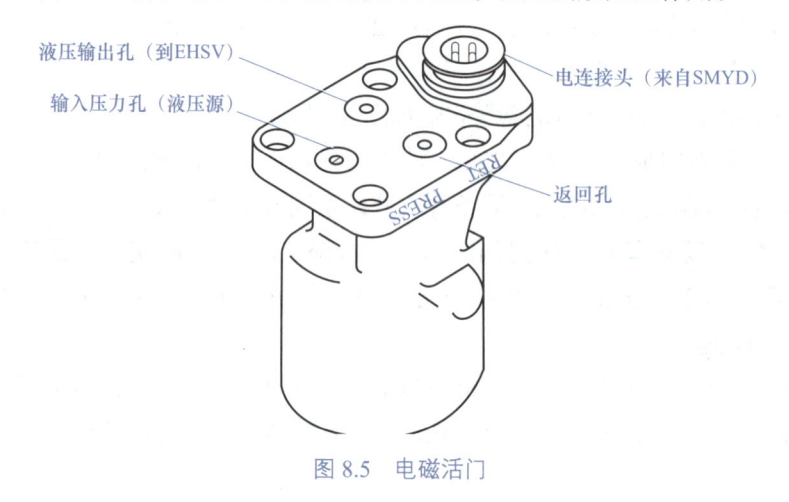

图8.5 电磁活门

以下是在电磁线圈上的3个液压孔：

1）输入压力孔用于输入液压；

2）输出孔用于向EHSV和偏航阻尼器作动筒输出液压；

3）返回孔用于液压液返回油箱。

电连接头将电磁活门连接到SMYD计算机。

当偏航阻尼器衔接后，电磁活门通电，该活门在压力的作用下将液压源送到EHSV和偏航阻尼器作动筒。

（2）电动液压伺服活门（图8.6）。对于主偏航阻尼器系统，在主方向舵PCU上的电动液压伺服活门将来自SMYD 1的电气指令信号改变为受控的液压流送到主方向舵PCU上的偏航阻尼作动筒。EHSV控制着使方向舵移动的偏航阻尼器作动筒的移动速率和方向以提供主偏航阻尼。

在EHSV上有4个液压口，如图8.6所示：一个输入口作为喷射管控制器/控制滑阀使用；一个回油口；两个到偏航阻尼器作动筒的输出口。

一个4针的电接头将SMYD计算机连接到EHSV。

当一个作为偏航阻尼的电信号来自SMYD计算机时，它将使EHSV中的喷射管移动。这将造成在控制滑阀两端的压力的变化。这个压力差将使得控制滑阀移动，这将改变两个输出口中的每一个的输出压力。这种输出压力的变化将引导压力下的液压液在所期望的方向上移动偏航阻尼器作动筒做偏航阻尼。

图8.6 电动液压伺服活门

5. 偏航阻尼系统相关联的系统部件

（1）大气数据惯性组件（ADIRU）。大气数据惯性组件向SMYD发送惯性和大气数据。数据包括空速、姿态、偏航和横滚速率及加速度。SMYD 1使用这些数据作为对偏航运动的探测以计算使方向舵在相反方向上移动的指令，从而减小不期望的飞机的偏航运动。

（2）飞行管理计算机（FMC）。FMC向SMYD提供飞机的总重，用于偏航阻尼器的计算。

（3）后缘襟翼收上限制电门。后缘襟翼收上限制电门向SMYD发送数据，以限制当襟翼收上时作为偏航阻尼的方向舵的行程。

（4）左侧 AOA 传感器。为 SMYD 提供飞机迎角信息。

（5）方式控制面板（MCP）。为自动驾驶提供一个通道接通信号。

1.4 偏航阻尼系统接口介绍

偏航阻尼系统结构如图 8.7 所示。

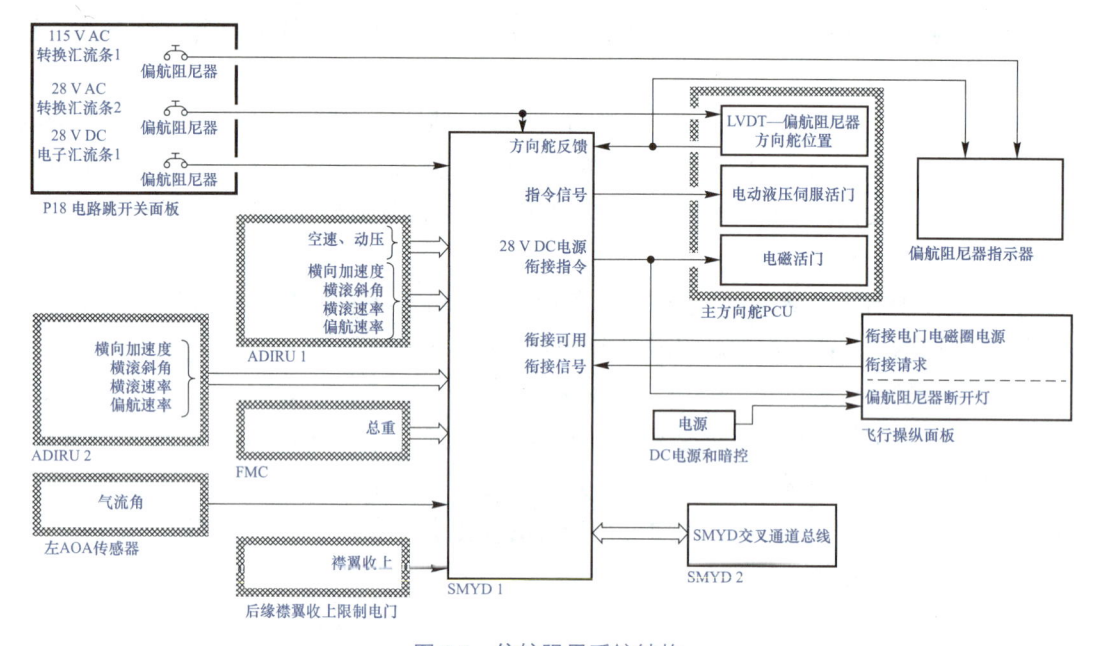

图 8.7 偏航阻尼系统结构

1. 电源接口

SMYD 1 从 1 号电子汇流条获得 28V DC，从转换汇流条 2 获得 28 V AC，28 V DC 电源从 SMYD 1 传到偏航阻尼器衔接电门。

偏航阻尼器指示器从转换汇流条 1 获得 115 V AC。

偏航阻尼器 LVDT 从与 SMYD 1 相同的电路获得 28 V AC。

2. 数字数据

SMYD 1 从 FMC 接收飞机的总质量数据。

SMYD 1 从左 ADIRU 接收的大气数据有空速和动压。

SMYD 1 从左和右 ADIRU 接收的惯性数据有横向加速度、横滚斜角、横滚速率、偏航速率。

3. 模拟信号

当飞行操纵面板上的 FLT CONTROL B 电门在 ON 位时，SMYD 1 可用于主偏航阻尼的工作。

SMYD 1 计算并向在主方向舵 PCU 上的偏航阻尼器部件传送偏航指令以使方向舵移动。这些部件是电磁活门、EHSV（电液伺服活门）和偏航阻尼作动筒。在主方向舵 PCU 上的 LVDT 向 SMYD 1 及向偏航阻尼器指示器发送方向舵位置反馈以指示方向舵的运动。

后缘襟翼收上限制电门向 SMYD 1 发送襟翼位置数据。当襟翼收上时，SMYD 使用该数据在偏航阻尼过程中限制方向舵的运动。

AOA 传感器向 SMYD 1 发送飞机的气流角信息。

偏航阻尼器断开灯从直流电源和暗控接收电源。

【任务实施】

工卡标题	飞机偏航阻尼系统部件识别			
机型		机号	B—××××	
工作区域	N/A	版本	R1	
工时	1 h	开始时间		结束时间
完成签署 / 日期			检验签署 / 日期	
参考文件	SSM 24-40-01；SSM 24-40-02			
编写 / 修订		审核		批准
日期		日期		日期
识别偏航阻尼系统部件				
步骤	中文名称	英文名称		
步骤 1	偏航阻尼器警告灯			
步骤 2	偏航阻尼器衔接电门			
步骤 3	偏航阻尼脱开指示灯			
步骤 4	偏航阻尼指示器			
步骤 5	主方向舵 PCU 偏航阻尼部件			

任务 2　偏航阻尼接不通故障检修

【任务导入】

一架波音飞机在某次执飞中发现，偏航阻尼器接不上，经左右互串 SMYD，测试正常。落地后进行检查，此次故障的现象主要表现在 Y/D 衔接不上或者接通后断开，查阅 SMYD 历史故障记录显示为 Y/D DISENGAE 和 Y/D SERVO LOOP，Y/D NO 28VAC POWER，根据故障信息和故障代码查阅 FIM 手册，可能引起故障的是：SMYD，线路问题，PCU 三个方面。初步判定故障原因为方向舵 PCU 或相关的线路有问题，请依据手册进行排故。

【任务实施】

工卡标题		偏航阻尼接不通故障检修				
机型	B737-200		机号		N9055U	
工作区域			版本		R1	
工时	90 min	开始时间		结束时间		
完成签署/日期			检验签署/日期			
参考文件	SSM 22-23-12；WDM 22-23-12					
编写/修订		审核		批准		
日期		日期		日期		
工量具/设备/材料					工作者	检查者
类别	名称	规格型号	单位	数量		
工量具	进钉工具	DAK20	把	1		
	剥线钳	ST2222-40	把	1		
	压钉钳	M22520/2-01	把	1		
	退钉工具	DRK20	把	1		
	剪钳		把	1		
	力用表		个	1		
	摇表		个	1		
设备	警告牌	禁止通电	个	1		
	跳开关夹		个	2		
材料	插钉	BACC47CP1S	根	1		
	扎带、扎绳					

1. 工作准备

（1）到工具库房领取工具；
（2）检查工具情况，外表完好无损，功能正常；
（3）领取耗材，耗材应符合标准；
（4）办理好领取手续

2. 操作步骤

（1）检查 SMYD 1 计算机的电源。
1）拆卸 SMYD 1。
2）目视检查连接插头是否有破损、污染等情况。

	续表
2. 操作步骤 3）闭合跳开关。 	Row	Col	Number	Name
---	---	---	---
C	7	C00285	YAW DAMPER AC | （2）测量 SMYD 1 计算机的电源电压。 | 维护信息	连接插头	引脚	WDM
---	---	---	---
22-21002	D3683B	13	WDM 22-23-12	 13 脚电压值：_____。 1）如果电压为 28 V，更换 SMYD 1。 2）如果电压为 0 V，继续执行以下程序。 （3）检查线路。 1）断开 P18-1 电路跳开关面板的插头 D41805P。 2）用数字万用表测量 D41805J 插头的 5 脚电压。 5 脚电压值：_____。 3）用万用表测量下列导线的导通性。 D41805P（P18-1）　　　D3683B（SMYD 1） pin 5 ———————————— pin B13 导线电阻值：_____ **3. 结束工作** （1）清点工具和设备，数量足够； （2）清扫现场； （3）归还工具、耗材； （4）在工具室归还登记簿上做好归还记录 ———————————— 工卡结束 ————————————	

任务 3　更换失速管理偏航阻尼器（SMYD1）

【任务导入】

　　一架波音飞机在某次执飞中发现，偏航阻尼器接不上，经左右互串 SMYD，测试正常。经检查测试，排除方向舵 PCU 和线路问题，请根据手册对 SMYD 进行更换。

【任务实施】

工卡标题		更换失速管理偏航阻尼器（SMYD 1）					
机型		B737NG		机号		N9055U	
工作区域				版本		R1	
工时		90 min	开始时间			结束时间	
完成签署/日期				检验签署/日期			
参考文件		AMM 27-32-42					
编写/修订			审核			批准	
日期			日期			日期	
工量具/设备/材料						工作者	检查者
类别	名称	规格型号		单位	数量		
工量具	进钉工具	DAK20		把	1		
	剥线钳	ST2222-40		把	1		
	压钉钳	M22520/2-01		把	1		
	退钉工具	DRK20		把	1		
设备	警告牌	禁止通电		个	1		
	跳开关夹			个	2		
材料	插钉	BACC47CP1S		根	1		
	扎带、扎绳						

1. 工作准备

（1）到工具库房领取工具；
（2）检查工具情况，外表完好无损，功能正常；
（3）领取耗材，耗材应符合标准；
（4）办理好领取手续

2. 操作步骤

（1）准备拆卸。
1）断开以下跳开关并挂上安全标签：
机长电气系统面板，P18-1：

行	列	编号	名称
C	7	C00285	YAW DAMPER AC
D	7	C00286	YAW DAMPER 1 DC

机长电气系统面板，P18-2：

行	列	编号	名称
E	4	C01392	STICK SHAKER LEFT
E	5	C01204	SMYD-1 CMPTR DC
E	6	C01205	SMYD-1 SNSR EXC AC

2）打开维护盖板：

编号	名称/位置
117A	电子设备检查口盖

2. 操作步骤

（2）SMYD 1 拆卸（图 1）。
1）进行金属外壳组件拆卸的 ESD 处理。
2）从电气架拆卸 SMYD。
3）拧松 SMYD 保持向下按钮。
4）小心将 SMYD 从托盘移出并拆卸 SMYD。
5）在 SMYD 插头上安装保护盖。
6）用塑料盖盖住架子的电插头。
（3）失速管理偏航阻尼器（SMYD 1）安装。
1）安装准备。
确保这些跳开关断开，并且有安全标签：

行	列	编号	名称
E	4	C01392	STICK SHAKER LEFT
E	5	C01204	SMYD-1 CMPTR DC
E	6	C01205	SMYD-1 SNSR EXC AC

2）SMYD1 安装。
①进行必要的步骤以防 SMYD 静电放电。
②确保 SMYD 和支架插头是干净的。
③拆除 SMYD 和架上任一的保护盖或袋子。
④将 SMYD 滑入架子。
⑤拧紧压下旋钮。
（4）失速管理偏航阻尼器组件安装测试。
1）接通飞机电源。
①确保 IRU 在操作。
②确保 FMC 接通且输入良好的质量数据。
2）取下安全标签并闭合这些跳开关：
机长电气系统面板，P18-2：

行	列	编号	名称
C	8	C00544	FLIGHT RECORDER PDSITION SENSOR
E	4	C01392	STICK SHAKER LEFT
E	5	C01204	SMYD-1 CMPTR DC
E	6	C01205	SMYD-1 SNSR EXC AC

3）按压 1 号 STALL WARNING TEST 电门。
确保机长振杆器运行。
4）按压 2 号 STALL WARNING TEST 电门。
确保副驾驶振杆器运行。
5）按压 MASTER CAUTION 电门。
确保 AUTOSLAT FAIL 灯熄灭。
6）SMYD EXISTING FAULTS 测试。
①通过按压 ON/OFF 电门接通 SMYD BITE。
②按压 YES 电门。
③确定显示器上显示 NO FAULTS。
7）在 SMYD 上进行 SWEEP TEST。
（5）使飞机恢复到其常规状态。
1）按压 SMYD BITE 面板上的 ON/OFF 电门以关闭 SMYD BITE。
2）关闭该维护盖板：

编号	名称／位置
117A	电子设备检查口盖

续表

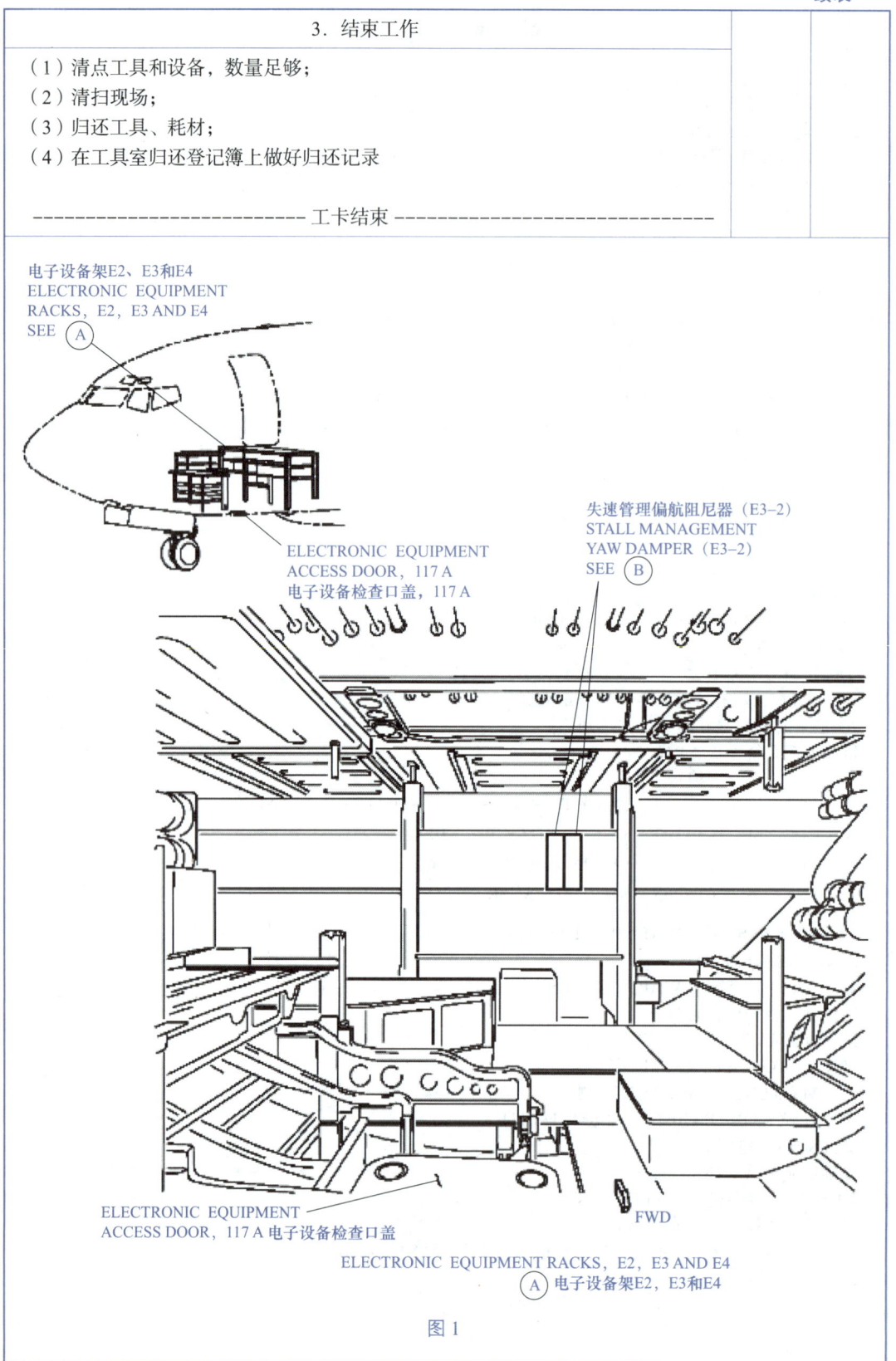

3. 结束工作	
（1）清点工具和设备，数量足够； （2）清扫现场； （3）归还工具、耗材； （4）在工具室归还登记簿上做好归还记录 ------------------------------ 工卡结束 ------------------------------ 电子设备架E2、E3和E4 ELECTRONIC EQUIPMENT RACKS，E2, E3 AND E4 SEE Ⓐ ELECTRONIC EQUIPMENT ACCESS DOOR，117 A 电子设备检查口盖，117 A 失速管理偏航阻尼器（E3-2） STALL MANAGEMENT YAW DAMPER（E3-2） SEE Ⓑ ELECTRONIC EQUIPMENT ACCESS DOOR，117 A 电子设备检查口盖 FWD ELECTRONIC EQUIPMENT RACKS，E2, E3 AND E4 Ⓐ 电子设备架E2、E3和E4 图 1	

拓展阅读

发扬工匠精神，争做时代楷模

一、引言

2022年3月30日，中央宣传部向全社会公开宣传发布"以国为重的大国工匠"徐立平的先进事迹，授予徐立平"时代楷模"荣誉称号。"时代楷模"宣传发布以"我们的价值观、我们的中国梦"为主题，现场发布了徐立平的先进事迹，宣读了《中共中央宣传部关于授予徐立平同志"时代楷模"荣誉称号的决定》，播放了反映他先进事迹的短片，中宣部负责同志为徐立平颁发了"时代楷模"奖章和荣誉证书。

二、关键词

忠诚、担当、善学、求精。

三、素质要素

对党忠诚、以国为重；
追求卓越、永不止步；
直面困难、不畏艰险；
淡泊名利、无私奉献。

四、思想内涵介绍

徐立平是中国航天科技集团公司第四研究院7416厂航天发动机固体燃料药面整形组组长，国家高级技师、航天特级技师。参加工作30年来，他一直从事极其危险的航天动力燃料微整形工作，多次经历血与火的淬炼、生与死的考验。他凭着对事业的忠诚和担当，苦钻善学、精益求精，立足岗位不断创新创造，练就高超的技艺绝活，多次出色完成急难险重任务，用堪称完美的产品为我国的航天事业发展做出自己的贡献。徐立平曾荣获"全国五一劳动奖章""中华技能大奖"，当选"感动中国2015年度人物"，被誉为"以国为重的大国工匠"。

徐立平的先进事迹宣传报道后，在全社会引起热烈反响。广大干部群众认为，徐立平把个人梦和航天梦、强国梦紧密结合，把国家的价值目标、社会的价值取向和个人的价值标准有机统一，用实际行动书写了一名"大国工匠"爱国奉献的壮丽篇章。他的先进事迹，生动体现了对党忠诚、以国为重的政治品质，追求卓越、永不止步的创新精神，直面困难、不畏艰险的责任担当，淡泊名利、无私奉献的高尚情操，不愧为社会主义核心价值观的模范践行者，广大干部群众的学习楷模。党员干部特别是航天工作者纷纷表示，要紧密团结在以习近平同志为核心的党中央周围，牢固树立政治意识、大局意识、核心意识、看齐意识，大力弘扬航天精神、发扬工匠精神、勇攀高峰、追求卓越，为实现"两个一百年"奋斗目标、实现中华民族伟大复兴的中国梦作出新的贡献，以优异成绩迎接党的十九大胜利召开。

项目 9

09 波音飞机甚高频通信系统故障检测与维修

学习目标

知识目标：
1. 理解通信系统的系统组成和功用。
2. 理解无线电信号传输工作原理。
3. 理解无线电发射、接收工作原理。
4. 理解卫星通信工作原理。
5. 熟悉通信电路的分析方法。

能力目标：
1. 能够准确依据手册找到指定部件。
2. 能够用数字万用表测量电压并进行线路导通性测试。
3. 能够依据手册排除 VHF（甚高频）2 低功率故障。
4. 能够依据手册对 VHF 进行测试。

素质目标：
1. 具备规范的操作意识和安全意识。
2. 具有爱岗敬业、诚实守信、遵章守纪的良好职业道德。
3. 具备团队协作精神、人际沟通能力和社会交往能力。
4. 具备"敬仰航空、敬重装备、敬畏生命"的职业素养。

任务 1　找出飞机通信系统部件

【任务导入】

本任务主要是认识高频通信系统、甚高频通信系统、选择呼叫系统的基本功能，学会查相关手册，能根据通信系统电路查找相应的部件，为后续任务打好基础。

【任务资讯】

1.1 通信系统概述

通信系统为飞机建立与地面或其他飞机间的相互联系，可分成三个部分：飞机内部通信系统（内话系统）、无线电通信系统、应急通信设备，如图9.1所示。

内部通信系统	无线电通信系统	应急通信设备
内话	甚高频通信	语音记录器
旅客广播	高频通信	应急定位发射器
	卫星通信	
	ACARS	

图9.1 通信系统分类

1. 内话系统

内话系统可以使驾驶舱与飞机客舱等其他部位之间建立通信联络。例如，在维修过程中，机务维修人员可以通过勤务内话完成机舱内部与飞机外部的通话。内话系统主要包括飞行内话、客舱内话和勤务内话。

（1）飞行内话主要用于驾驶舱机组之间及驾驶舱机组与地面飞行内话插孔处的通信。

（2）客舱内话用于驾驶舱机组与客舱乘务员及客舱乘务员之间的通信。

（3）勤务内话用于驾驶舱机组与飞机其他勤务区域的通信。

2. 无线电通信系统

无线电通信系统包括甚高频（VHF）通信系统、高频（HF）通信系统、卫星通信系统（SATCOM）和飞机通信寻址和报告系统（ACARS）。

（1）甚高频（VHF）通信系统：用于飞机和地面或飞机和飞机之间近距离通信。

（2）高频（HF）通信系统：利用高频信号会被电离层反射的原理进行传播，因而可以进行远距离通信（图9.2）。

（3）卫星通信系统（SATCOM）：利用人造地球卫星作为中继站转发无线电信号，以实现多个地面站之间的通信。其可以为机组提供全球通信，飞机上的乘客也可以付费使用卫星通信（图9.3）。

图9.2 高频通信系统　　　　图9.3 卫星通信系统

（4）飞机通信寻址和报告系统（ACARS）：可以将信息和数据在飞机和地面航线控制中心、空中交通管制中心之间传输。

3. 应急通信设备

应急通信设备包括语音记录器（CVR）和应急定位发射器（ELT）。驾驶舱语音记录器系统记录驾驶舱内全部语音信息，以便日后进行事故调查；应急定位发射器可以在事故发生后帮助救援人员确定失事飞机位置。

1.2 无线电传输工作原理

无线电通信是将需要传送的信息（如声音、文字、数据、图像等）转换成电信号，调制在一定频率的高频无线电波上经空间或地面传送至对方的通信方式。该通信方式由两部分构成：一部分为要传输的信息，称为电信号；另一部分为发射信号的载波，载波为一高频正弦波信号。平常听的调频广播，如 FM101.5 MHz，其中的 101.5 MHz 就是指载波的频率。

1. 无线电频率划分

无线电通信系统是利用无线载波进行通信，这种载波就是无线电频率或射频信号。载波使用的频率分成以下 8 个频段：

（1）甚低频（VLF）：频率范围为 3～30 kHz，这个波段仅用于军事通信系统；

（2）低频（LF）：频率范围为 30～300 kHz，用于公共无线电台和 ADF（自动方位搜寻器）导航系统，飞机通信系统不使用这个频段；

（3）中频（MF）：频率范围为 300～3 000 kHz（相当于 3 MHz），用于公共无线电台和 ADF 导航系统，飞机通信系统也不使用这个频段；

（4）高频（HF）：频率范围为 3～30 MHz，用于飞机远距离通信；

（5）甚高频（VHF）：频率范围为 30～300 MHz，飞机的 VHF 通信系统就工作在这个频率范围，有效通信距离最大为 200 海里（1 海里≈1.852 km），VOR（全向信标）和 ILS（仪表着陆系统）等导航系统也工作在这个频率范围；

（6）特高频（UHF）：频率范围为 300～3 000 MHz，即 3 GHz，该波段仅用于军事通信系统及 DME（距离测量设备）、ATC（列车自动控制）和 GPS（卫星导航系统）等系统；

（7）超高频（SHF）：频率范围为 3～30 GHz，卫星通信系统工作在这个频率范围，导航系统中的气象雷达和无线电高度表也工作在这个频率范围；

（8）极高频（EHF）：频率范围为 30～300 GHz，飞机上没有任何系统工作在这个频段。

2. 波长

一个信号从初始状态到经历一个完整的循环后回到该状态所需的时间称为周期 T。周期 T 和频率 f 为倒数关系。

波长是指无线电波在一个振动周期内传播的距离，电子浓度高的区域对应电压的波谷，而电子浓度低的区域对应电压的波峰。波长就是两个波峰或两个波谷之间的距离，无

线电传播速率是 3×10^8 km/s，对于 1 Hz 的频率，波长是 3×10^8 km。

3. 无线电传播

不同频率的无线电波传播特性是不一样的。VHF 以空间波形式传播，也就是沿直线在视距范围内传播，不受电离层变化的影响，传播稳定，通信可靠。VHF 在没有障碍物的情况下传播距离能达到 200 海里。

卫星通信系统使用 SHF 波段进行传播，其特点是传播距离远，通信效果好，缺点是通信费用高。

商业长途飞行需要远距离通信时可以使用高频通信系统，利用高频电波在电离层与地面之间来回反射的方式向前传播。高频通信系统的优点是传输距离远，缺点是电离层不太稳定，会影响通信效果。

4. 调制和解调

当通信系统天线尺寸为波长的十分之一或更大时才能有效收发无线电信号，人的语音信号频率最大可达 30 kHz，对应波长为 10 km，如果直接用语音信号进行无线电通信，天线尺寸将达到 1 km，这已经远远大于飞机尺寸。想要减小天线尺寸，就需要提高信号的频率。

通常选择一个较高频率的信号作为载波，使包含信息的原始波（如人的语音）与载波进行混频后变成合适传输的高频率信号，这一过程称为调制（图 9.4）。

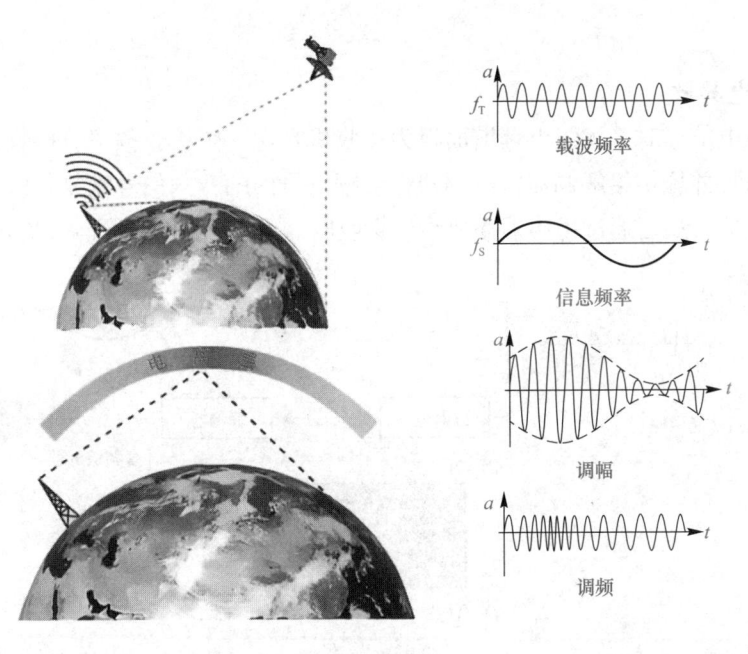

图 9.4 调制

如果在接收端能产生与载波相同频率的信号，接收天线接收到高频率信号后会再次与该信号进行混频，就可以还原出包含了信息的原始波，这一还原过程称为解调。

在调制过程中，利用载波的振幅变化来传递信息的方法称为调幅（AM），利用载波频率变化来传递信息的方法称为调频（FM）。

5. 无线电发射

无线电发射时，飞行员通过无线电调谐面板为振荡器设定一个载波频率，调制器将机组的语音信号和载波频率调制到一起，通过功率放大器放大发射功率，最后由天线将射频信号发射出去。无线电发射如图 9.5 所示。

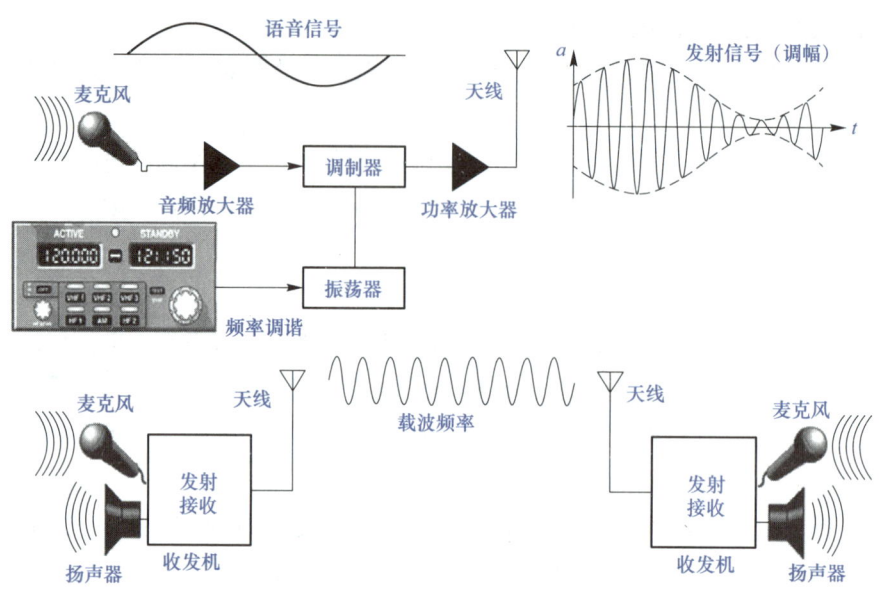

图 9.5 无线电发射

6. 无线电接收

接收无线电信号时，无线电调谐面板为接收机发送一个接收频率。接收机通过天线接收相应频率信息并提供给解调器，解调器将射频信号内的音频信号恢复。恢复的音频信号送至音频放大器，最后通过扬声器播放给机组收听。无线电接收如图 9.6 所示。

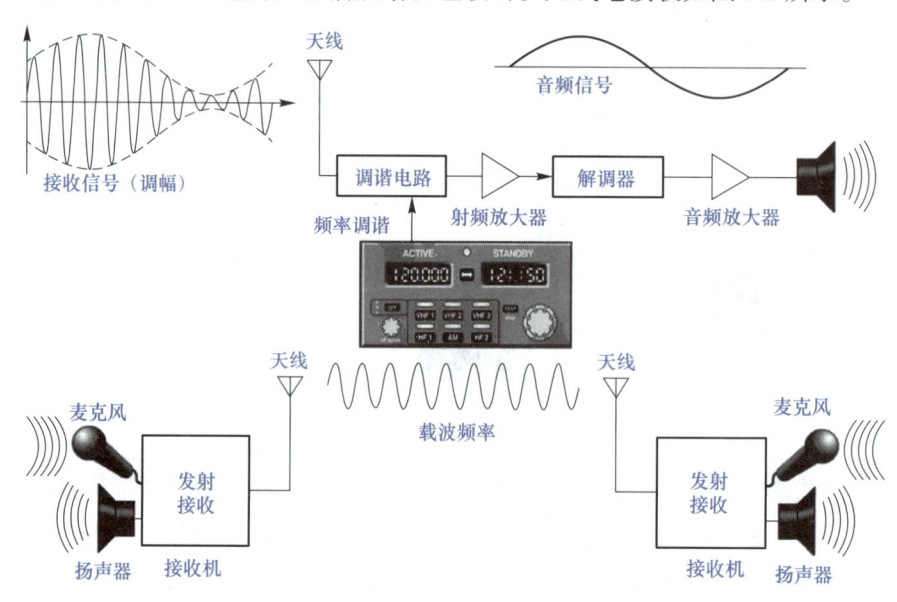

图 9.6 无线电接收

7. 天线

天线的功能是接收或发射射频信号。不同系统的工作频率不一样，天线的安装位置和大小也不一样。通常情况下，天线的长度是波长的 1/4 时最佳。

VHF 系统的工作频率范围为 118～137 MHz，波长范围为 2.19～2.45 m。因此天线的理论长度应为 55～64 cm，由于差异不大，通常使用长度为 60 cm 的天线。

高频通信系统的工作频率范围为 2～30 MHz，因此天线的长度应该为 2.5～37.5 m。由于长度范围太大，而目前现代客机使用固定长度的高频天线，导致高频通信系统使用不同频率时天线的阻抗会有很大差异，所以需要一个天线调谐耦合器来将天线阻抗与高频馈线的特性阻抗相匹配。

8. 无线电传输电缆

无线电传输电缆用于传输收发机和天线之间的射频信号，目前飞机上有两种无线电传输电缆：一种是同轴电缆，传输频率最高能达到 3 GHz，内部是携带无线电射频电势的导体，也就是在其内部存在一定静电场的导体，外部导体则接地，内外导体之间充满绝缘材料。另一种是波导管，用来传送 3 GHz 以上的电磁波，也可用作雷达频率信号的特殊馈线。这两种射频线只能由经过特殊培训的人员依据维修手册进行施工，不正确的施工会导致系统出现故障。此外，天线接头容易出现进水腐蚀的现象，需要注意检查。

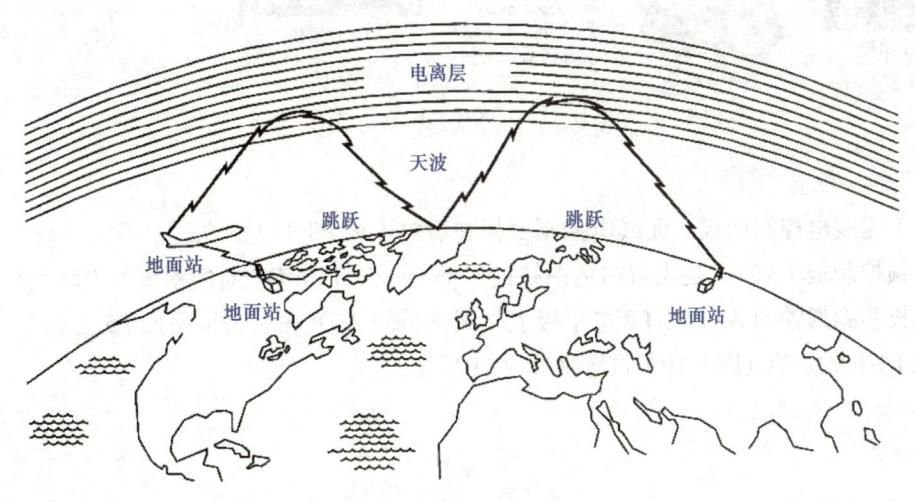

1.3 高频通信系统

1. 高频通信系统概述

高频（HF）通信系统提供远距离的声音通信（图 9.7）。它为飞机与飞机之间或地面站与飞机之间提供通信。

HF 通信系统利用地球表面和电离层使通信信号来回反射的原理进行传播。反射的距离随时间、射频和飞机的高度不同而有所改变。高频通信系统用于长距离通信，广泛安装在远程飞机上。

图 9.7 高频通信系统

HF 通信无线电使用频率选择和控制信号来发射和接收声音通信。HF 无线电用一个来自飞行内话系统的语音音频调制载波信号。接收期间 HF 无线电解调 RF 载波信号。这使声音音频从 RF 载波信号中分离出来。

HF 收发机将音频送给飞行内话系统。

HF 系统的工作频率范围为 2 ～ 29.999 MHz。

2. 系统部件

HF 通信系统包括无线电通信面板、HF 收发机、HF 天线耦合器、HF 天线。

（1）通过无线电通信面板（RCP）提供的频率信息和控制信号调谐 HF 收发机并进行无线电选择。

（2）HF 收发机可以发射和接收信息。

（3）HF 天线耦合器使天线阻抗与收发机的 HF 频率范围的输出相匹配。

RCP 和 HF 收发机上都能做通信测试。

HF 通信系统结构如图 9.8 所示。

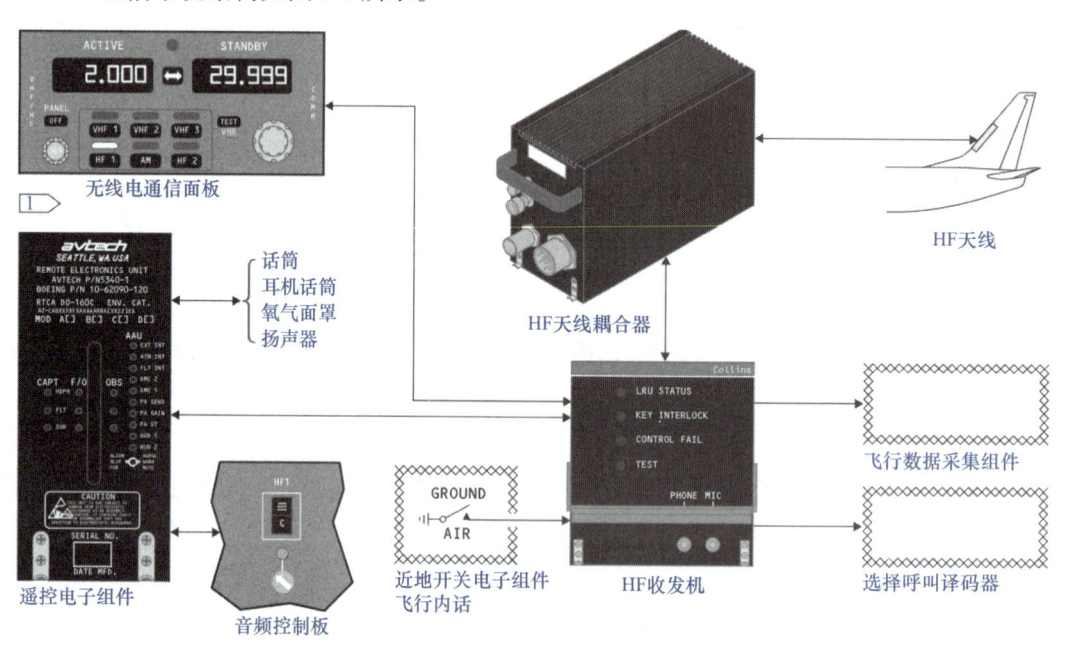

图 9.8　HF 通信系统结构框图

3. 部件位置

（1）无线电控制面板。无线电控制面板在后电子板 P8 上（图 9.9）。

音频控制板（ACP）是飞行内话系统的一部分。ACP 与 HF 通信系统经 REU 有一个接口。机长和副驾驶的 ACP 在 P8 电子板上。观察员的 ACP 在后头顶面板 P5 上。

（2）HF 收发机（图 9.10）位置如图 9.11 所示。

图 9.9 无线电控制面板

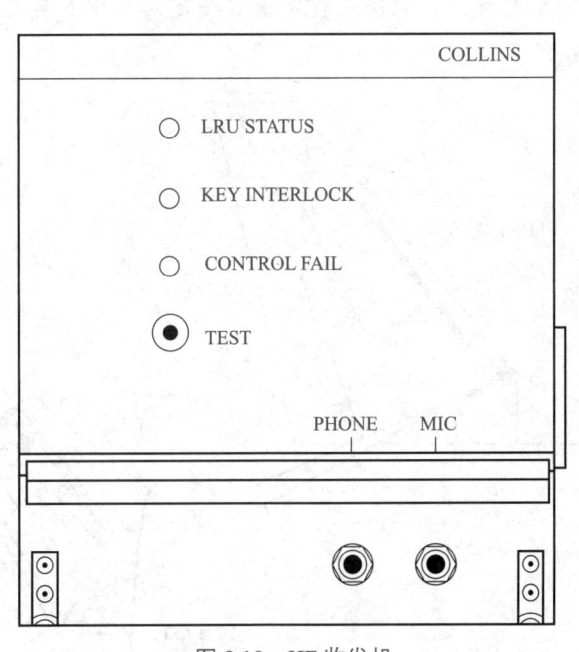

图 9.10 HF 收发机

电子设备舱(向后看)

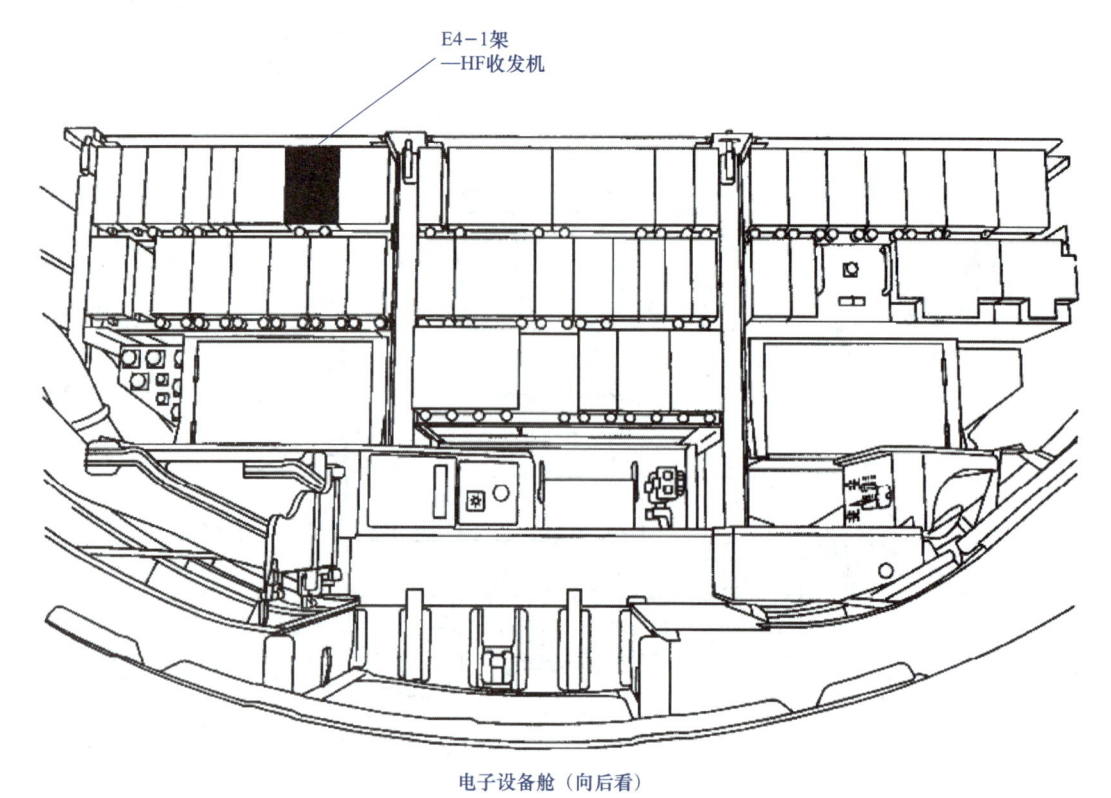

图 9.11 HF 收发机位置

（3）天线和天线耦合器。HF 天线在垂直安定面的前缘（图 9.12）；天线耦合器在垂直安定面里面（图 9.13）。

警告：当 HF 系统发射时，要确保人员离垂直安定面至少 6 英尺（约 2 m）。从 HF 天线发射 RF 能量对人有害。

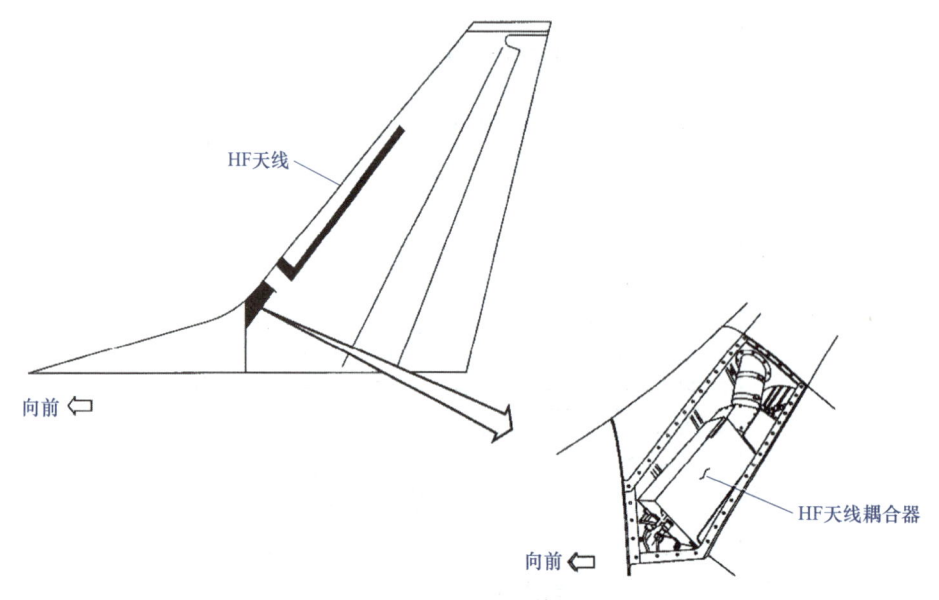

图 9.12 HF 天线

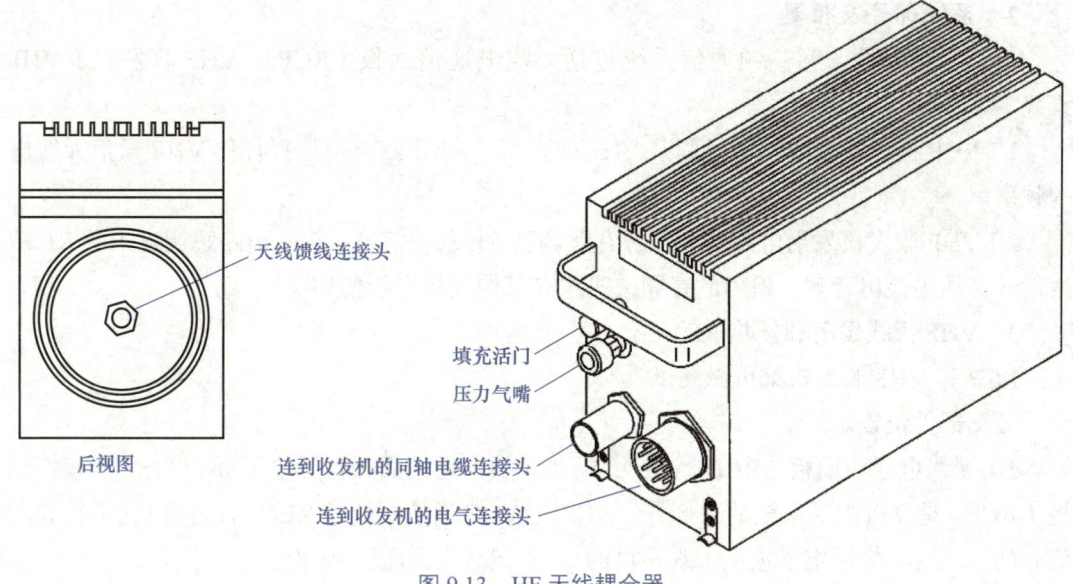

图 9.13　HF 天线耦合器

1.4　甚高频通信系统

1. 概述

甚高频通信系统是一种视距通信系统，用于语音和数据的通信联系，它可以使用在飞机与飞机之间或飞机与地面站之间（图 9.14）。

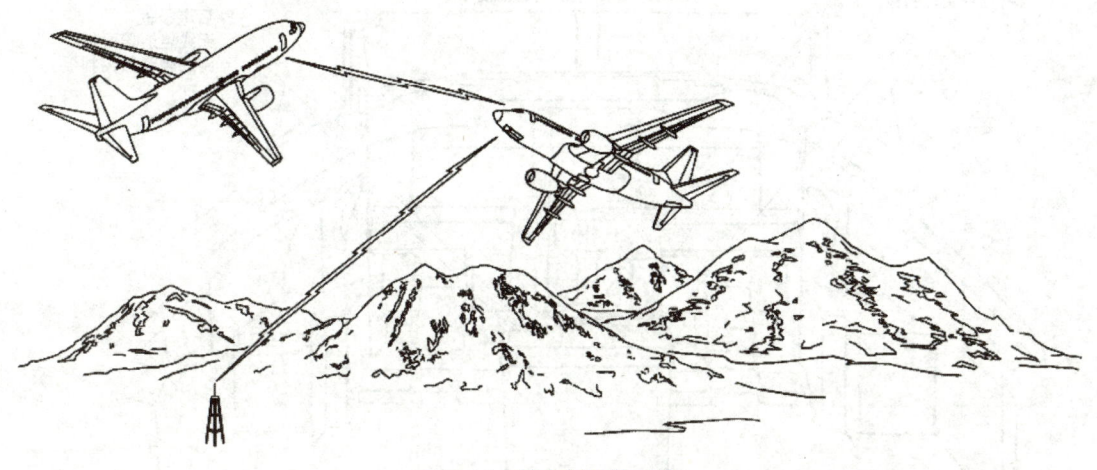

图 9.14　甚高频通信系统

甚高频通信系统使用的频率范围为 118.000 ～ 136.975 MHz，可以用于语音和数据通信，只在以下频段中频率间隔为 8.33 kHz：118.000 ～ 121.400 MHz、121.600 ～ 123.050 MHz、123.150 ～ 136.475 MHz。

2. 系统部件及位置

（1）系统部件。甚高频通信系统包括无线电通信面板（RCP）、VHF 收发机、VHF 天线。

1）RCP 提供所选频率信号调谐 VHF 收发机。利用 RCP 可选择任何 VHF 通信无线电的频率。

2）VHF 收发机发射电路使用语音音频调制 RF 载波信号。接收电路解调进来的 RF 载波信号，从中检出音频。检出的音频被机组和其他飞机系统使用。

3）VHF 天线发射和接收 RF 信号。

RCP 和 VHF 收发机都可做测试。

（2）部件位置。

1）无线电通信面板（RCP）（图 9.15）。无线电通信面板在后电子板 P8 上。音频控制板（ACP）是飞行内话系统的一部分。ACP 与 VHF 通信系统经 REU 有一接口。机长和副驾驶的 ACP 在 P8 后电子板上。观察员的 ACP 在后头顶面板 P5 上。

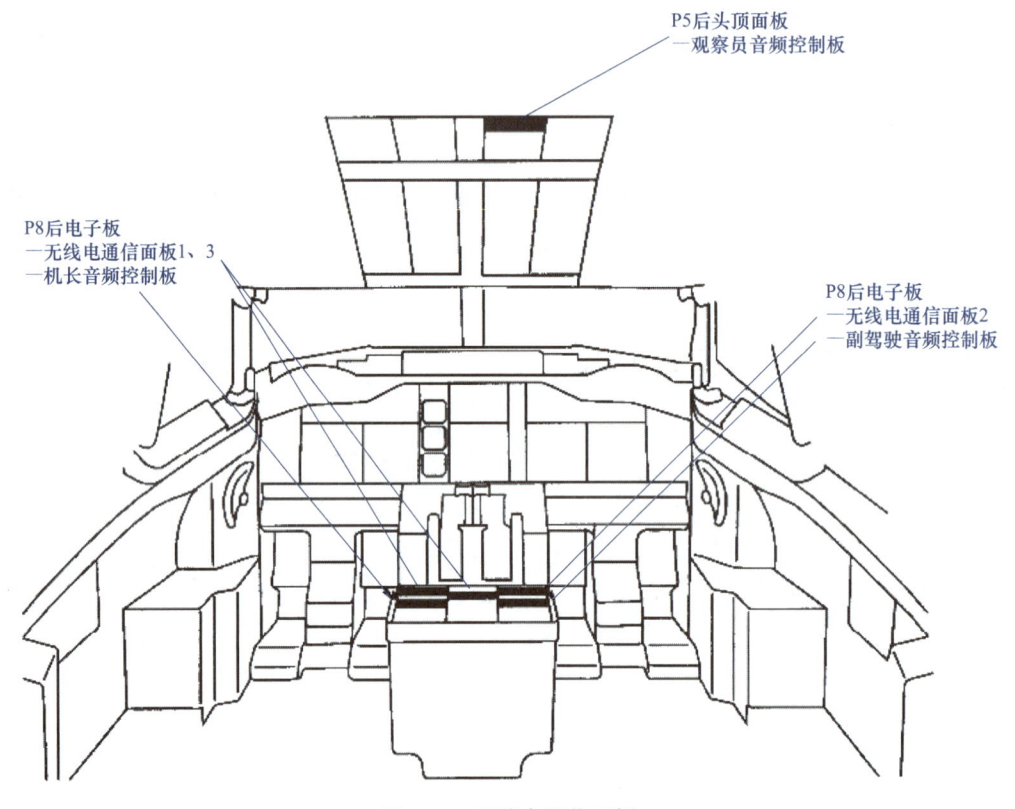

图 9.15　无线电通信面板

2）VHF 收发机在电子设备仓（图 9.16）。

3）天线在飞机上部和后腹部（图 9.17）。

EE舱（向前看）

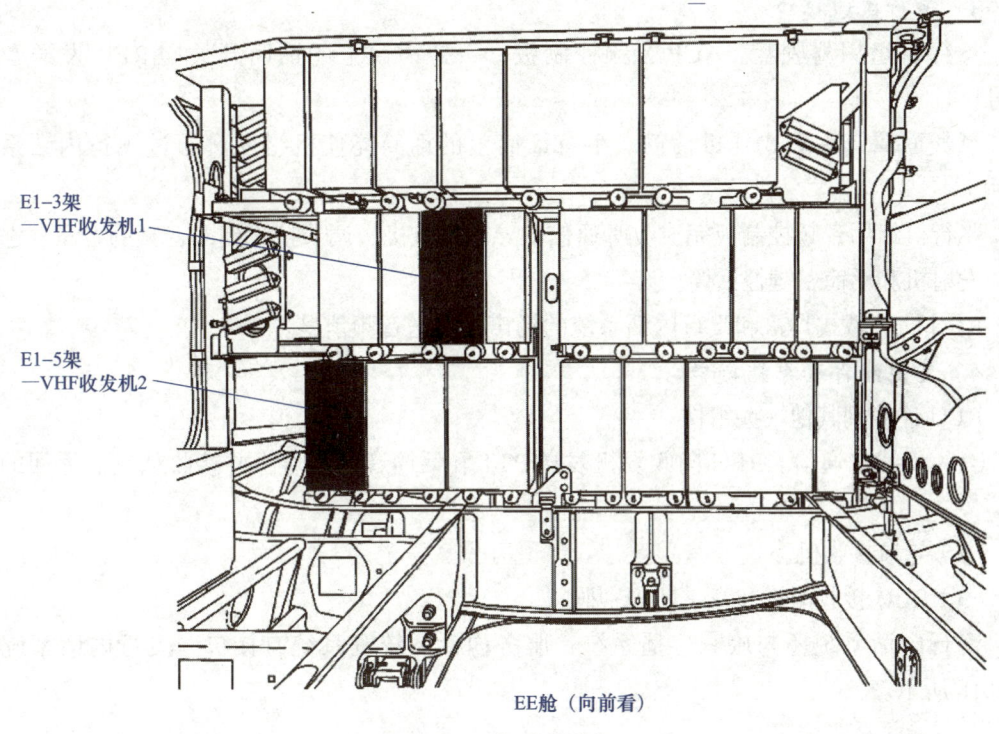

图9.16　VHF收发机

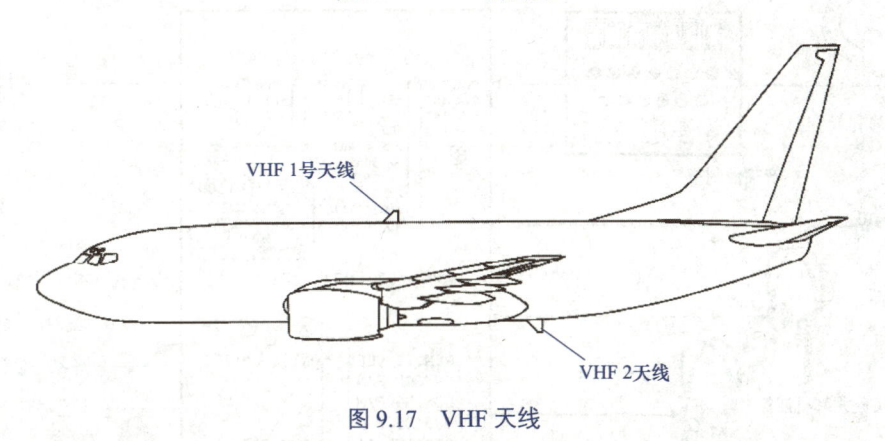

图9.17　VHF天线

1.5　飞行内话系统

1. 目的

飞行机组用飞行内话系统进行彼此间相互交流或与地面机组人员通话。

飞行机务维护人员用飞行内话系统接入通信系统。也可用飞行内话系统监控导航接收机。

2. 概述

遥控电子组件（REU）和音频控制板（ACP）控制来自飞行机组的音频信号。REU还控制与服务内话和其他相关电子设备之间的通信。系统故障期间，应急操作旁通所有正在使用的系统电路，而保持飞机－地面站间的通信。

3. 飞行机组接口

飞行机组用驾驶盘、ACP 音频控制板、手持话筒上的话筒开关向 REU 发送音频信号。

氧气面罩、头戴式耳机话筒、手持话筒上的话筒能使机组人员通过飞行内话系统讲话。

飞行机组用音频控制板完成收听通信和导航接收机、调节接收到的音频的音量、选择一个发射机和话筒、键控话筒。

REU 向头戴式耳机和飞行内话系统的扬声器发送音频信号。

4. 其他组件和系统接口

REU 连接到其他一些组件：

（1）无线电通信。REU 向收发机发送 PTT 和话筒音频信号，并接收从它们返回的音频信号。

（2）导航接收机。

（3）REU 接收语音和摩尔斯识别码。

飞行内话系统还与旅客广播系统、服务内话系统等系统有接口。飞行内话系统如图 9.18 所示。

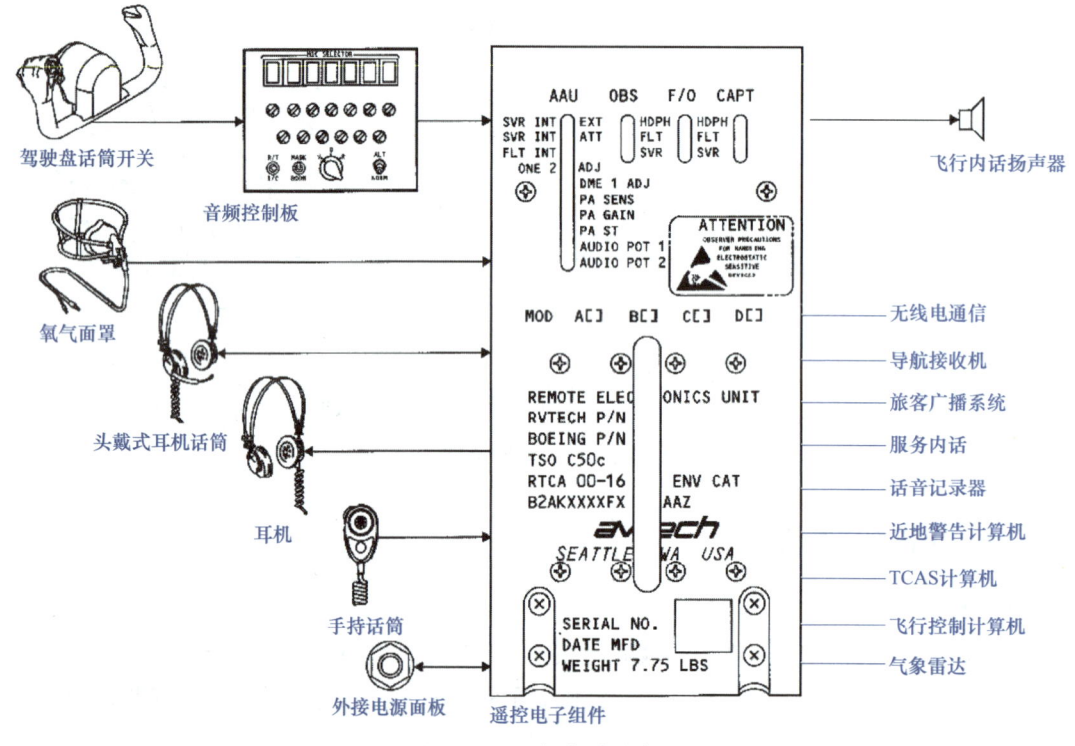

图 9.18 飞行内话系统

5. 位置

飞行内话系统驾驶舱组件如图 9.19 所示。

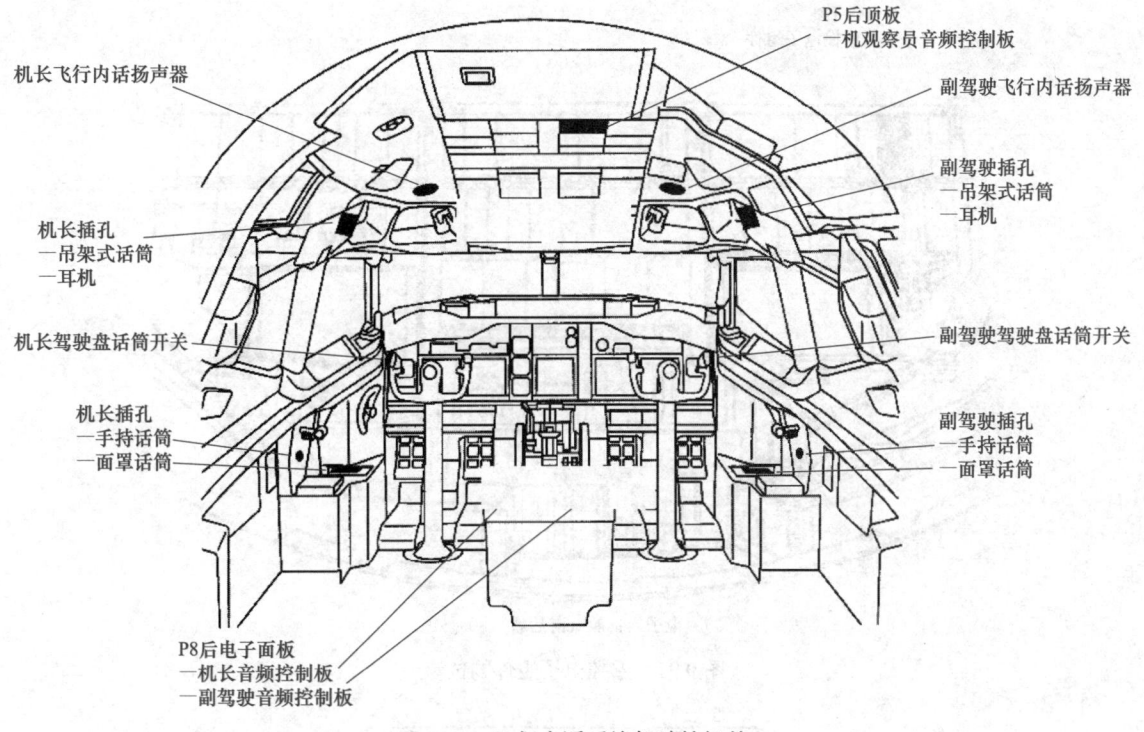

图 9.19 飞行内话系统驾驶舱组件

（1）机长和副驾驶位的飞行内话系统部件包括驾驶盘话筒开关、飞行内话扬声器、手持话筒插孔、氧气面罩话筒插孔、吊架式话筒插孔、耳机插孔、音频控制板。

（2）观察员位飞行内话部件包括手持话筒插孔、氧气面罩话筒插孔、耳机插孔、音频控制板（图9.20）。

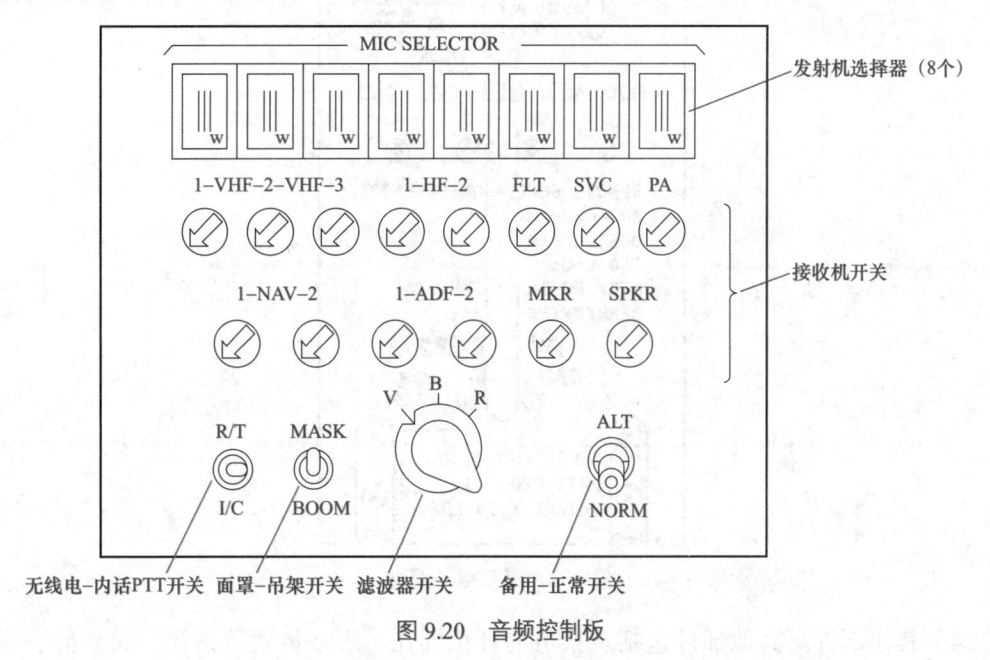

图 9.20 音频控制板

（3）遥控电子组件（REU）。REU在E4-1架子上（图9.21、图9.22）。

201

电子设备舱（向后看）

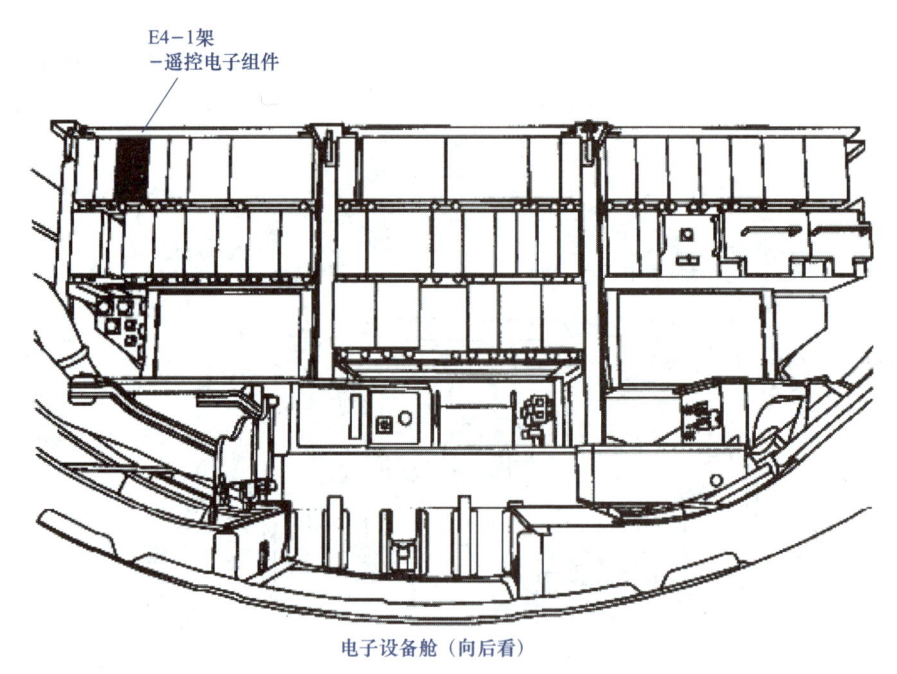

图 9.21 遥控电子组件的位置

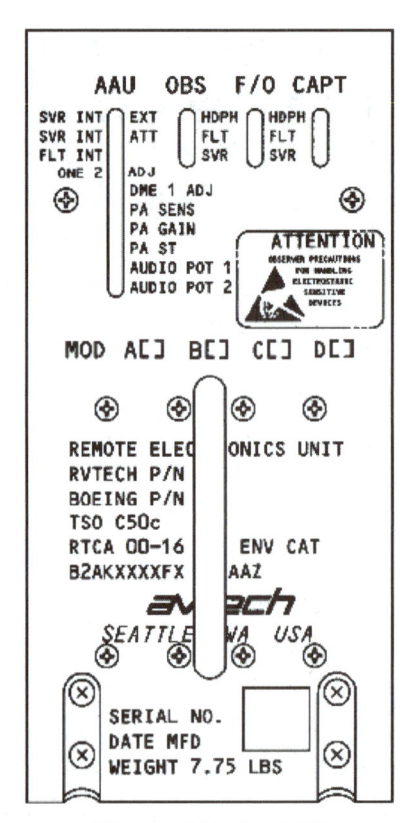

图 9.22 遥控电子组件

（4）其他部件。其他部件包括观察员的耳机插孔、观察员面罩话筒、观察员手持话筒。它们是位于驾驶舱后半部分的飞行内话系统的其他部件（图 9.23）。

P61面板
— 观察员耳机插孔
— 观察员面罩话筒插孔
— 观察员手持话筒插孔

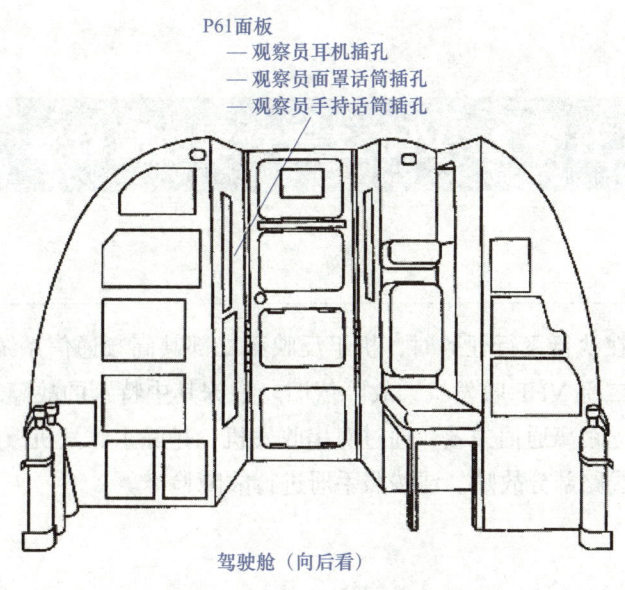

驾驶舱（向后看）

图 9.23　飞行内话系统其他部件

【任务实施】

工卡标题		飞机通信系统部件识别			
机型			机号		B—××××
工作区域		N/A	版本		R1
工时		1 h	开始时间	结束时间	
完成签署/日期			检验签署/日期		
参考文件		SSM 24-40-01；SSM 24-40-02			
编写/修订			审核	批准	
日期			日期	日期	
1. VHF 部件					
步骤		中文名称		英文名称	
步骤 1		无线电通信面板			
步骤 2		甚高频收发机			
步骤 3		甚高频天线			
2. 飞行内话系统部件					
步骤		中文名称		英文名称	
步骤 1		音频控制板			
步骤 2		遥控电子组件			
步骤 3		外接电源面板			
步骤 4		话筒			

任务 2　VHF 2 低功率故障检修

【任务导入】

一架波音飞机在执行飞行任务时，机组反映第二部甚高频通信系统故障，无法通信。根据描述，对串第二部 VHF 收发机，故障依旧。根据其中特别的故障现象，即在相邻桥位可以通信，但是远距离通信失效，通过对串收发机，排除了收发机故障的可能性，就应该是射频信号发射线路部分故障。请按照手册进行故障检修。

【任务资讯】

2.1　VHF 结构与原理

VHF 通信系统结构如图 9.24 所示。

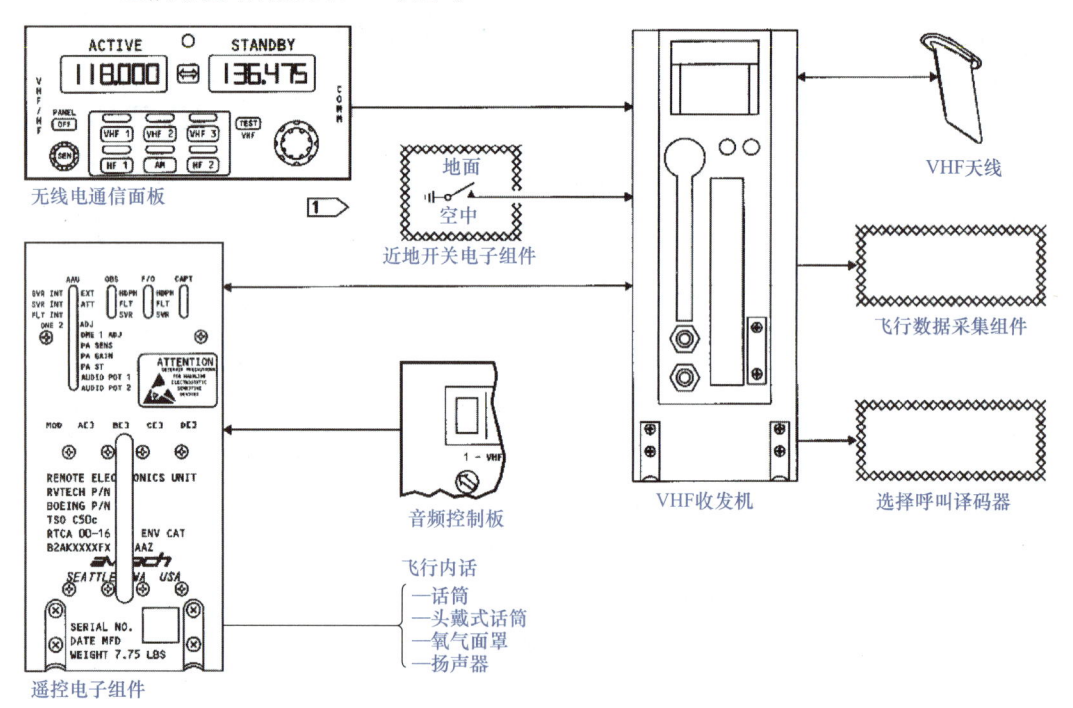

图 9.24　VHF 通信系统结构

1. 无线电通信面板

RCP 提供所选频率信号调谐 VHF 收发机。用 RCP 可选择任何 VHF 通信无线电的频率。

2. VHF 收发机

甚高频收发机的发射部分电路负责将语音信号或数据信号调制在射频载波上，接收部分电路则负责将收到的射频载波解调，然后将分离出来的语音信号传给机组和其他相关系统。

3. VHF 天线

VHF 天线发射和接收 RF 信号。

4. 音频控制板

音频控制板控制通信和导航系统的音频。

5. 遥控电子组件

遥控电子组件控制飞行内话系统的音频信号。

2.2 VHF 电路分析

1. 主要部件

（1）M58 VHF 2 天线。

（2）M150 VHF 2 收发机。

（3）无线电通信面板。

（4）电源跳开关 C166。

2. 电路分析

28 V 直流电通过跳开关 C166 送到 D209 插头为无线电通信面板供电，通过 D201C 插头为 M150 VHF 2 收发机供电。M150 VHF 2 收发机通过 D201C 插头与 M58 VHF 2 天线连接。无线电通信面板 P8-71、P8-72 用作进行无线电通信的控制面板，通常包括频率显示/选择、频道显示/选择、音量控制、发射/接收控制、功能键、显示屏、电源电门等。VHF 2 收发机是主要用于发射和接收无线电信号的设备，包括发射机和接收机两部分，可以实现双向通信。发射机部分负责将音频信号或数据转换为无线电信号，并通过天线发射出去。它通常包括一个振荡器（产生高频信号）、一个调制器（将音频或数据信号调制到高频信号上）及一个放大器（将调制后的信号放大到足够的功率以进行传输）。天线负责将收发机调制好的信号发射出去。VHF 电路原理如图 9.25 所示。

图 9.25 VHF 通信系统结构

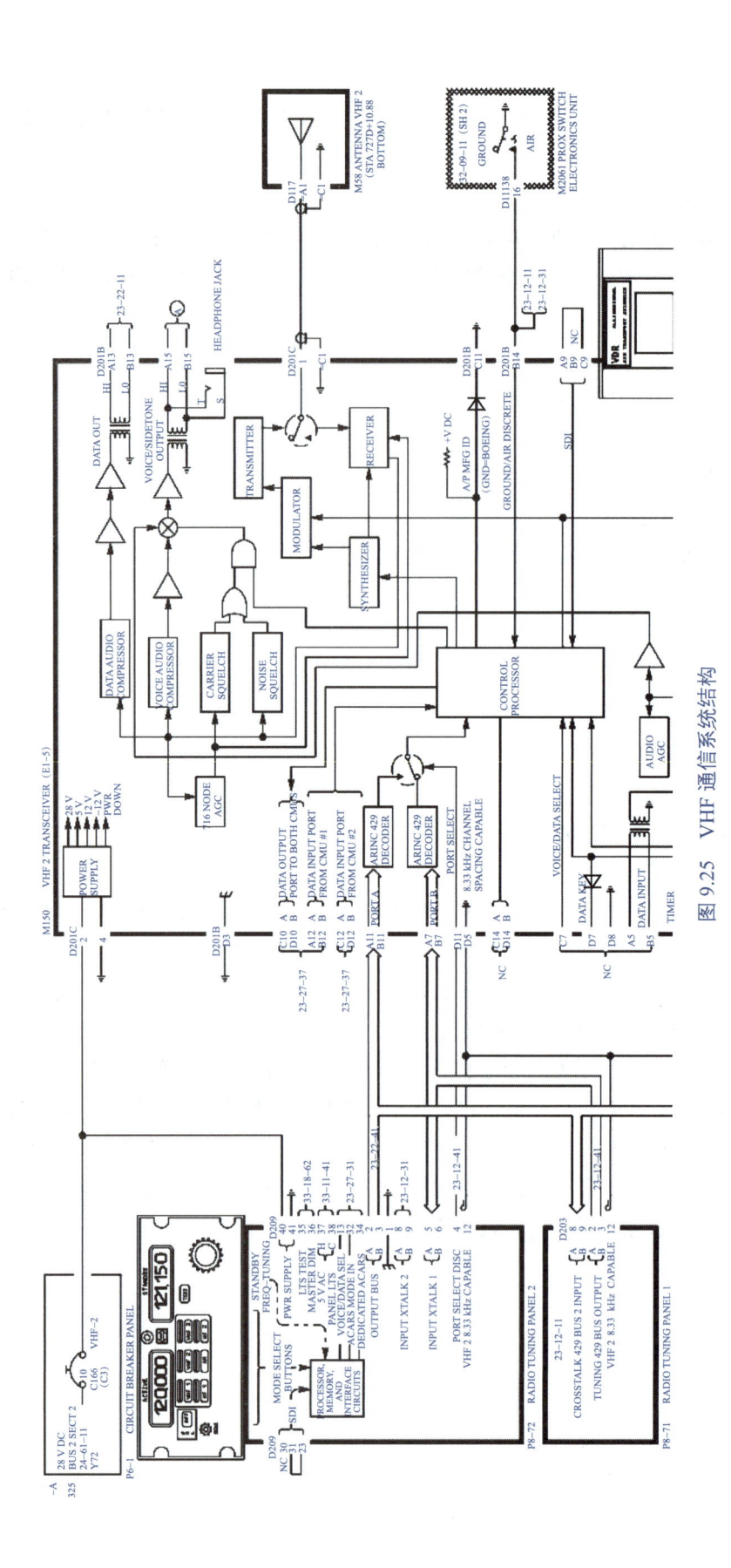

【任务实施】

工卡标题		VHF 2 无法通信故障检修					
机型	波音 737NG		机号		B—××××		
工作区域	N/A		版本		R1		
工时		开始时间			结束时间		
完成签署/日期				检验签署/日期			
参考文件	AMM 23-12-11；SSM 23-12-21；WDM 23-12-21						
编写/修订		审核			批准		
日期		日期			日期		
工量具/设备/材料						工作者	检查者
类别	名称	规格型号		单位	数量		
工量具							
设备	地面电源车			台	1		
	数字万用表			个	1		
材料							

1. 工作准备

（1）到工具库房领取仪器；
（2）检查仪器情况，外表完好无损，功能正常；计量工具在有效期内；
（3）领取耗材，耗材应符合标准；
（4）办理好领取手续

2. 操作步骤

（1）更换 VHF 2 系统收发机。
1）拆卸 VHF 通信收发机。
①断开这些跳开关并且挂上安全标签：

行	列	编号	名称
0	3	C00166	COMMUNICATIONS VHF 2

②打开维护盖板：

编号	名称/位置
117A	电子设备检查口盖

③接触 VHF 通信收发机之前，完成金属外壳组件拆卸后的 ESDS 处理。
④为拆卸 VHF 通信收发机，进行 E/E 盒拆卸。
2）安装 VHF 通信收发机。
①确保这些跳开关断开，并且有安全标签：

行	列	编号	名称
0	3	C00166	COMMUNICATIONS VHF 2

2. 操作步骤		
②接触 VHF 通信收发机之前，完成金属外壳组件安装的 ESDS 处理（图1）。 告诫：不得触摸插头销或其他导线。如接触这些导体，静电放电会损坏部件。 ③为安装 VHF 通信收发机，做下列任务：E/E 盒安装。 ④去掉安全标签并闭合这些跳开关： 　　行　　列　　编号　　　名称 　　0　　3　　C00166　COMMUNICATIONS　VHF　2 3）安装测试。 ①接通电源。 ②按压并松开相应 VHF 通信收发机前面板的两个 TEST 开关之一，对相应 VHF 通信系统（VHF 2）进行 BITE 测试。 ③按压并松开相应 VHF 通信收发机前面板的 TEST 开关，对相应 VHF 通信系统（VHF 2）进行 BITE 测试。 ④按压并松开相应 VHF 通信收发机面板上的 TEST 电门，以便对相应 VHF 通信系统（VHF 2）进行 BITE 测试。 ⑤将飞机恢复到其初始状态。 （2）对 VHF 2 通信系统进行 BITE 测试。 1）测试通过，故障排除。 2）测试未通过，执行下列程序： ①使用一时域反射计（TDR）检查同轴电缆。TDR 可以找出长度最多 1 200 英尺（约 366 m）的同轴电缆内的断路、短路、折痕和其他缺陷。 ②如果发现同轴电缆故障，进行更换或修理。 ③检查 VHF 2 天线。 （3）确保这些跳开关闭合。 　　行　　列　　编号　　　名称 　　C　　3　　C00166　COMMUNICATIONS　VHF　2		
3. 结束工作		
（1）清点工具和设备，数量足够； （2）清扫现场； （3）归还工具、耗材； （4）在工具室归还登记簿上做好归还记录 -------------------------- 工卡结束 --------------------------		

续表

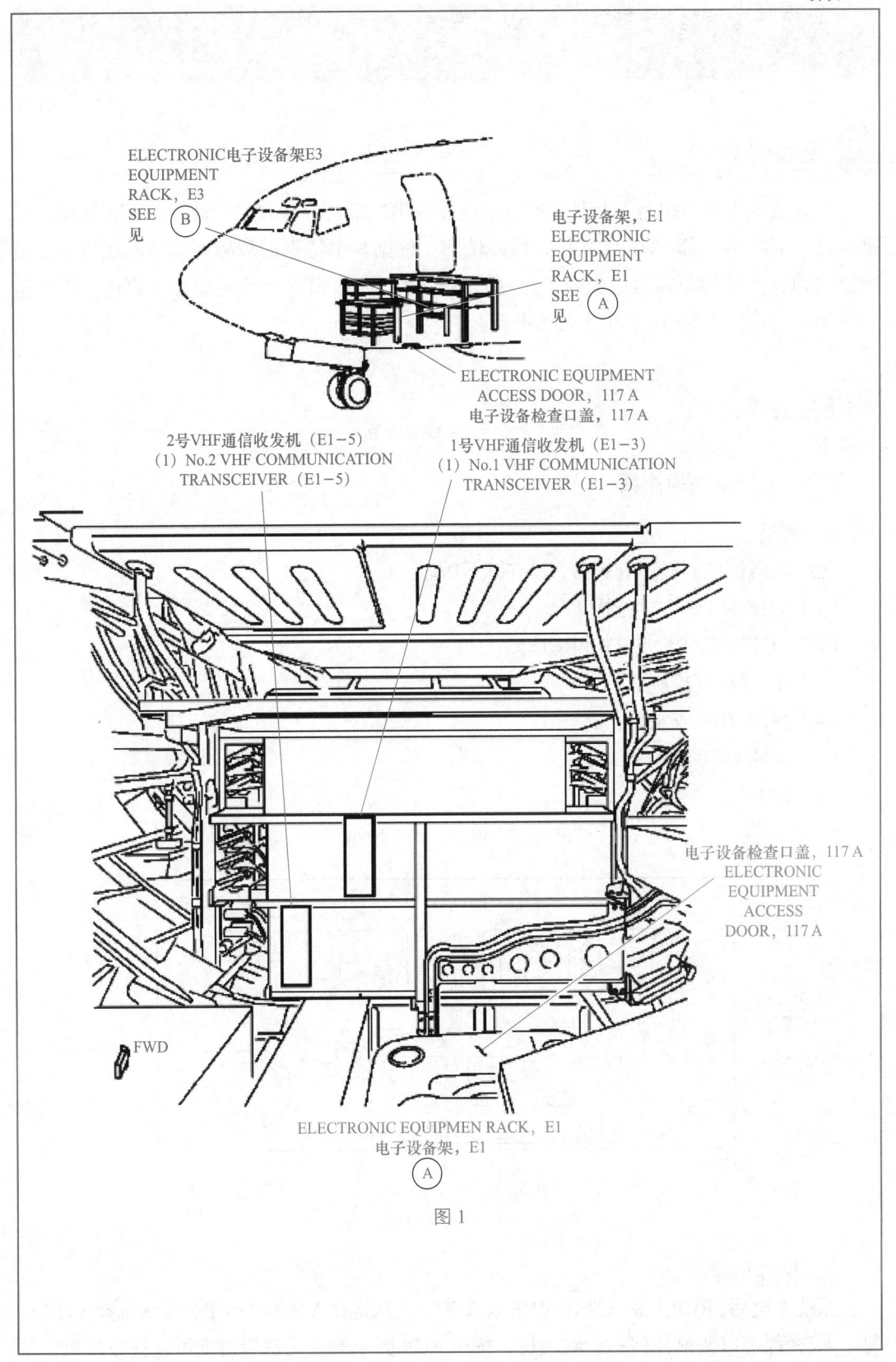

ELECTRONIC 电子设备架 E3
EQUIPMENT
RACK, E3
SEE (B)
见

电子设备架，E1
ELECTRONIC
EQUIPMENT
RACK, E1
SEE (A)
见

ELECTRONIC EQUIPMENT
ACCESS DOOR, 117 A
电子设备检查口盖，117 A

2号VHF通信收发机（E1-5）
(1) No.2 VHF COMMUNICATION
TRANSCEIVER（E1-5）

1号VHF通信收发机（E1-3）
(1) No.1 VHF COMMUNICATION
TRANSCEIVER（E1-3）

电子设备检查口盖，117 A
ELECTRONIC
EQUIPMENT
ACCESS
DOOR, 117 A

FWD

ELECTRONIC EQUIPMEN RACK, E1
电子设备架，E1
(A)

图 1

任务 3　更换 VHF 天线

【任务导入】

一架波音飞机在执行飞行任务时,机组反映第二部甚高频收发机故障,无法通信。根据描述,对串第二部 VHF 收发机,故障依旧。根据其中特别的故障现象,即在相邻桥位可以通信,但是远距离通信失效,通过故障检修,发现 VHF 天线有腐蚀的痕迹,需要进行更换,请按照手册进行 VHF 天线更换。

【任务资讯】

3.1　无线电通信面板

1. 概述

无线电通信控制板(图 9.26)具有以下功能:
(1) VHF 和 HF 方式选择;
(2) ACTIVE/STANDBY 频率选择;
(3) HF 灵敏度控制;
(4) 测试 VHF 收发机;
(5) 选择 HF 的工作模式;
(6) OFF 键。

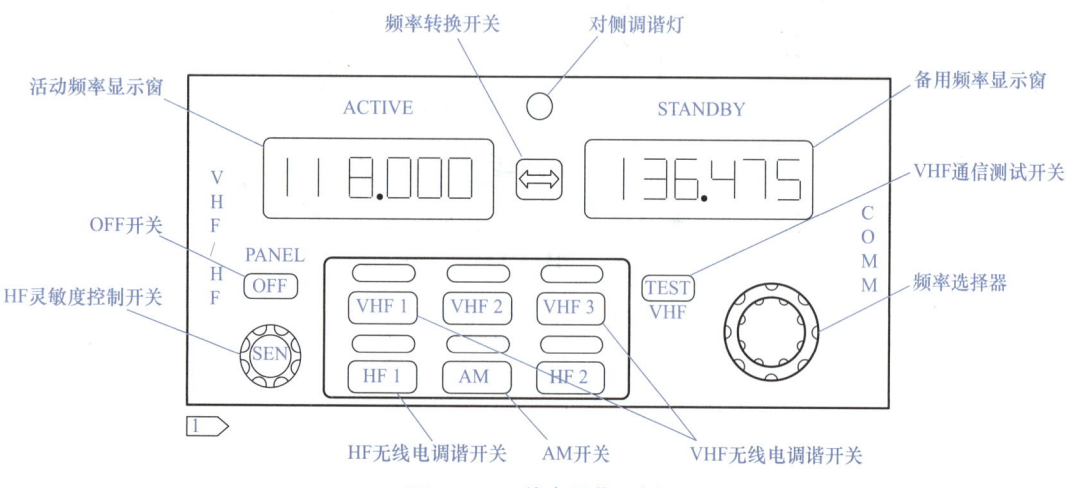

图 9.26　无线电通信面板

2. 控制和显示

系统上电后,RCP 1 默认选择 VHF 1,RCP 2 默认选择 VHF 2,RCP 3 默认选择 VHF 3,每个 RCP 都可以调谐任何一台收发机,按压 RCP 面板的方式选择键即可选择收发机。按压后，选择键上的小白灯会点亮。每个 RCP 同时只能调谐一台收发机。

如果选择了非本边的收发机，将有两个 off-side 灯会点亮：一个是所使用的 RCP；另一个是被选择了的非本边的 RCP。

设置频率时频率显示在备用频率显示窗（STANDBY 窗），通过旋转频率选择器来设置频率。在调节频率时，百位始终为 1，十位和个位由外圈的旋钮调节（每挡 1 MHz），十分位、百分位、千分位由内圈的旋钮调节（每挡 25 kHz）。

按压频率转换键后，备用频率将转换成使用频率。高频灵敏度调节钮用于调节高频收发机的接收灵敏度。旋转调节钮时，备用频率显示窗将显示一个从 0 到 99 的数值，代表收发机的灵敏度等级。99 代表灵敏度最高，0 代表灵敏度最低。过一段时间后，备用频率显示窗将恢复原来的频率显示。

按压甚高频测试键可以测试甚高频系统的当前工作情况。按压后，收发机的静噪电路被抑制，此时可以听到背景噪声。

按压 OFF 键可以关断 RCP，当 RCP 关断后，键上的白灯亮。

3. 自测试

RCP 随时都在自测试。当探测到故障后，面板上的频率显示窗将显示 PANELFAIL。RCP 随时都在监控收发机的工作情况，如果发现故障，两个频率显示窗都将显示 FAIL。

3.2 甚高频收发机

1. 用途

甚高频收发机用于接收和发送信息。

2. 物理结构

甚高频收发机如图 9.27 所示。

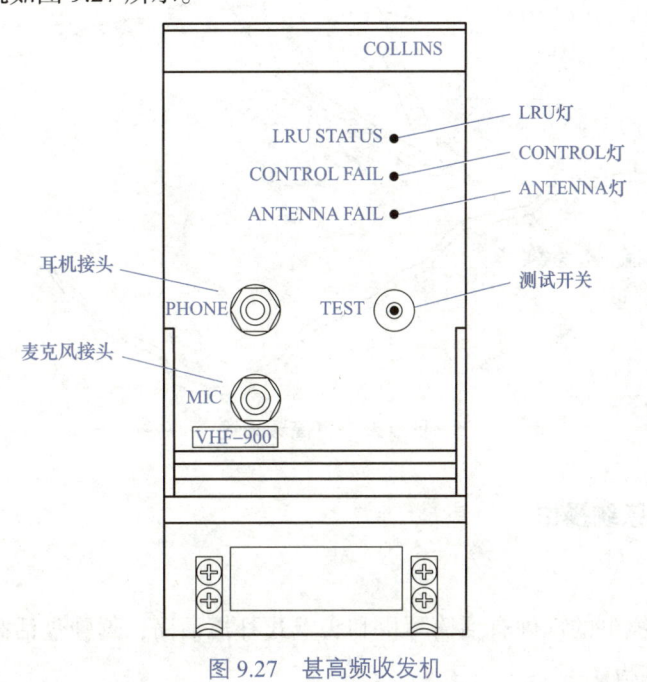

图 9.27 甚高频收发机

（1）故障灯。前面板的 3 个故障灯显示测试结果，这 3 个故障灯分别是 LRU 灯、CONTROL（控制输入）灯、ANTENNA（天线）灯。

LRU 灯亮代表收发机故障；CONTROL 灯亮代表 ARINC429 输入故障；ANTENNA 灯亮代表天线故障。

测试时，前 3 s 3 个灯都变红色，接下来 3 s LRU 灯转成绿色，其他两个灯保持不变。随后 LRU 灯保持绿色 30 s，其他两个灯灭。测试后如果 LRU 灯继续显示红色，表明收发机有故障。

（2）麦克风和耳机接头。前面板的 MIC 和 PHONE 接头用于连接麦克风和耳机。

（3）控制、显示和自测试。按压 TEST 键启动系统自测试，测试包括收发机自测试、调谐输入测试、天线电压驻波比测试。

3.3 甚高频天线

甚高频天线（图 9.28）用于发射和接收 VHF 频率范围内的电磁波。

天线使用 10 个螺钉固定。底座和机身连接处涂胶，用于平滑表面和密封，同轴电缆的接头处有密封圈。

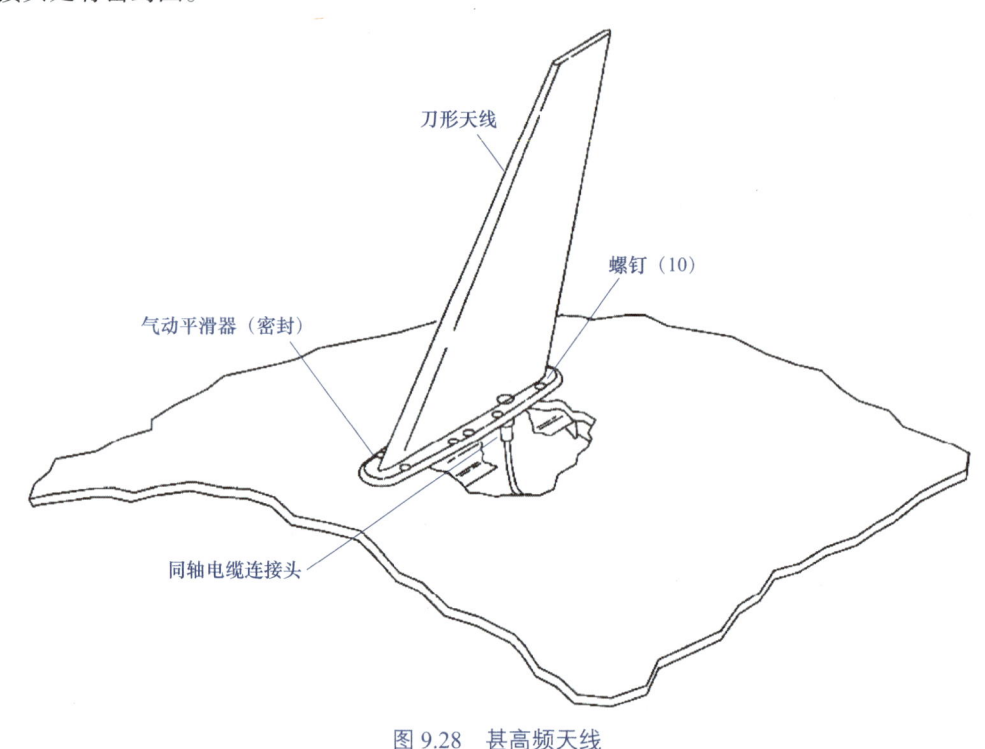

图 9.28 甚高频天线

3.4 甚高频系统操作

1. 概述

操作 VHF 无线电的部件有话筒耳机和头戴式耳机话筒；驾驶盘话筒开关、无线电通信面板、音频控制板。

2. 接收操作

用无线电通信面板和音频控制板接收 VHF 无线电信号。

在音频控制板上，按接收机音量控制钮接收 VHF 信号。转动这个钮可调节 VHF 信号音量。

通过耳机和飞行内话扬声器可收听音频。若用飞行内话扬声器收听声音，按扬声器（SPKR）音量控制开关开扬声器。转动它可调节扬声器的音量。

当向飞机供电时，无线电通信面板（RCP）就接通。起初，RCP 1 调谐 VHF 1，RCP 2 调谐 VHF 2，按压要使用的 VHF 话筒选择器用于选择 VHF 信号。哪个开关上有灯亮表示哪个信号受控。当按压音频控制板上的话筒选择开关时，VHF 接收机音量控制被自动选择。频率显示窗显示 VHF 信号频率。VHF 收发机调谐到活动频率显示窗的频率上。

用频率选择器调谐到一个新的频率。备用频率显示窗内显示这个新的频率。当确定这个频率正确后，按频率转换开关。活动频率显示窗内显示这个新的频率，VHF 信号使用这个新频率。

3. 发射操作

确保活动频率显示窗内显示的是你想要发射的频率。确保选择的频率是一个有效频率。按 ACP 上的话筒选择开关选择 VHF 信号，按话筒键并说话，可继续在所选频率上发射和接收，如图 9.29 所示。

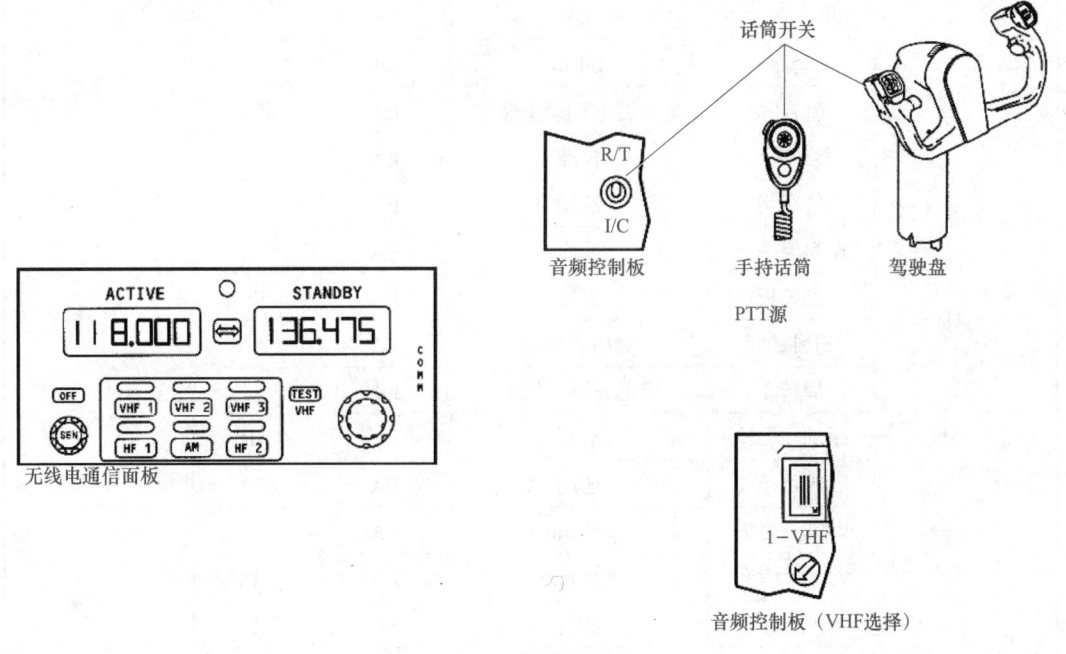

图 9.29　甚高频操作

【任务实施】

工卡标题		VHF 2 甚高频天线更换		
机型	B737-200		机号	B-2516
工作区域	前机身下部		版本	R1
工时	80 min	开始时间	结束时间	
完成签署/日期			检验签署/日期	
参考文件	AMM/IPC			
编写/修订		审核	批准	
日期		日期	日期	

		工具/材料			工作者	检查者
类别	名称	规格型号	单位	数量		
工具	工具箱	通用	EA	1		
	毫欧表	VC480C+	EA	1		
	十字螺钉旋具	长柄大头	EA	1		
	力矩扳手	0～100 lbf·in 或等效	EA	1		
	快卸十字刀头	标准	EA	1		
	套筒	1/4 in	EA	1		
	警告牌	禁止通电；禁止操作	EA	各2		
	跳开关夹	标准	EA	1		
	红布袋	通用	EA	1		
	塑料保护垫	通用	EA	1		
	刮胶板	通用	EA	1		
	塑料铲刀	通用或等效	EA	1		
	周转盒	蓝色通用（大号）	EA	1		
	手动注胶枪	通用	EA	AR		
	护目镜	通用	EA	1		
	堵盖/堵头	$\phi 21$ mm	EA	1		
	堵盖/堵头	$\phi 24$ mm	EA	1		
	手套	线手套	EA	1		
	橡胶手套	（异丁腈）或等效	EA	1		
	清洁布	不起毛	EA	3		
	清洁壶	通用	EA	1		
	纸胶带	3 m + 2 311 in 或等效	EA	1		

续表

工具	口罩	防尘或等效	EA	1
	一次性废料袋	通用	EA	1
	废料盒	200 mm×150 mm 或等效	EA	1
材料	GASKET	AG43000-02	EA	AR
	插头清洁剂	CFC（LPS）	EA	1
	螺栓	BACB30LU4-11	EA	AR
	密封胶	PS870B2 或等效	EA	1
	防腐剂	BMS3-23 或等效	EA	1
	清洁剂	丙酮 ASTM D740 或等效产品	EA	1

1. 工作准备

（1）到工具库房领取工具；
（2）检查工具情况，外表完好无损，功能正常；计量工具在有效期内；
（3）领取耗材，耗材应符合标准；
（4）办理好领取手续

2. 操作步骤

维修人员在排除甚高频通信系统故障过程中，检查发现 VHF 2 号天线故障需要更换，请查找相关手册进行更换。

（1）基础信息查找。
1）查询该飞机的客户有效性代码（EFF CODE）：_____。
进入 AMM 查询该飞机的 2 号 VHF 甚高频天线拆装程序：_____。
2）进入 IPC 查询 2 号 VHF 甚高频天线件号：_____。
供应商代码是：_____。
3）进入 IPC 查询 2 号 VHF 甚高频天线安装螺钉件号：_____。
4）进入 AMM 查询 VHF 甚高频天线测试章节：_____。
5）进入 AMM 查询甚高频天线安装螺钉力矩大小：_____。
6）进入 AMM 查询甚高频天线安装后接触电阻不超出：_____。
（2）准备防护。
1）打开前登机门，进入驾驶舱拔出 P6-1 跳开关面板（VHF-2），挂"禁止操作"警告牌和跳开关卡。
2）在甚高频通信系统 1 号、2 号控制面板上挂"禁止通电"警告牌。
（3）标准施工。
1）执行以下步骤以拆卸甚高频 VHF 2 天线：
①小心去除天线周围密封胶。
警告：在除胶过程中，人员做好防护，碎胶掉落可能造成眼睛伤害，做好场地保护，避免胶掉落地面。
②拆下固定天线的螺钉，做好标记。
注意：在拆下螺栓过程中，请按需做好标记，螺栓安装位置长短如有差异，防止错误长度螺栓被安装。
告诫：不能使用金属工具去除密封胶，否则可能造成天线或蒙皮的损伤。
③拆松天线并侧倾小心断开电插头，将天线拆下（可以辅助）。

2. 操作步骤		
④安装好堵盖，小心保护好天线，防止刮碰损伤。 ⑤仔细清除原有飞机上旧的密封胶。 ⑥检查天线外观及安装接触面蒙皮本体，如果蒙皮接合面有腐蚀，要先去除腐蚀，需做好防腐处理后才能安装天线（参照 AMM 51-21-91）。 结果： ⑦清洁连接的电插头。 2）执行以下步骤以安装甚高频天线： 选框：安装前，应确保同轴插头的销钉及外壳没有腐蚀，同轴电缆没有破损。 注意：检查 O 形密封圈的状况，是否有破损老化，视情更换。 ①仔细清洁安装表面及周围蒙皮。 ②在天线安装面与蒙皮表面涂抹防腐剂 BMS3-23。 ③拆除插头保护堵盖。 ④小心将天线电缆接头与天线连接（可以辅助）。 ⑤用密封胶湿安装螺钉（注意：报告考官选择湿安装一颗螺钉即可）。 告诫：如果安装螺钉有腐蚀，应更换螺钉。 注意：在安装时，留下一个螺钉孔用于测量天线与蒙皮的接地导通性，测量后不要忘记安装最后一颗螺钉。 ⑥执行天线底座和飞机蒙皮之间的导电电阻测试： a. 在天线底座和飞机外壳之间连接毫欧表。 b. 确保电阻不超过手册标准。参考：AMM 23-21-11、AMM 20-22-01 测得接地电阻。 结果： ⑦如果测得接触电阻超出手册标准，重新执行安装步骤①～⑥。 ⑧给安装螺栓实际磅安装力矩 20 lbf·in。 力矩扳手编号：_____（注意：1 lbf·in=0.11 N·m）。 ⑨在天线的边缘涂抹密封胶，使其光滑、平整过渡，抹胶前应用胶带在周围封贴好。 ⑩拆除胶带，检查密封胶的施用质量，确保密封胶有效、光滑、密封。 注意：天线安装在飞机外表注意填胶密封的密封性和满足空气动力表面光滑过渡的要求。 注意：实际维修中应考虑当地温度与密封胶凝固时间的关系，防止飞行中密封胶被吹散。 （4）甚高频通信系统安装测试。 警告：飞机在机库或加放燃油时不要操作测试天线，以免造成设备与人员的伤害。 1）对于甚高频通信系统，取下跳开关卡和警告牌，闭合以下跳开关： P6-1 跳开关面板 VHF 2。 2）提供飞机电源（电源由外部电源提供）。 ①确保外部电源已连接（口述现象，不具体操作）。 ②检查驾驶舱 P5 面板上 BUS TRANS 电门设置在 AUTO 位置。 ③将驾驶舱 P5 面板上 BAT 电门设置在 ON 位置，观察 P5 面板 GEN 1 和 GEN 2 开关上方的 TRANS BUS OFF、BUS OFF 和 GEN OFF BUS 灯是否亮起（口述现象）。 ④将驾驶舱 P5 面板上 AC 表选择开关设置到 GRD PWR 上，观察电压表读数（115±5）V AC，频率表读数（400±10）Hz（口述现象）。 ⑤将驾驶舱 P5 面板上 GROUND POWERD 电门设置在 ON 位置。		

	续表
2. 操作步骤	
3）在机长侧和副驾驶侧按压 ASP 控制面板上的 VHF 2（Mike selector）收、发电门，对应指示灯点亮（操作电门，口述现象）。 4）调整机长侧甚高频通信系统的频率（VHF COMM），在频率选择面板左侧窗上调整频率至 122.05 MHz，右侧窗调整频率至 125.97 MHz。 5）在机长侧 VHF 控制面板操作 COMM TEST 按钮，监听到背景噪声增加（操作电门，口述现象）。 6）选择激活机长侧左侧窗口的通信频率，监听驾驶舱通信语音（操作电门，口述现象）。 7）在机长侧 VHF 的音频选择面板上，全行程旋转 VHF 2 的音量调节旋钮，全过程旋钮操作顺滑和功能正常（操作电门，口述现象）。 8）选择激活机长侧右侧窗口的通信频率，操作和步骤 6）～7）相似（操作电门，口述现象）。 9）调整并激活 VHF 2 系统，选择指定的 122.05 MHz 测试频率，按压 PTT 电门激活通信，通过机上话筒与指定联系点通话，收发机前面板上的发射监视器灯应该亮起闪烁，发射和接收声音应该响亮而清晰，发射时应能清楚地听到侧音（操作电门，口述现象）。 10）关断电源。 ①将驾驶舱 P5 面板上 GROUND POWERD 电门设置在 OFF 位置。 ②将驾驶舱 P5 面板上 BAT 电门设置在 OFF 位置。 ③断开外部电源连接电缆线，确保 P19 面板内 CONN 和 NOT IN USE 灯灭，驾驶舱 P5 面板 GROUND POWER AVAILABLE 灯灭（口述不操作）。 ④关闭外部电源接近盖板 P19 面板（口述不操作）。 11）将飞机恢复正常构型。 （5）填写飞行记录本，撕下粉页并附在工卡后部	
3. 结束工作	
（1）清点工具和设备，数量足够； （2）清扫现场； （3）归还工具、耗材； （4）在工具室归还登记簿上做好归还记录 -------------------------------- 工卡结束 --------------------------------	

拓展阅读

培养优秀的民航维修作风

一、引言

航空器维修工作是保障民航飞行安全和发展的基础性工作，维修行业也是民航业中少数难以被自动化取代的劳动和技术密集型行业。科技的发展虽有助于降低一些维修工作的难度，提高工作效率，但人的表现依然在航空器维修工作中起关键决定性作用，即通常所称的"维修作风"。

不同的发展阶段，维修作风的内涵也不尽相同。历史上，中国民航就是从维修老旧飞机开始起步的，以当时的工作条件和技术手段，主要依靠的就是"吃苦耐劳、善于钻研"的优秀维修作风，保障中国民航机队能飞起来；中国民航进入快速发展阶段后，工作条件和技术手段有所改善，并初步建立了规章管理制度，保障安全是维修行业的唯一核心任务，维修作风也随之转变为以"严谨务实、遵章守纪"为内涵；当前，中国民航运输总量和安全水平都已经进入世界前列，更是以全面推进高质量发展为目标，维修行业也初步形成了专业化分工的格局，既要坚持以保证飞行安全为底线，又要兼顾保障航班正常和降低成本的需求，维修作风则进一步转变为以"严谨、专业、诚信"为内涵。严谨是民航维修工作的基本特点和要求；专业是指以具备专业资质为基础，明确专业角色；诚信则是维修行业必须遵守的底线。

二、关键词

"严谨、专业、诚信"；四个意识；五个到位；APS。

三、素质要素

"三个敬畏"：敬畏生命、敬畏规章、敬畏职责。

敬畏生命体现了民航行业的价值追求，是党的根本宗旨和民航行业内在要求的高度统一。

敬畏规章体现了民航行业的运行规律，是安全理论与实践经验的高度统一。

敬畏职责体现了民航人的职业操守，是岗位责任和专业能力的高度统一。

四、思想内涵介绍

1. 维修人员基本行为规范

基本行为规范是维修人员工作作风的重要组成部分，要从基础和细节做起，切实做到以下3个方面。

（1）仪容得体。工作期间按照本单位的具体规定，着装规范、仪容整洁。

（2）举止文明。工作时举止文明，正确使用劳动保护用品，保持工作现场整洁。

（3）纪律严明。严格遵守本单位的规章制度。遵守机场、边防、海关、空防等单位的规定。严禁违规饮酒、酒驾、打架斗殴、赌博等行为。不得擅自通过微信、微博等网络媒体传播敏感信息。

2. 维修人员安全意识要求

为全面提升维修人员的安全意识，机务维修人员要牢固树立规章意识、风险意识、举手意识和红线意识。

（1）规章意识。规章意识是底线、是基础。要严格遵守法律、法规及公司手册、维修规范要求；抵制违反规章、不按照公司手册程序工作、不使用工作单卡、不执行工卡步骤、不正确使用工具、使用未经批准的航材和耗材等行为。

（2）风险意识。风险意识是手段，用于防范工作中的风险。工作前了解已知风险、主动识别风险、评估未知风险；工作中控制已知风险、规避新增风险；工作后总结新增风险、补充风险措施。坚决抵制盲目开工、野蛮操作、复杂及重大工作不进行风险评估或分析、对关键环节无控制措施等情形和行为。

（3）举手意识。举手意识是保证，用于控制异常、困难和隐患。维修工作中遇到异常要举手、遇到困难要举手、发现隐患要举手。坚决抵制工作任务不清时按经验操作、工作条件不具备时盲目施工、意外损伤零部件后自行处理、施工工卡与实际情况不符时将就应付、发现安全隐患事不关己高高挂起等行为。

（4）红线意识。诚信意识是红线，牢固树立失信是高压线不可触碰的理念。坚决抵制未做就签、编造或替人代签维修记录、各类申请材料造假、发生不安全事件后隐瞒不报、破坏现场、伪造证据、掩盖成机械故障等行为，任何人不能指使他人从事违反诚信的行为。

3. 维修人员现场工作守则

维修人员现场工作要落实好准备、施工、测试、收尾和交接"五个到位"。

（1）准备到位。

1）资料文件。资料文件至少包含工作现场必需的技术手册或工卡。开工前现场负责人／维修人员要先阅读资料文件，掌握相关工作内容。

2）工具设备。按照工卡要求准备符合标准／规格的工具设备以及警告牌、跳开关夹、防护设备等。做到现场工具专人负责、摆放合理、清点到位。

3）航材耗材。现场维修工作开展前领出的航材、耗材外表完好、规格正确、标识清楚、时寿在有效期内、件号／软件版本适用性正确。确保各类航材、耗材齐备，现场器材摆放整齐，保护措施到位等。

4）梯架设施。工作前确认梯架合适可用，推行前确认梯架的防撞胶条和制动机构情况良好等；梯架需要按照规定路线行进，正确设置刹车或制动；接近／撤离工作部位前要确认推行路线与飞机外表面的接近情况；摆放梯架时，要注意规避可能因上客、加油、顶升等导致飞机位移变化或舵面动作造成碰擦及人员受伤。

5）人员资质。人员资质、数量、专业配置要符合工作要求，尤其是从事飞机顶升、发动机试车、应急设备更换等重大或特殊工作时，需确保人员具备相关资质及能力。

6）现场组织。重点关注多区域、多工种施工时的相互影响，有情景意识，合理安排工序。同一区域有多人工作时，要指定现场负责人。对于关键环节、重大工作或保障、特殊气象条件等情况，根据单位特点视情安排相应干部在场组织。应急情况要有预案。

7）风险提示。关注 WARNING、CAUTION 等风险提示信息，复杂或危险性较高工作开工前要进行重点、难点、风险点评估，并根据评估情况进行有效提示。

（2）施工到位。施工前要进行工作现场和工作条件确认，视情组织现场班组会，具体施工过程做好检查、拆装、测量3个环节，保障人员、飞机、设备的安全。

检查时该必检的必检；该清洁的清洁；该借助工具的借助工具；该"详细目视检查"的不能"一般目视检查"；做到眼（看）到、手（摸）到、耳（听）到；检查过程要精力到位，关注关键点，按工卡顺序实施，避免漏检。

拆装时读懂工卡，按标准工艺实施；做好人员保护，穿戴好安全带、护目镜、手套等；做好工作区域防护，避免盖板、部件脱落造成飞机、人员损伤，避免螺钉、工具等落入飞机狭小区域；避免野蛮操作造成飞机部件或设备损伤；正确使用专用和计量工具。

测量时正确使用量具，按工卡要求实施，及时做好记录和标识，不允许工作整体做完后凭印象补记数据。

针对航线维修工作，按照工作单卡要求的路线或步骤逐项实施检查；工作中使用正确的梯架或工具；光线不足时使用手电检查；完成勤务工作（加油、气、水、电等）后确认口盖盖好；确认所有工具、设备、航材清点齐全；正确按照 MEL、CDL 等处置（包括 M 项实施和恢复）并做好记录；做好安全销、夹板、空速管套等红飘带的定期维护和更换；起飞前要重点关注销子、套子、堵头、夹板等已全部取下清点并按要求交接。

（3）测试到位。测试工作的人员资质、设施设备（包括软件版本）、工卡等符合要求；测试工作（如发动机试车、收放反推、各类舵面作动等）前要进行周围环境、飞机状态的完整检查；要依据工卡、程序要求完整实施测试工作；如实记录测试数据；做好结果报告等。对于测试中遇到的突发情况、使用困难（设备不熟练，测试通不过等）或等效情况要正确处置。

（4）收尾到位。收尾过程做好作业区域整理清洁，落实工具三清点。对关键项目按要求执行互检，确保构型恢复正常，维修记录签署完整，设施设备归还到位。

（5）交接到位。建立和落实交接管控制度。做到交接信息准确、过程受控，要进行结果确认并形成闭环；关键步骤（如打力矩等）不允许交接；外部盖板等容易造成遗漏或检查困难的部件，不允许部分安装后交接。

建立优秀的维修作风并不是难不可及。按照中国民航维修工程技术研究中心建立的 APS 理论：在任何维修中，只要能够坚持做好准备（Arrangement）、遵守程序（Procedure）、符合标准（Standards），就一定能够保证维修质量，有效预防维修差错。

项目 10 飞机导航系统故障检测与维修

学习目标

知识目标：
1. 了解飞机静压和全压系统，并理解它们的作用（初级）。
2. 理解静压和全压系统相关部件及工作原理（中级）。
3. 熟悉飞机大气数据惯性基准系统（ADIRS）的作用及基本组成（初级）。
4. 熟悉飞机无线电高度表系统相关部件及工作原理（中级）。
5. 熟悉飞机气象雷达系统相关部件及工作原理（中级）。
6. 熟悉飞机仪表着陆系统相关部件及工作原理（中级）。

能力目标：
1. 能够准确依据手册和飞机找到导航系统相关部件。
2. 能够目视检查飞机外部导航系统部件，并判断正确状态（中级）。
3. 能够目视检查驾驶舱导航系统各参数，并判断是否有误（中级）。
4. 能够依据手册对空速管进行拆装测试。

素质目标：
1. 具备规范的操作意识和安全意识。
2. 具有爱岗敬业、诚实守信、遵章守纪的良好职业道德。
3. 具备团队协作精神、人际沟通能力和社会交往能力。
4. 具备"敬仰航空、敬重装备、敬畏生命"的职业素养。

任务 1 找出导航系统部件

【任务导入】

当飞机在执行飞行任务时，飞行员使用导航系统提供的相关数据能更好地驾驶飞机，从而减轻飞行员的驾驶工作强度，导航系统的状况直接影响飞机驾驶体验感和乘客安全性。地面机务人员进行导航系统相关部件的检查维护，是保障飞机导航系统工作的重要环节，所以机务每天航后需要对导航系统相关部件进行检查测试。

本任务主要是认识导航系统中的主要部件名称和基本功能，根据飞机维护手册中与导航系统相关的系统描述，查找相应的部件及位置并在实物上找到导航系统相关部件，为后续任务打好基础。

【任务资讯】

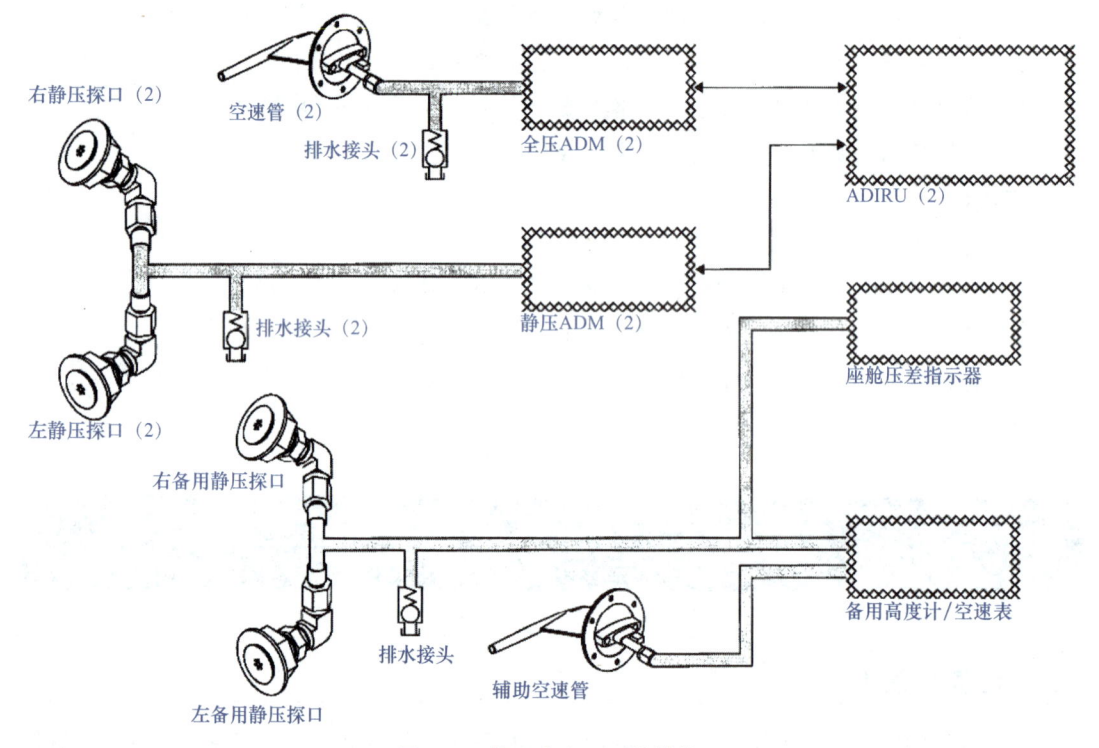

1.1 静压和全压系统

1. 概述

静压和全压系统用来测量空气静压和全压。这些压力用于计算飞行参数，如空速和高度。

静压和全压系统如图 10.1 和图 10.2 所示，从飞机机身上的 3 个空速管和 6 个静压探口获得空气压力输入。

空气压力有两种类型：静压是飞机周围环境的空气压力；全压是由于飞机向前运动而在空速管管路内产生的空气压力。

静压和全压系统的部件包括 3 个空速管、6 个静压探口、5 个排水接头。

系统排水口作为一个集水槽，去除全静压管内的凝集水分。

图 10.1 静压和全压系统结构

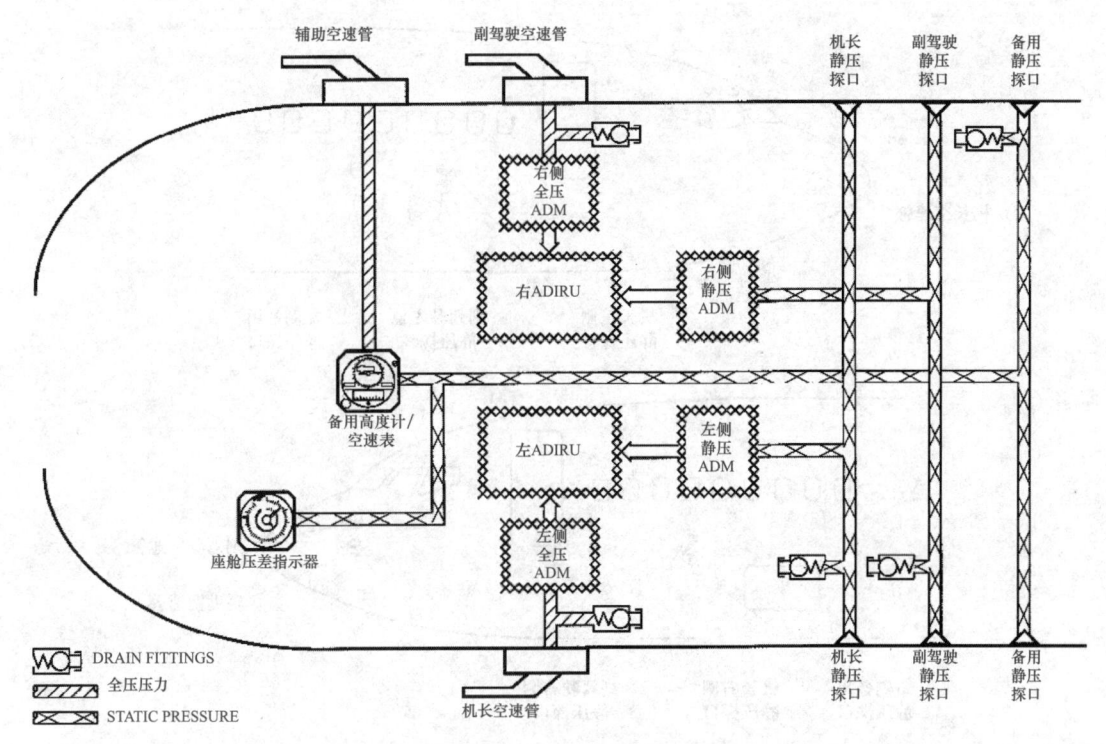

图 10.2　静压和全压系统结构框图

2. 主静压和全压系统

两个主空速管连接到两个全压大气数据组件（ADM），两套主静压探口连接到两个静压 ADM。

ADM 将空气压力转换成电信号，并把它侧送到 ARINC 429 数据总线上的大气数据惯性基准组件。ADM 利用这一信号计算飞行参数，如空速和高度。

每个全压管和静压管都有一个排水接头。

3. 备用静压和全压系统

辅助空速管连接到备用高度计/空速表，备用静压探口连接到备用高度计/空速表和座舱压差指示器。

备用静压管有一个排水接头。

4. 部件位置

（1）空速管位置。飞机有 3 个空速管。机长空速管在飞机的左侧；副驾驶和辅助空速管位于飞机的右侧。

（2）静压探口位置。飞机有 6 个静压探口。在飞机的每一侧都有一个机长、副驾驶和备用静压探口。

（3）备用静压探口位置。飞机有两个静压探口。飞机的每一侧有一个探口。

部件位置如图 10.3 所示。

图 10.3　部件位置

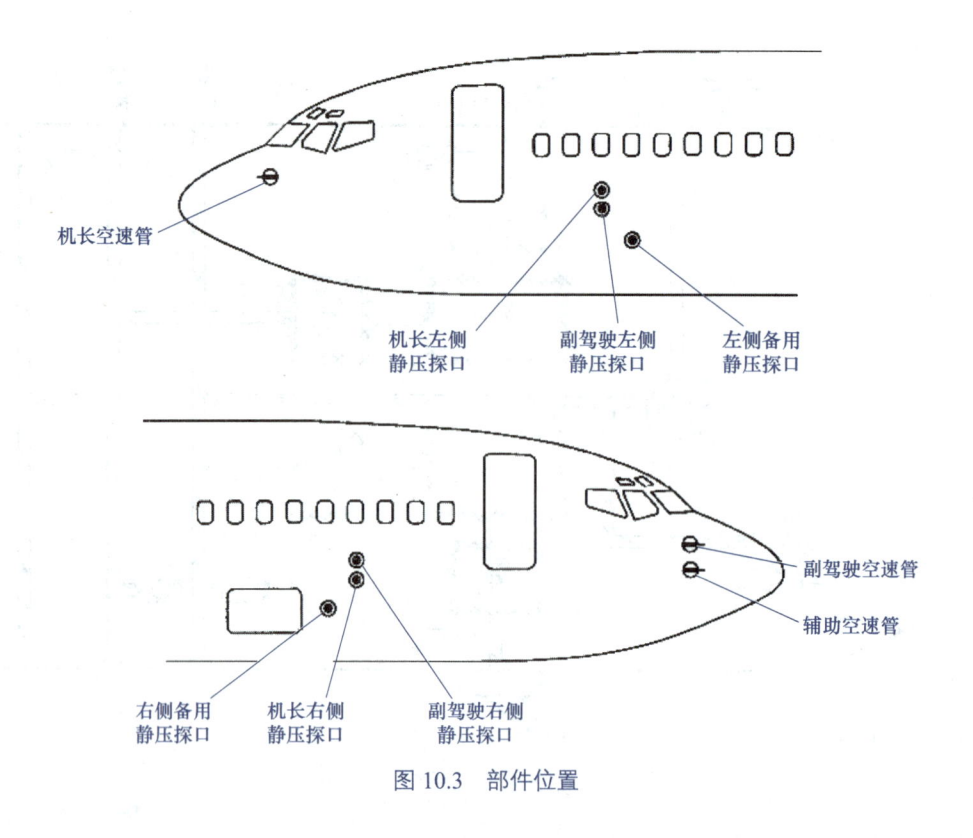

1.2　大气数据惯性基准系统

1. 概述

大气数据惯性基准系统（ADIRS）向机组和飞机系统提供的数据有高度、空速、温度、航向、当前位置。

ADIRS 包括的部件大气数据组件（ADM）(4)、总温（TAT）探头、迎角（AOA）探测器(2)、惯性系统显示组件（ISDU）、模式选择组件（MSU）、大气数据惯性基准组件（ADIRU）(2)、IRS 主告诫组件。

2. 功能

TAT 探头测量外界空气温度，将温度值转换为电信号。电信号被送到 ADIRU。

迎角传感器测量迎角信号并将其转换为电信号。电信号被送到 ADIRU。

ISDU 向 ADIRU 提供初始位置和航向数据。

MSU 向 ADIRU 提供模式选择数据。它也向机组人员显示系统运行和故障状态。

如图 10.4 所示，两个 ADIRU 计算并向 ARINC 429 数据总线传送大气数据和惯性基准信息。每个 ADIRU 有两部分：一部分是大气数据基准（ADR）部分；另一部分是惯性基准（IR）部分。

ADIRU 使用这些输入来计算全压、静压、总温、迎角、共用显示系统（CDS）气压修正和 IR 数据。

每个 ADIRU 使用 3 个加速度计和 3 个激光陀螺来计算惯性基准（IR）数据。送往 ADIRU 的初始当前位置信息来自 ISDU，或来自飞行管理计算机系统（FMCS）。

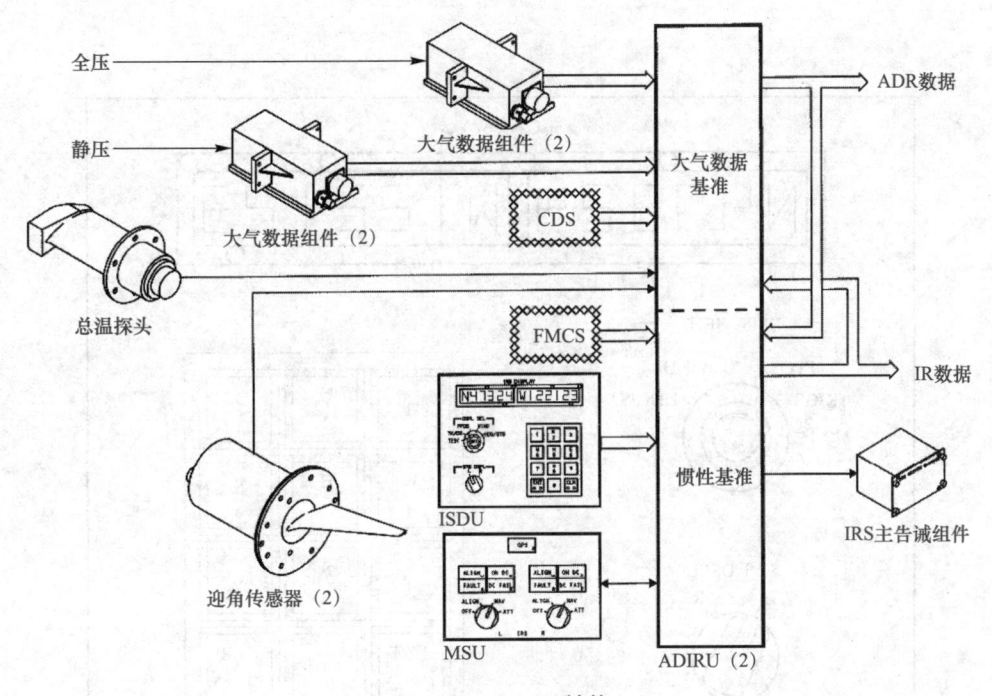

图 10.4 ADIRS 结构

3. 部件位置

（1）驾驶舱内的 ADIRS 部件，如图 10.5 所示；惯性系统显示组件（ISDU），如图 10.6 所示；模式选择组件（MSU），如图 10.7 所示；IRS 主告诫显示板，如图 10.8 所示。

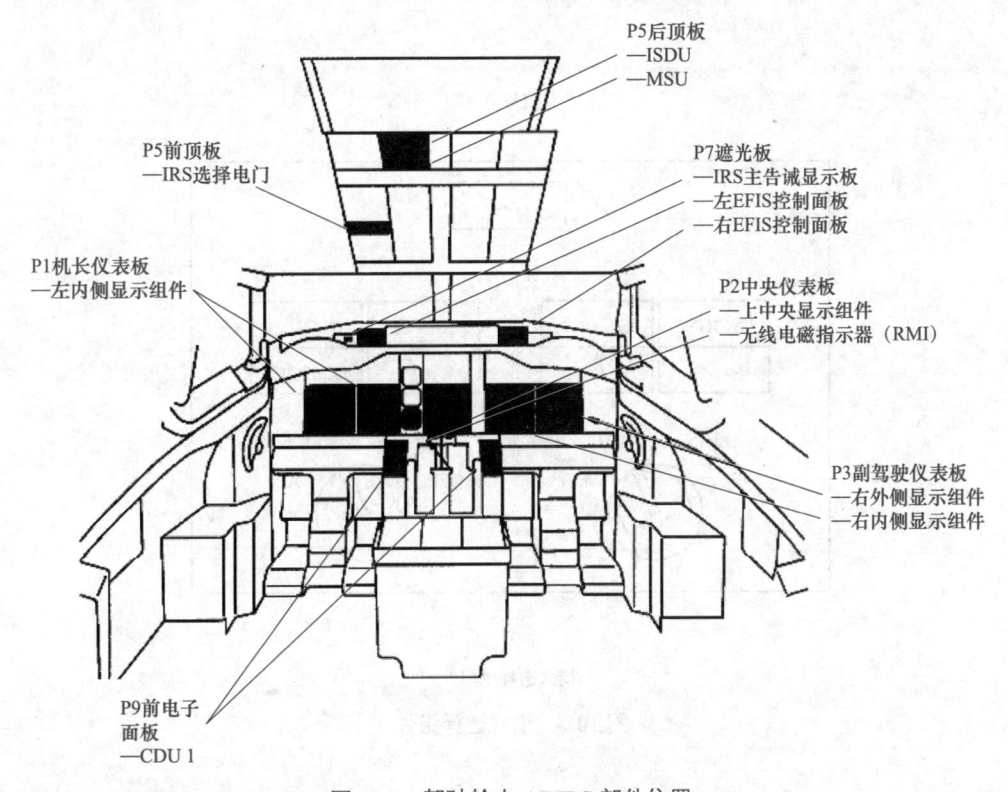

图 10.5 驾驶舱内 ADIRS 部件位置

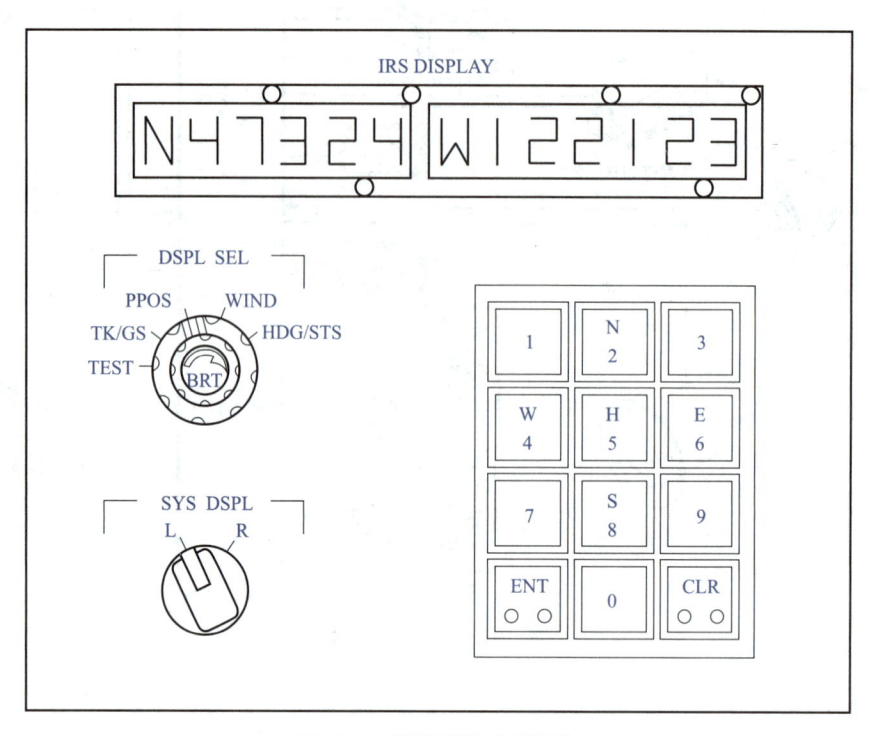

图 10.6 惯性系统显示组件

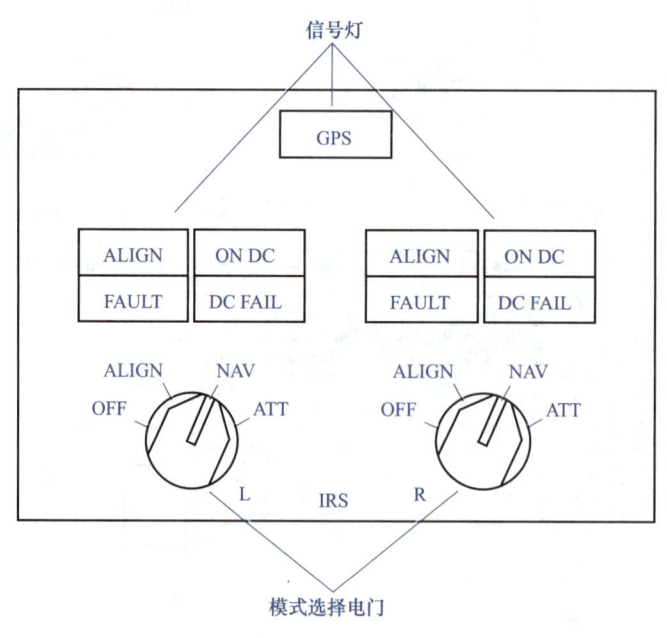

图 10.7 模式选择组件

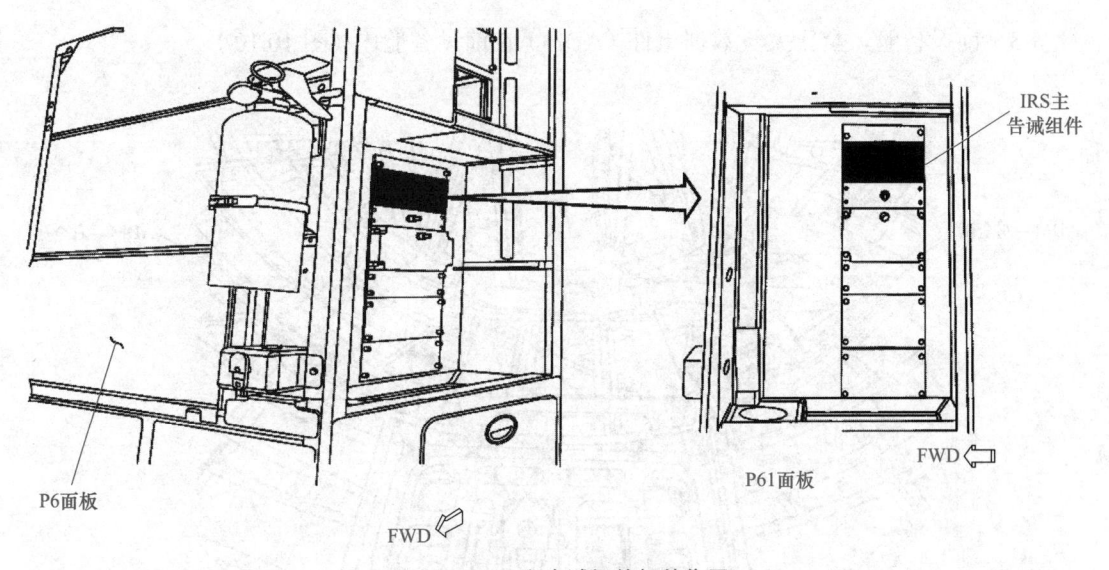

图10.8 IRS主告诫组件部件位置

（2）EE舱。电子设备（EE）舱内的ADIRS部件：左、右大气数据惯性基准组件（ADIRU），如图10.9所示。

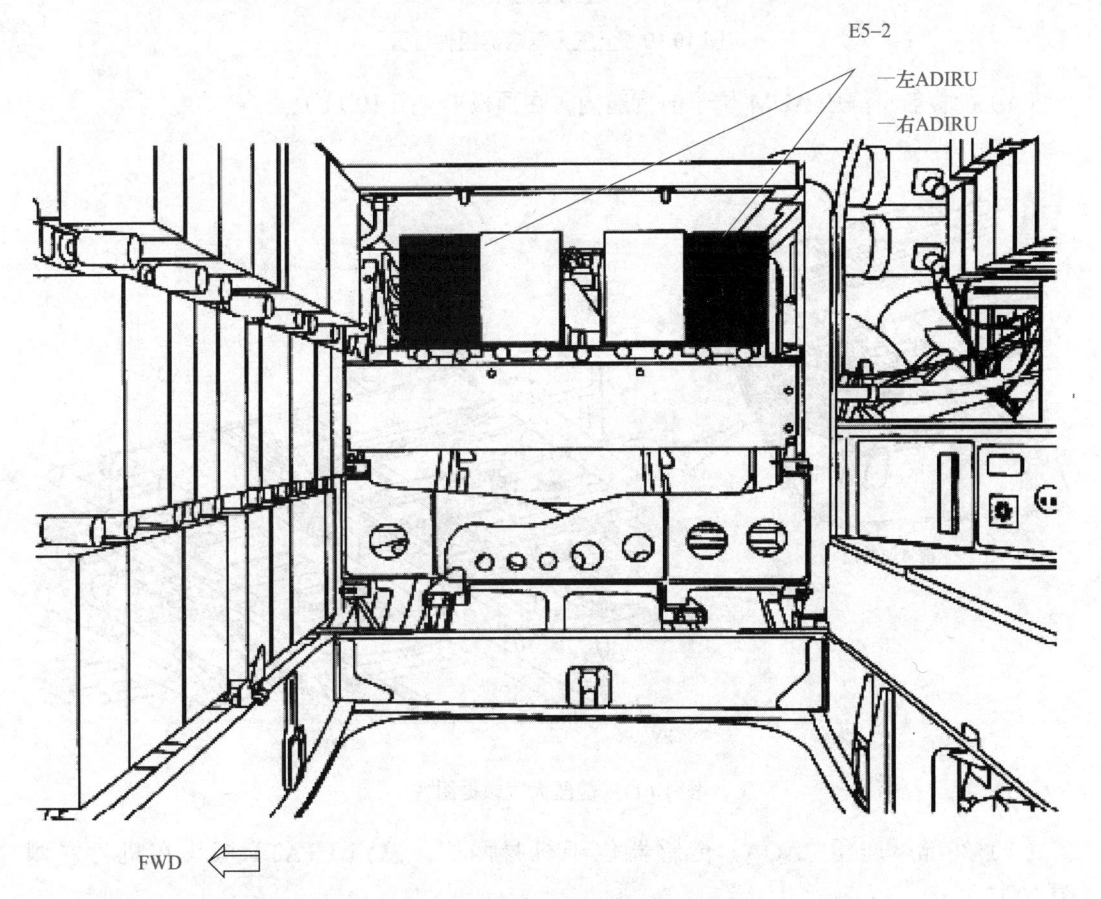

图10.9 大气数据惯性基准组件位置

（3）前设备舱。全压大气数据组件（ADM）在前设备舱内（图10.10）。

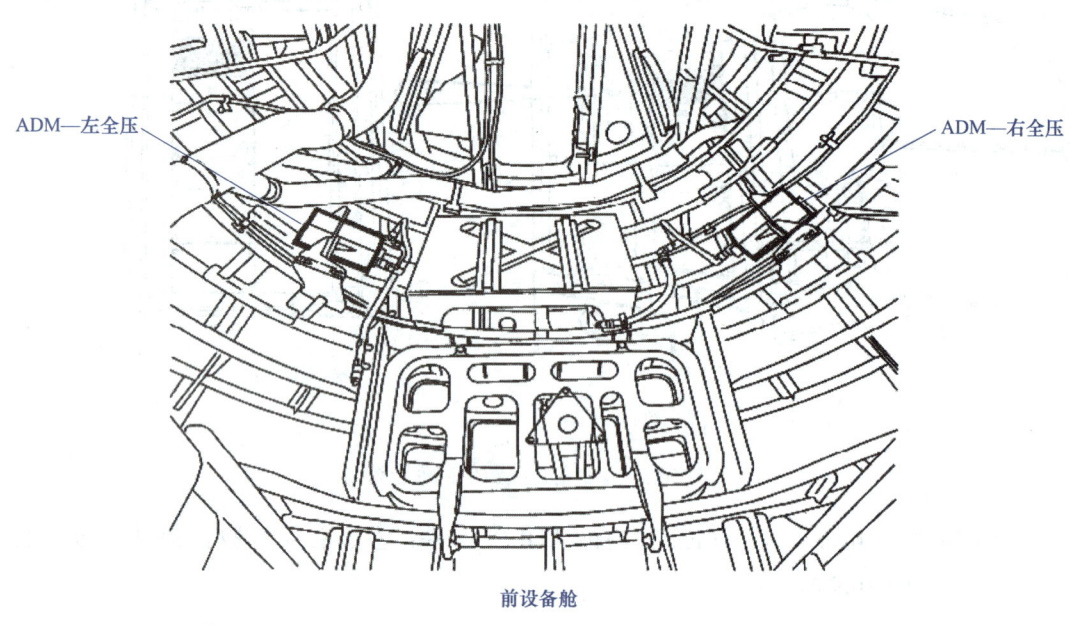

前设备舱

图 10.10　全压大气数据组件位置

（4）前货舱。静压 ADM 位于前货舱内，在顶板上（图 10.11）。

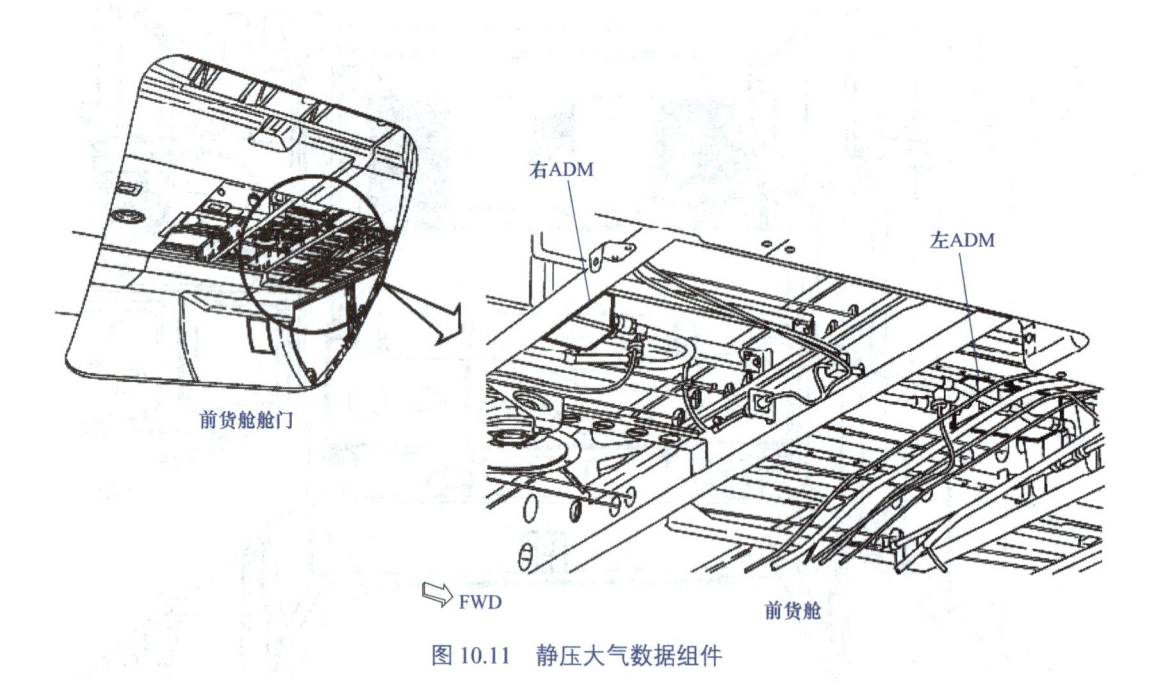

图 10.11　静压大气数据组件

（5）外部。迎角（AOA）传感器位于机身两侧，总温（TAT）探头在机身左侧（图10.12）。

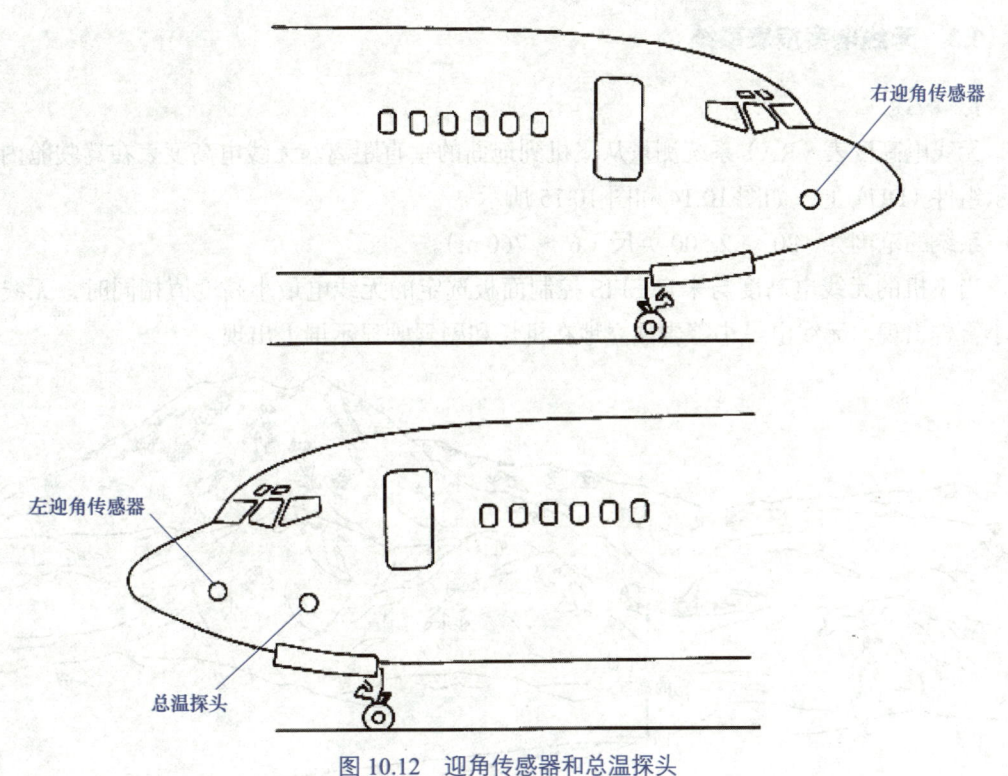

图 10.12 迎角传感器和总温探头

4. 大气总温指示

来自 ADIRU 的大气总温（TAT）显示在发动机显示屏的上部（图 10.13）。显示的值来自左侧 ADIRU。当左侧 ADIRU 大气总温无效时，将显示右侧 ADIRU 大气总温值。当两侧 ADIRU 的数据均无效时，TAT 从显示屏上消失。

发动机显示

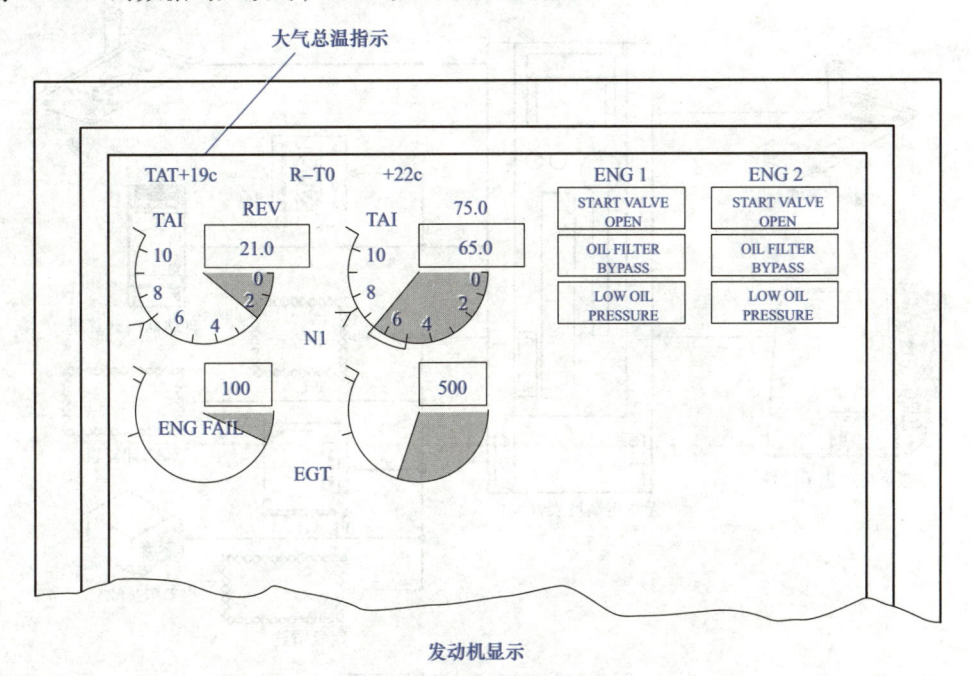

图 10.13 大气总温指示

229

1.3 无线电高度表系统

1. 概述

无线电高度表（RA）系统测量从飞机到地面的垂直距离。无线电高度表在驾驶舱内的显示组件（DU）上，如图 10.14 和图 10.15 所示。

系统的范围为 –20 ～ 2 500 英尺（6 ～ 760 m）。

当飞机的无线电高度与来自 EFIS 控制面板选定的无线电最小高度值相同时，无线电最小警告出现。无线电最小警告独立地在机长和副驾驶显示屏上出现。

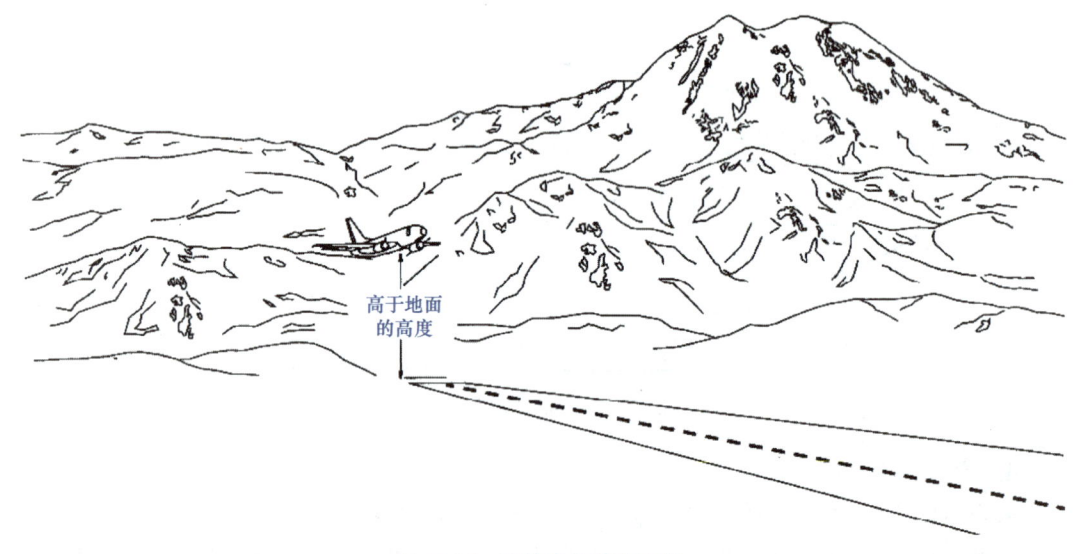

图 10.14　无线电高度表系统

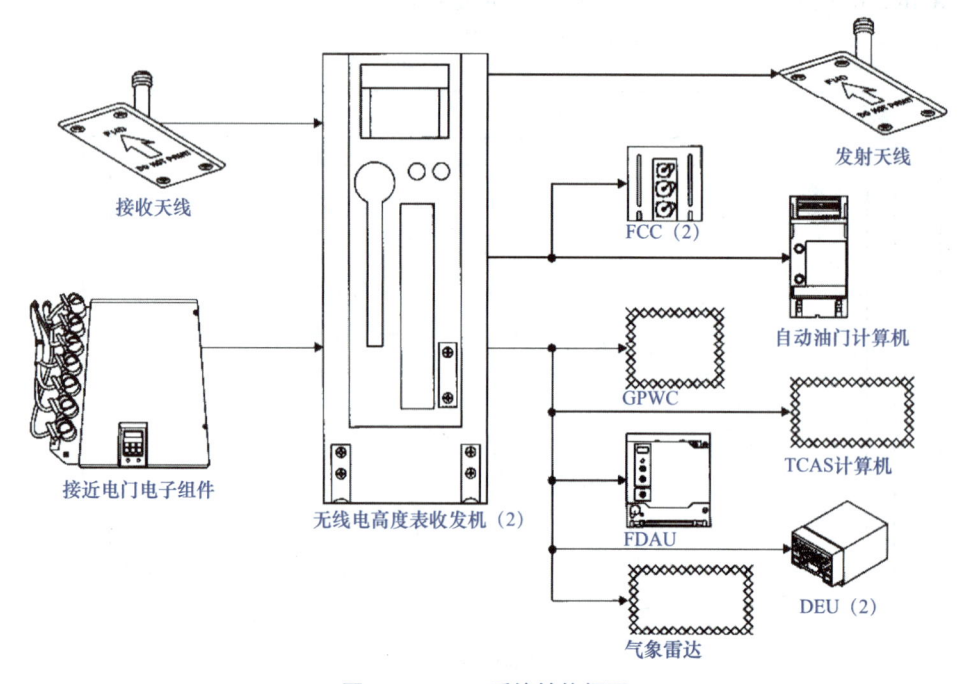

图 10.15　RA 系统结构框图

2. 位置

RA 收发机位于电子设备（EE）舱内的 E3 架上，RA 天线在机体的底部（图 10.16）。

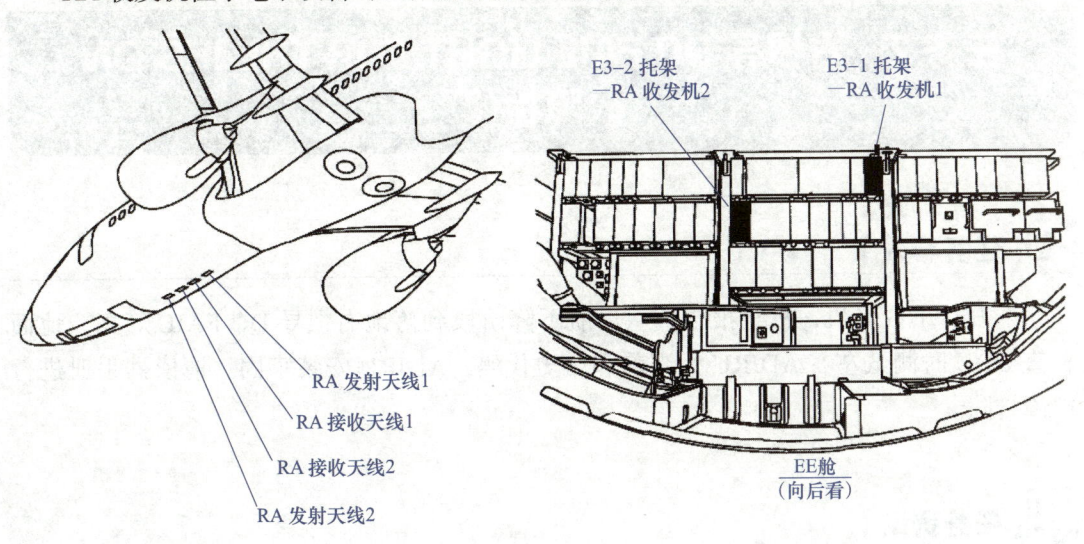

图 10.16　部件位置

【任务实施】

工卡标题	飞机导航系统部件识别		
机型		机号	B—××××
工作区域	N/A	版本	R1
工时	1 h	开始时间	结束时间
完成签署/日期		检验签署/日期	
参考文件	SSM 24-40-01；SSM 24-40-02		
编写/修订		审核	批准
日期		日期	日期
步骤	英文缩写	中文名称	
步骤 1	ADIRS		
步骤 2	TAT		
步骤 3	AOA		
步骤 4	ISDU		
步骤 5	MSU		
步骤 6	RA		
步骤 7	ADM		

任务 2　右惯导 DC FAIL LIGHT FOR THE IRS ON 故障检修

【任务导入】

某 B737NG 飞机，机组报告：从巡航下降阶段到落地右惯导 DC FAIL 灯亮，地面检查 CDU 时测试左右 ADIRU 无当前和历史代码，ADIRU 安装牢固。请依据手册进行故障排除。

【任务资讯】

2.1　电路分析

DC FAIL 灯电路分析见 SSM 34-21-21；SSM 33-18-41。

DC FAIL 灯电路如图 10.17 和图 10.18 所示。

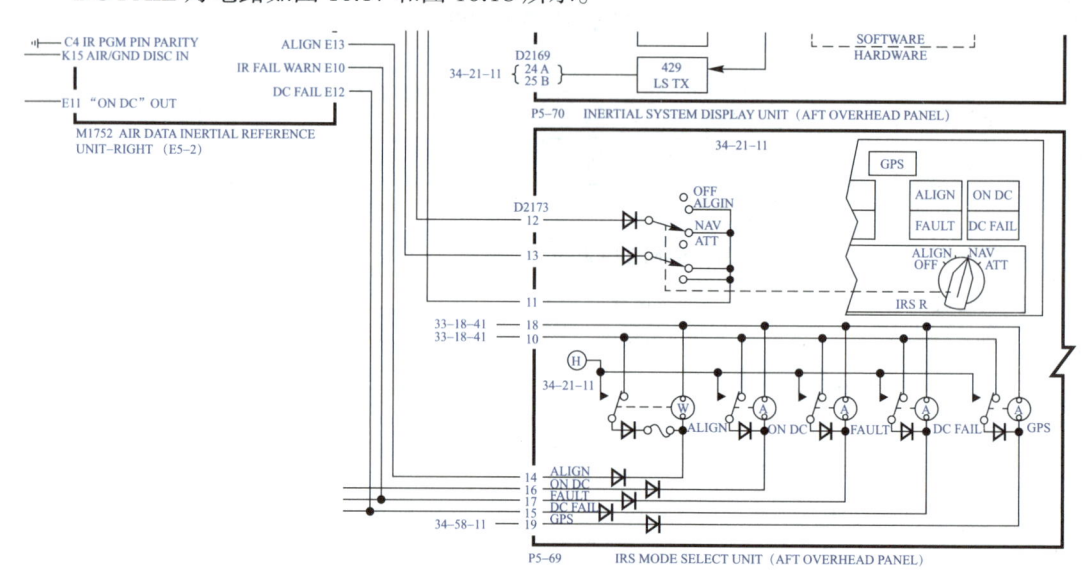

图 10.17　DC FAIL 灯电路 1

（1）主要部件：

1）P5-69 面板上 IRS MODE SELECT UNIT；

2）D2173 插头；

3）P6 面板上 R34 MASTER DIM RELAY；

4）D1616 插头。

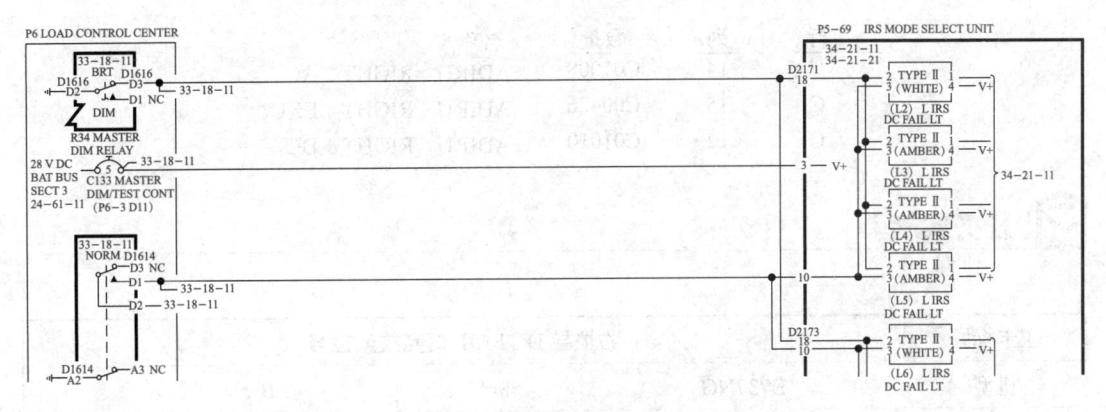

图 10.18　DC FAIL 灯电路 2

（2）工作原理。查询波音飞机 B737NG 飞机 SSM，找到导航系统 34 章，ADIRS 电路在 SSM 34-21-21，电路如图 10.19 所示。

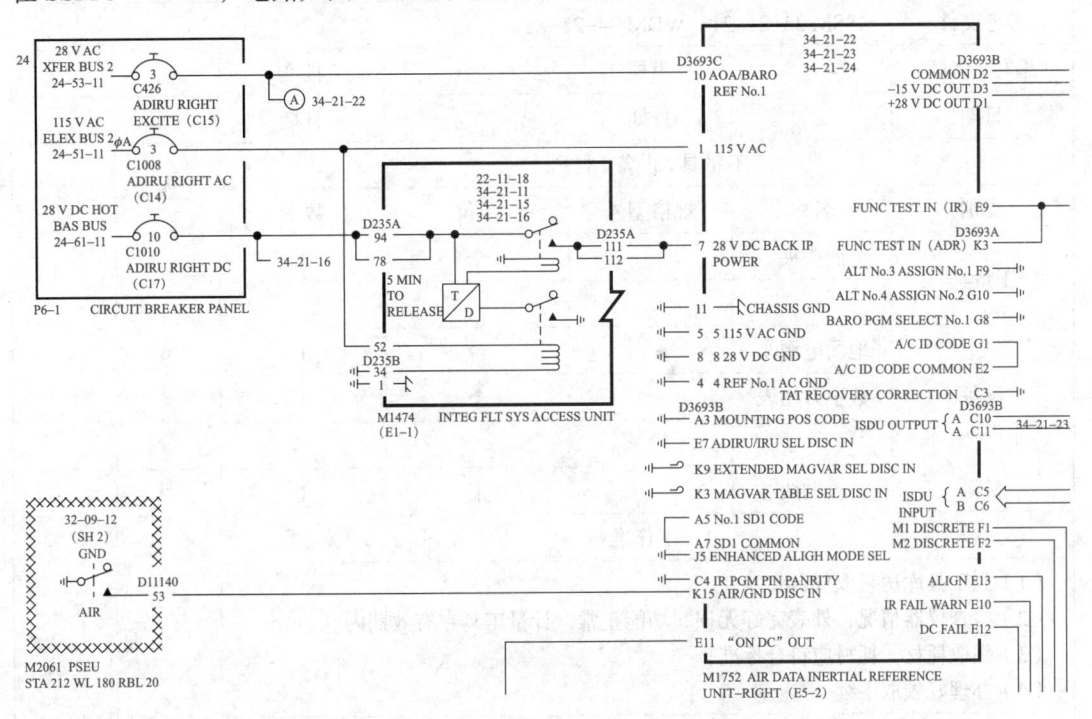

图 10.19　ADIRS 电路

故障排故程序可参考 FIM 34-21 TASK 842：

故障可能原因如下：

（1）线路问题；

（2）IFSAU 故障；

（3）ADIRU 故障；

（4）模式选择组件（MSU）故障。

跳开关：

F/O Electrical System Panel，P6-1

行	列	数量	名称
C	14	C01008	ADIRU RIGHT AC
C	15	C00426	ADIRU RIGHT EXU
C	17	C01010	ADIRU RIGHT DC

【任务实施】

工卡标题		右惯导 DC FAIL 灯亮故障检修				
机型	B737NG		机号	B—××××		
工作区域	N/A		版本	R1		
工时		开始时间		结束时间		
完成签署/日期			检验签署/日期			
参考文件	SSM 34-21-21；WDM 34-21-21					
编写/修订		审核		批准		
日期		日期		日期		
工量具/设备/材料					工作者	检查者
类别	名称	规格型号	单位	数量		
工量具	插头夹		个	1		
设备	地面电源车		台	1		
	数字万用表		个	1		
材料	辅助线		束	1		

1. 工作准备

（1）到工具库房领取仪器；
（2）检查仪器情况，外表完好无损，功能正常，计量工具在有效期内；
（3）领取耗材，耗材应符合标准；
（4）办理好领取手续

2. 操作步骤

（1）拆卸右 ADIRU 组件，参考 AMM TASK 34-21-01-000-801。
（2）对于右 ADIRU（图1）：
1）闭合跳开关：

行	列	数量	名称
C	17	C01010	ADIRU RIGUT DC

2）用万用表测量插头 D3693C 的 7 脚和 8 脚（地）之间的电压。D3693C 的 7、8 脚电压：_____。

注意：测量 D3693C pin 7 到地的 28 V DC 时，要在拔出 P6-1 C14 ADIRU RIGHT AC 跳开关 5 min 之内进行，否则会引起误判。

续表

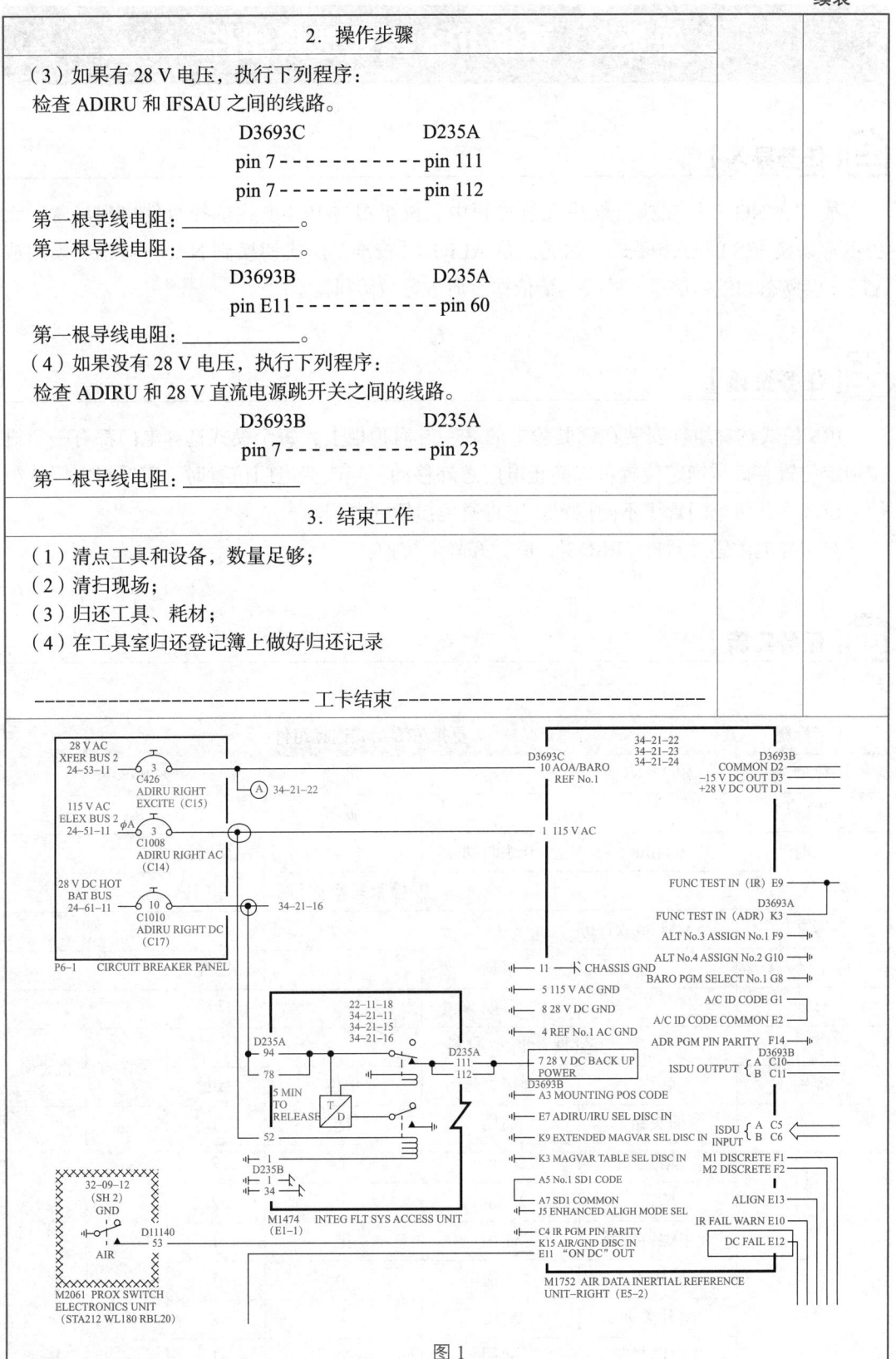

2. 操作步骤	
（3）如果有 28 V 电压，执行下列程序： 检查 ADIRU 和 IFSAU 之间的线路。 　　　　　　D3693C　　　　　D235A 　　　　　　pin 7 - - - - - - - - - - pin 111 　　　　　　pin 7 - - - - - - - - - - pin 112 第一根导线电阻：＿＿＿＿＿。 第二根导线电阻：＿＿＿＿＿。 　　　　　　D3693B　　　　　D235A 　　　　　　pin E11 - - - - - - - - - pin 60 第一根导线电阻：＿＿＿＿＿。 （4）如果没有 28 V 电压，执行下列程序： 检查 ADIRU 和 28 V 直流电源跳开关之间的线路。 　　　　　　D3693B　　　　　D235A 　　　　　　pin 7 - - - - - - - - - - pin 23 第一根导线电阻：＿＿＿＿＿	
3. 结束工作	
（1）清点工具和设备，数量足够； （2）清扫现场； （3）归还工具、耗材； （4）在工具室归还登记簿上做好归还记录	

————————————— 工卡结束 —————————————

图 1

任务 3　更换 IRS 模式选择组件

【任务导入】

某 B737NG 飞机在执行航班飞行过程中，机组报告 IRS 模式选择组件出现异常，无法正常切换 IRS 的工作模式，如无法从 ALIGN（校准）模式切换到 NAV（导航）模式或 ATT（仅姿态和航向信息）模式。请依据手册进行故障排除。

【任务资讯】

IRS 模式选择组件安装在驾驶舱中的 P5-69 后顶板上，每个模式选择电门都有一个机械锁定位置。机械锁定位置可以防止电门意外移动。当改变电门位置时，需要将电门从组件上拉离，并将电门置于不同位置。这将避免损坏到电门。

对于静电敏感元器件（ESDS），应做好静电防护。

【任务实施】

工卡标题			更换 IRS 模式选择组件				
机型	B737NG			机号		××××	
工作区域				版本		R1	
工时	60 min		开始时间		结束时间		
完成签署 / 日期				检验签署 / 日期			
参考文件	AMM 34-21-03						
编写 / 修订		审核			批准		
日期		日期			日期		
工量具 / 设备 / 材料						工作者	检查者
类别	名称	规格型号		单位	数量		
工量具	插头钳	通用		把	1		
	堵盖	20 mm		个	2		
	堵盖	22 mm		个	2		
	十字螺钉旋具	通用		把	1		
设备	警告牌	禁止通电		个	1		
	跳开关夹	通用		个	2		
	静电防护带	通用		个	1		

续表

工量具/设备/材料					工作者	检查者
类别	名称	规格型号	单位	数量		
设备	静电腕带测试仪	通用	个	1		
	周转盒	通用	个	1		
材料	静电防护袋	40 mm×60 mm	根	1		
	防静电标签	常规	个	1		
1. 工作准备						
（1）到工具库房领取工具； （2）检查工具情况，外表完好无损，功能正常； （3）领取耗材，耗材应符合标准； （4）办理好领取手续						
2. 操作步骤						
（1）准备拆卸（图1）。 1）将 IRS 模式选择组件（MSU）上的两个模式选择电门设定到 OFF 位置。 2）断开以下跳开关并挂上安全标签： F/O 电气系统面板，P6-3： 行　　列　　编号　　　名称 D　　11　　C00133　INDICATOR MASTER DIM DIM/TST CONT （2）IRS MSU 拆卸（图1）。 1）拧松 IRS MSU 前的紧固件 1/4 圈。 注意：从仪表板小心卸下 IRS MSU 组件。用力过猛会损坏 IRS MSU 尾部的电缆。 2）小心地放低 IRS MSU 直到可以接近电插头。 3）从 IRS MSU 的后部断开电插头。 （3）IRS MSU 安装（图1）。 1）安装准备。 确保这些跳开关断开，并且有安全标签： F/O 电气系统面板，P6-3： 行　　列　　编号　　　名称 D　　11　　C00133　INDICATOR MASTER DIM DIM/TST CONT 2）安装 IRS MSU。 ①将电插头连接到 IRS MSU。 ②小心地将 IRS MSU 装入顶板后的 P5-69 内。 ③锁上 IRS MSU 前的 1/4 圈紧固件。 ④拆卸安全标签并闭合该跳开关。 F/O 电气系统面板，P6-3： 行　　列　　编号　　　名称 D　　11　　C00133　INDICATOR MASTER DIM DIM/TST CONT （4）安装测试。 1）接通飞机电源。 2）将 IRS MSU 上的两个模式选择电门设定到 NAV 位置。 3）确保 IRS MSU 上的两个 ON DC 信号器接通大约 5 s。 4）在两个 ON DC 信号器关闭后，确保 IRS MSU 上的两个 ALIGN 信号器接通。 （5）使飞机恢复到其常规状态。 1）将 IRS MSU 上的两个模式选择电门设定到 OFF 位置。 2）撤除电源						

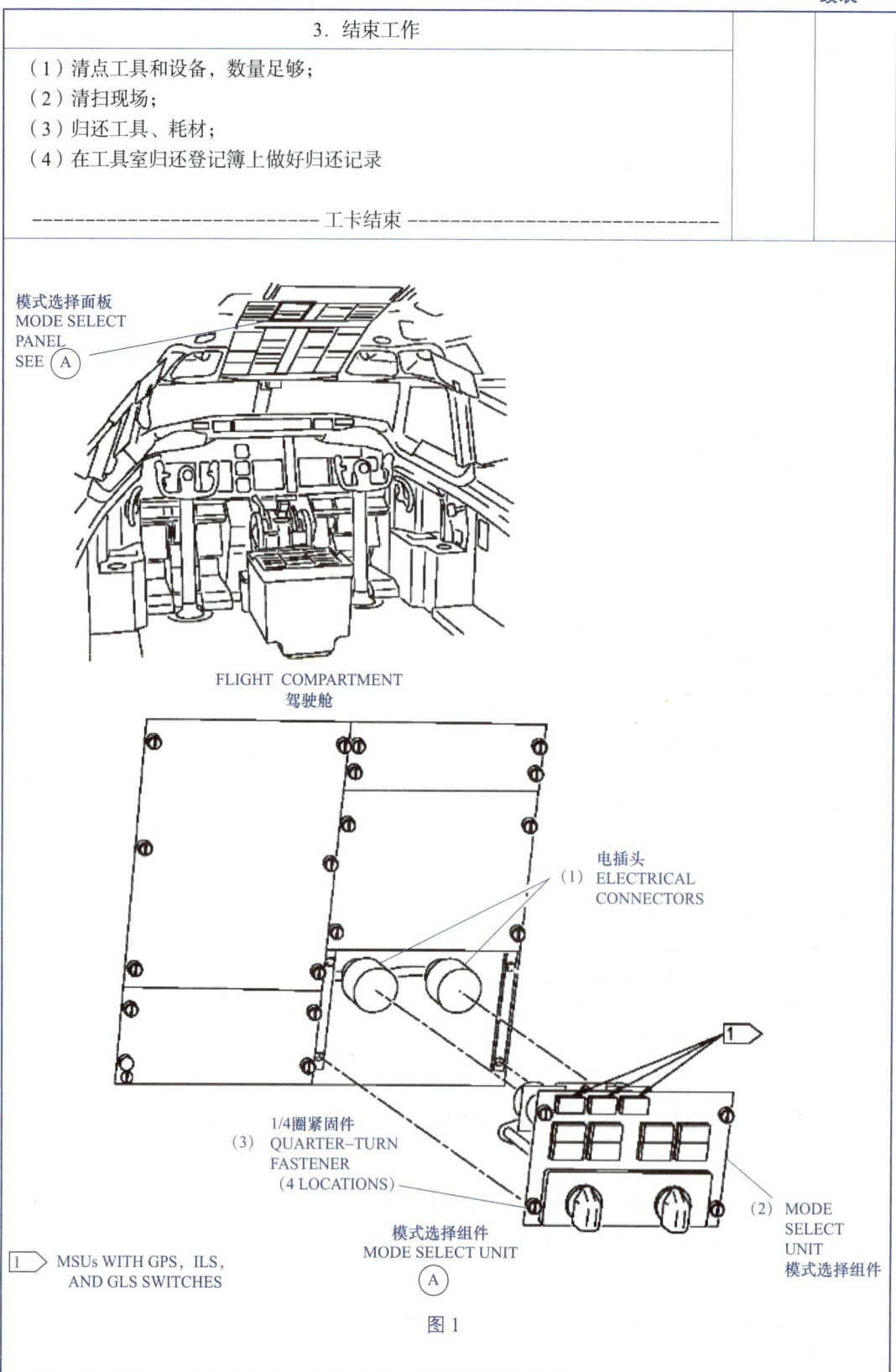

续表		
3. 结束工作		
（1）清点工具和设备，数量足够； （2）清扫现场； （3）归还工具、耗材； （4）在工具室归还登记簿上做好归还记录		
------------------------- 工卡结束 -------------------------		

模式选择面板
MODE SELECT PANEL
SEE A

FLIGHT COMPARTMENT
驾驶舱

(1) 电插头 ELECTRICAL CONNECTORS

(3) 1/4圈紧固件 QUARTER-TURN FASTENER (4 LOCATIONS)

模式选择组件
MODE SELECT UNIT
A

(2) MODE SELECT UNIT
模式选择组件

1 ▷ MSUs WITH GPS, ILS, AND GLS SWITCHES

图 1

238

拓展阅读

细节处见功夫

一、引言

2021年8月5日,某修理厂员工对某型飞机主起落架进行定期维修,此件一直作为备件存储在库房中,因为超过了最大存储期限,按规定不能直接使用,必须进行超期修理。按超期修理技术要求,首先更换时限件,如橡胶圈、毛毡等非金属零件;然后进行密封和性能试验,无误后打包交付。实际操作过程大致如下。

首先是准备工作,包括领取任务单和维修工卡,并根据工卡要求领取耗材(毛毡)、专用设备(起落架拆卸台架)、专用工具(如专用扳手等)、通用工具(如开口扳手、解刀等),场地在厂房内修理二区,当地正值夏季三伏天(高温、高湿),厂外温度接近40 ℃,但厂内中央空调,温度在25 ℃左右,非常舒适。

下午2点由操作者A和操作者B一起进行分解施工,首先放掉起落架支柱内的高压气体,然后倒出筒内的液压油,接着分解防扭臂、限位螺栓、封严等,由于都是熟练工,且同类型的起落架已经修理了多个,再加上该件尚未服役,分解过程非常顺利,未出现卡滞、划伤等意外情况。此过程大概花费2 h。

接下来是清洗,还在同一场地,为了去除零件表面的油污,将零件依次放入盛有专用汽油的盆内,利用金属刷清洗,并放置在货架上待汽油挥发。清洗完成后临近下班,像往常一样,收拾完工具耗材,清扫工作场地后,下午五点半准时下班。

第二天上班,操作者A发现一些异常情况——外筒内壁表面出现了一些红色的锈迹,顿时觉得情况不妙,在没有经过质量员或技术员确认的情况下直接用砂纸打磨,无果;经过和操作者B商量后,决定上报。检验员认为存在锈蚀,必须去掉,不给签字放行;技术员认为出现锈蚀,很有可能是镀层破坏,必须去掉镀层,重新镀铬,最后磨削修配,也就是说进入大修流程。生产主管认为这层锈迹才出现几个小时,且锈迹不是特别明显,断定腐蚀并不严重,继续打磨后,只要配合间隙不超差可以继续使用,如果进入大修,成本将非常高,甚至超出收益,而且影响交付周期。技术主管综合各方意见拿不定主意,最后请制造厂家一起研究(会诊),结论是内筒和外筒同时褪去镀铬层,重新镀铬后磨削修配,也就是整个起落架进入大修流程。

二、关键词

遵章守纪、诚实守信、质量第一、细节处见功夫。

三、素质要素

规章是底线,诚信是红线;
敬重装备,敬畏规章;

维修作风之严谨、专业和诚信。

四、思想内涵介绍

1. 维修作风——严谨

严谨做人的体现：工作习惯严谨，日常生活态度严谨，治学、工作态度严谨，严格遵守规章制度，思维逻辑严谨周密，礼仪体现严谨。

严谨做事，关注细节：对细节一丝不苟、严肃认真；学会筹划，周密部署，有程序、有章法，一步一个脚印，善始善终把工作推向前。

注重细节，把小事做好：细节决定成败，把简单的事情做好就是不简单，不做差不多先生。学会工作，养成系统、规范、高效的工作方法。严谨是一种态度、一种品质、一种能力。

严谨是指以科学严谨的原则制订维修方案和工艺要求，以严密的规章、程序规范维修行为，以严格、精确的标准实施质量的测试和检验。特别是工作在一线维修岗位的员工要一丝不苟、严格要求、谨慎操作，按要求的程序、步骤、方法和要领去实施每一项维修工作。

严格规章、程序管理，以规章、程序作为维修工作行为准则，因此机务工作人员对工作态度要严格要求，不能"差不多"。差不多的心理，是一种惰性心理，是对工作不负责任的表现，这种心理直接导致工作标准低、缺少创造力、无生机、少活力。"差不多"其实"差很多"。不能"走捷径"，走捷径的心理，是一种图省事、怕麻烦的心理，会因此而导致省去规定的操作程序，疏于对安全制度的坚持。不能"没问题"，没问题的心理，是一种侥幸心理；是无知自大、不负责任的表现；是对工作导致不良结果把握不足、预期不够、过度自信的行为。工作中要有"规章意识、红线意识、风险意识、举手意识"，就是严谨的具体要求和体现。

本案例中存在工作不严谨的是清洗过程，清洗用到汽油，由于汽油具有易挥发、易燃易爆等风险，按要求清洗必须在通风良好的专用清洗间中（厂房内配置了专用的清洗车间），另外清洗过程尽量不要采用金属刷子，容易产生火花。这种问题在平时的维修当中已司空见惯，图便利、图省事，认为以前这么干没事，现在这样也不会出问题，这种疏忽大意、盲目大意存在很大的隐患。

2. 维修作风——专业

职业范畴里面的专业精神，也就是我们常说的工匠精神，是指对工作是否执着于专业的规范、要求、品质化程序等，包括履行的职业功能、职业道德、职业操守和奉献精神。就是在专业技能的基础上发展起来的一种对工作极其热爱、充满激情和投入的品质，对工作有一种近乎疯狂的热爱，工作时能达到忘我的境界。表现为一种对工作的态度，在专业领域上绝对不会停止追求进步，对自己所从事的工作有着精深的学习和孜孜不倦的研究、创新，打造本行业最优的产品。

飞机技术含量越来越高，要求维修作风更专业。专业是飞机维修业的基础，飞机维修人员必须在此基础上，提倡好学上进，钻研业务技术，不断提高业务素质、飞机维修质量；不断追求飞机维修理论上的精益求精、学懂弄通，又要不断总结实践经验，追求维修工艺、操作质量的精益求精。作为机务人员，热爱机务工作，忠诚机务事业，发扬工匠精神，严格对待本职工作，干一行、爱一行、钻一行。任何工作都要有专业精神，在专业的基础之上要懂得知胜之道，即形成预测性思维艺术，预测是人们对所研究客观事物未来发展变化的推断测定。专业不精表现为工作时人员资质准备不到位、不符合，专业不匹配，就会盲目施工。

  本案例中，存在不专业的地方至少有两处：操作者对起落架外筒进行清洗后，未按工卡要求采取防护措施，如涂滑油；白天厂房内的温、湿度严格由空调控制，下班后，厂房内的环境与厂房外的环境一致，裸露的金属在高温、潮湿的环境下极易腐蚀，操作者未预料到这种情况，说明专业技能欠佳，拘泥于经验和现象，未掌握现象背后的原因。另外，质量主管以生产进度和成本控制为由，进行保守处理，也体现他的质量意识不强、专业知识薄弱。

3. 维修作风——诚信

  诚信是中华民族优良的传统美德，也是建立诚信社会、诚信行业的基础，尤其是在飞机维修行业，从业人员诚信与否，直接关乎航空安全。机务维修工作者，要加强学习，提升自己的道德修养，诚信工作，老老实实按照工作单卡进行标准规范施工，工作中遇到问题要及时、如实报告。如果不加以管控和约束，工作中出现不诚信的行为，将成为航空安全的巨大隐患。

  "红线意识"就是底线态度问题，是一条不可触碰的"红线"。"人无信不立，业无信不兴，国无信则衰"，对触碰诚信"红线"的行为要零容忍，涉及诚信、性质恶劣的无后果违章要严肃处理。在维修工作中，曾出现过不诚信事件，如未实施维修工作即签署记录、非工作者代他人签署维修记录、发生不安全事件后隐瞒不报、破坏现场、伪造相关证据等，必将受到严惩。

  本案例中，操作者 A 未严格按工卡要求对清洗后的零件进行防腐处理，当发现问题后，起初隐瞒不报，擅自处理，这是一种严重不诚信行为，存在重大安全隐患，长此以往，必有大祸，应该严肃处理。

参考文献

[1] 张铁纯. 涡轮发动机飞机结构与系统（ME-TA）（上）[M]. 2版. 北京：清华大学出版社，2017.

[2] 任仁良. 涡轮发动机飞机结构与系统（ME-TA）（下）[M]. 2版. 北京：清华大学出版社，2017.

[3] 刘建英，任仁良. 飞机电源系统[M]. 北京：中国民航出版社，2013.

[4] 中国民航学院飞机教研室. 飞机结构与系统[M]. 北京：兵器工业出版社，2001.

[5] 徐亚军. 民航飞机自动飞行系统[M]. 成都：西南交通大学出版社，2013.

[6] 任仁良. 维修基本技能（ME、AV）[M]. 北京：清华大学出版社，2010.

[7] 朱国军，张亿军. 飞机机载设备概论[M]. 北京：航空工业出版社，2020.

[8] 朱新宇. 民航飞机电气系统[M]. 2版. 成都：西南交通大学出版社，2021.

[9] 周洁敏. 飞机电气系统原理和维护[M]. 3版. 北京：北京航空航天大学出版社，2019.

[10] 马文来. 民航飞机电子电气系统与仪表[M]. 2版. 北京：北京航空航天大学出版社，2021.